Mathematik für Ingenieure und Naturwissenschaftler

Olaf Steinbach

# Lösungsverfahren für lineare Gleichungssysteme

*Mathematik für Ingenieure
und Naturwissenschaftler*

Herausgegeben von

Prof. Dr. Otfried Beyer
Prof. Dr. Horst Erfurth
Prof. Dr. Christian Großmann
Prof. Dr. Horst Kadner
Prof. Dr. Karl Manteuffel
Prof. Dr. Manfred Schneider
Prof. Dr. Günter Zeidler

Olaf Steinbach

# Lösungsverfahren für lineare Gleichungssysteme

## Algorithmen und Anwendungen

Bibliografische Information der Deutschen Bibliothek
Die Deutsche Bibliothek verzeichnet diese Publikation in der Deutschen Nationalbibliografie;
detaillierte bibliografische Daten sind im Internet über <http://dnb.ddb.de> abrufbar.

**Prof. Dr. Olaf Steinbach**
Geboren 1967 in Rochlitz (Sachsen). Studium der Mathematik an der TU Karl-Marx-Stadt (Chemnitz),
Diplom 1992. Von 1992 bis 1996 wissenschaftlicher Mitarbeiter an der Universität Stuttgart, Promotion
1996. Von 1996 bis 2003 wissenschaftlicher Assistent, 2003 bis 2004 Oberassistent am Institut für
Angewandte Analysis und Numerische Simulation an der Universität Stuttgart, Habilitation 2001. Von
1998 bis 2000 längere Arbeitsaufenthalte an der University of New South Wales in Sydney, der Texas
A&M University in College Station und der University of Texas in Austin. Im Wintersemester 2001/02
Vertretung einer C4-Professur für Numerische Mathematik an der TU Chemnitz, im Sommersemester
2002 Gastprofessor an der Johannes Kepler Universität Linz, im Sommersemester 2004 Vertretung
einer C4-Professur für Wissenschaftliches Rechnen an der TU Dresden. Seit 1.10.2004 Professor für
Numerische Mathematik an der TU Graz.

E-Mail:       o.steinbach@tugraz.at
Homepage: http://www.numerik.math.tu-graz.ac.at

1. Auflage Juni 2005

Umschlaggestaltung: Ulrike Weigel, www.CorporateDesignGroup.de

Gedruckt auf säurefreiem und chlorfrei gebleichtem Papier.

ISBN-13: 978-3-519-00502-5                    e-ISBN-13: 978-3-322-80080-0
DOI: 10.1007/978-3-322-80080-0

# Vorwort

Dieses Lehrbuch entstand auf der Grundlage von Vorlesungen und Seminaren, welche ich in den letzten Jahren an der Universität Stuttgart sowie an den Technischen Universitäten in Chemnitz, Dresden und in Graz gehalten habe. Es richtet sich an Studierende der Mathematik und der Natur- und Ingenieurwissenschaften. Aufbauend auf Grundlagen der Numerischen Linearen Algebra werden alle Verfahren und Algorithmen sorgfältig hergeleitet und begründet. Dabei wird versucht, die mathematisch begründeten Herleitungen möglichst einfach und leicht nachvollziehbar darzustellen. Das Lehrbuch eignet sich sowohl für eine vierstündige Vorlesung als auch für zwei zweistündige Lehrveranstaltungen zu Iterationsverfahren und Hierarchischen Matrizen. In diesem Rahmen eignet es sich auch als Vorlage für Seminarveranstaltungen, wobei natürlich auch auf Originalliteratur zurückgegriffen werden sollte. Selbstverständlich bietet sich das vorliegende Lehrbuch auch für ein Selbststudium an.

Die numerische Simulation naturwissenschaftlicher und ingenieurtechnischer Probleme führt in der Regel auf eine Folge von linearen Gleichungssystemen großer Dimensionen. Charakteristische Beispiele hierfür sind Gleichungssysteme, die aus der Anwendung der Finiten Element Methode (FEM) oder einer Randelementmethode (BEM) entstammen. Diese Diskretisierungsverfahren zählen zu den in der Praxis am häufigsten verwendeten Näherungsverfahren zur Lösung von Randwertproblemen partieller Differentialgleichungen, siehe zum Beispiel die Lehrbücher [10, 24, 31, 47, 51].

Im ersten Kapitel werden die später benötigten Grundlagen aus der Linearen Algebra bereitgestellt. Neben Normen, Eigen- und Singulärwerten wird besonderes Augenmerk auf Tschebyscheff-Polynome gelegt, die eine große Bedeutung in der Numerischen Mathematik besitzen. Die Interpolation und Approximation von Funktionen mittels globaler und lokaler Polynome stellen ein einfaches Beispiel für das Auftreten linearer Gleichungssysteme dar. Daneben werden einfache Diskretisierungen mit Finiten Elementen und Randelementen eingeführt. Dabei wird sich bewußt auf einfache eindimensionale Modellprobleme beschränkt, um deren charakteristischen Eigenschaften untersuchen zu können. In speziellen Situationen können effiziente direkte Lösungsverfahren eingesetzt werden. Ein wichtiges Hilfsmittel hierfür ist die schnelle Fouriertransformation, die zum Beispiel bei der Beschreibung zirkulanter Matrizen zum Einsatz kommt.

Einen ersten Schwerpunkt des Buches stellen Iterationsverfahren zur Lösung linearer Gleichungssysteme dar. Ausgehend von den klassischen Iterationsverfahren wie dem Jakobi– und dem Gauß–Seidel–Verfahren werden zunächst Gradientenverfahren betrachtet. Basierend auf der Konstruktion orthogonaler Vektorsysteme werden Krylov–Raum–Verfahren unter einer einheitlichen Sichtweise hergeleitet. Zu nennen sind hier insbesondere das Verfahren konjugierter Gradienten (CG), das Verfahren des verallgemeinerten minimalen Residuums (GMRES) und das stabilisierte Gradientenverfahren biorthogonaler Richtungen (BiCGStab), die zu den in der Praxis am meisten benutzten Lösungsverfahren gehören.

Lineare Gleichungssysteme mit Blockstruktur bilden einen zweiten Schwerpunkt dieses Lehrbuches. Diese entstehen zum Beispiel bei der numerischen Lösung partieller Differentialgleichungen mit Gebietszerlegungsmethoden auf Parallelrechnern, bei der Verwendung gemischter Diskretisierungsverfahren oder bei der Kopplung verschiedener numerischer Näherungsverfahren. Die Herausforderung besteht dabei in der Konstruktion fast optimaler Vorkonditionierungsmatrizen, die die Anzahl der notwendigen Iterationsschritte unabhängig von der Dimension des linearen Gleichungssystems beschränken. Für Block–schiefsymmetrische Systeme (Sattelpunktprobleme) werden geeignete Transformationen betrachtet und zugehörige Vorkonditionierungsmatrizen analysiert.

Abschließend werden Hierarchische Matrizen zur effizienten Speicherung und Anwendung vollbesetzter Matrizen behandelt. Hierarchische Matrizen dienen der Approximation vollbesetzter Matrizen durch Niedrig–Rang–Approximationen von hierarchisch erzeugten Block–Matrizen. Ursprünglich für die Approximation der bei Randelementmethoden auftretenden vollbesetzten Steifigkeitsmatrizen entwickelt, werden Hierarchische Matrizen jetzt auch zur Approximation der inversen Steifigkeitsmatrix der Finiten Element Methode eingesetzt. Es ist jedoch zu bemerken, daß die Anwendungsmöglichkeiten Hierarchischer Matrizen viel weiter als bei den hier behandelten Beispielen reicht. Deshalb wird hier versucht, Hierarchische Matrizen aus einer rein algebraischen Sichtweise und somit möglichst allgemein einzuführen.

Bedanken möchte ich mich bei M. Jung und G. Of für das sorgfältige Korrekturlesen des Manuskripts und die vielen Hinweise zur Verbesserung des Textes. Außerdem danke ich Herrn J. Weiß und dem Verlag für die stets freundliche Zusammenarbeit.


Graz, Juni 2005                                          Olaf Steinbach

# Inhaltsverzeichnis

# Kapitel 1

# Grundlagen

In diesem einführenden Kapitel sollen die Grundlagen aus der linearen Algebra bereitgestellt werden, die später bei der Konstruktion effizienter Algorithmen für die Lösung linearer Gleichungssysteme benötigt werden. Neben den grundlegenden Begriffen wie zum Beispiel Normen von Vektoren und Matrizen wird die Singulärwertzerlegung beliebiger Matrizen hergeleitet. Diese bildet die Grundlage der in Kapitel 7 behandelten hierarchischen Matrizen. Das Orthogonalisierungsverfahren nach Gram–Schmidt bildet den Ausgangspunkt für die Herleitung von modernen Iterationsverfahren für lineare Gleichungssysteme. Deren Konvergenzanalyse erfordert die Beschäftigung mit Tschebyscheff–Polynomen. Diese wiederum sind zentral für die polynomiale Approximation von Funktionen, welche zum Beispiel auch bei Anwendungen hierarchischer Matrizen benutzt werden können.

## 1.1  Normen von Vektoren und Matrizen

Für $n \in I\!N$ ist $I\!R^n$ der Raum der $n$–dimensionalen Vektoren $\underline{u} \in I\!R^n$ mit Komponenten $u_i \in I\!R$ für $i = 1, \ldots, n$. Mit

$$\langle \cdot, \cdot \rangle \; : \; I\!R^n \times I\!R^n \to I\!R$$

wird ein beliebiges **Skalarprodukt** im Vektorraum $I\!R^n$ bezeichnet, das heißt es gilt die **Distributivität**

$$\langle \underline{u} + \underline{v}, \underline{w} \rangle = \langle \underline{u}, \underline{w} \rangle + \langle \underline{v}, \underline{w} \rangle,$$

die **Kommutativität**

$$\langle \underline{u}, \underline{v} \rangle = \langle \underline{v}, \underline{u} \rangle,$$

die **Homogenität**

$$\langle \alpha \underline{u}, \underline{v} \rangle = \alpha \langle \underline{u}, \underline{v} \rangle$$

für alle Vektoren $\underline{u}, \underline{v}, \underline{w} \in I\!R^n$ und $\alpha \in I\!R$ sowie die **positive Definitheit**

$$\langle u, u \rangle > 0$$

für alle $\underline{u} \in I\!R^n$ mit $\underline{u} \neq \underline{0}$. Insbesondere definiert

$$\langle \underline{u}, \underline{v} \rangle_2 := (\underline{u}, \underline{v}) = \sum_{i=1}^{n} u_i v_i$$

das **Euklidische Skalarprodukt**. Für einen Vektor $\underline{u} \in I\!R^n$ bezeichnet

$$\| \cdot \|_V : I\!R^n \to I\!R$$

eine beliebige **Vektornorm**, für welche die **Normaxiome** gelten, das heißt die **positive Definitheit**

$$\|\underline{u}\|_V \geq 0 \quad \text{für alle } \underline{u} \in I\!R^n, \quad \|\underline{u}\|_V = 0 \quad \text{genau dann, wenn } \underline{u} = \underline{0},$$

die **Homogenität**

$$\|\alpha \underline{u}\|_V = |\alpha| \, \|\underline{u}\|_V \quad \text{für alle } \underline{u} \in I\!R^n \text{ und } \alpha \in I\!R,$$

sowie die **Dreiecksungleichung**

$$\|\underline{u} + \underline{v}\|_V \leq \|\underline{u}\|_V + \|\underline{v}\|_V \quad \text{für alle } \underline{u}, \underline{v} \in I\!R^n.$$

Beispiele für Vektornormen sind die **Euklidische Norm**

$$\|\underline{u}\|_2 := \left( \sum_{i=1}^{n} u_i^2 \right)^{1/2},$$

die **Maximumnorm**

$$\|\underline{u}\|_\infty := \max_{i=1,\ldots,n} |u_i|,$$

sowie die **Summennorm**

$$\|\underline{u}\|_1 := \sum_{i=1}^{n} |u_i|.$$

Nach Definition ist

$$\|\underline{u}\|_2^2 = \sum_{i=1}^{n} u_i^2 = (\underline{u}, \underline{u}) \quad \text{für alle } \underline{u} \in I\!R^n$$

und es gilt die **Cauchy–Schwarz–Ungleichung**

$$(\underline{u}, \underline{v}) = \sum_{i=1}^{n} u_i v_i \leq \left( \sum_{i=1}^{n} u_i^2 \right)^{1/2} \left( \sum_{i=1}^{n} v_i^2 \right)^{1/2} = \|\underline{u}\|_2 \|\underline{v}\|_2 \qquad (1.1)$$

für alle $\underline{u}, \underline{v} \in I\!R^n$.

Zwei Vektornormen $\| \cdot \|_{V_1}$ und $\| \cdot \|_{V_2}$ heißen zueinander **äquivalent**, wenn unabhängig von $\underline{u} \in I\!R^n$ zwei positive Konstanten $c_1$ und $c_2$ existieren, so daß die **Äquivalenzungleichungen**

$$c_1 \|\underline{u}\|_{V_1} \leq \|\underline{u}\|_{V_2} \leq c_2 \|\underline{u}\|_{V_1} \quad \text{für alle } \underline{u} \in I\!R^n \qquad (1.2)$$

erfüllt sind. Die Äquivalenzungleichungen sind **scharf**, wenn im allgemeinen unterschiedliche Vektoren $\underline{u} \in I\!R^n$ existieren, für die in (1.2) jeweils die Gleichheit gilt.

**Lemma 1.1** *Für beliebiges $\underline{u} \in I\!\!R^n$ gelten die Äquivalenzungleichungen*

$$\|\underline{u}\|_\infty \leq \|\underline{u}\|_1 \leq n\|\underline{u}\|_\infty,$$

$$\|\underline{u}\|_\infty \leq \|\underline{u}\|_2 \leq \sqrt{n}\|\underline{u}\|_\infty,$$

$$\|\underline{u}\|_2 \leq \|\underline{u}\|_1 \leq \sqrt{n}\|\underline{u}\|_2.$$

*Alle Abschätzungen sind scharf.*

**Beweis:** Zunächst ist

$$\|\underline{u}\|_\infty = \max_{i=1,\ldots,n} |u_i| \leq \sum_{i=1}^{n} |u_i| = \|\underline{u}\|_1,$$

wobei die Gleichheit zum Beispiel für $\underline{u} = (1, 0, \ldots, 0)^\top$ angenommen wird. Für die Abschätzung in umgekehrter Richtung folgt

$$\|\underline{u}\|_1 = \sum_{i=1}^{n} |u_i| \leq n \max_{i=1,\ldots,n} |u_i| = n\|\underline{u}\|_\infty.$$

Diese ist scharf zum Beispiel für $\underline{u} = (1, \ldots, 1)^\top$.
Die Äquivalenz zwischen Maximumnorm $\|\cdot\|_\infty$ und Euklidischer Norm $\|\cdot\|_2$ folgt analog, das heißt

$$\|\underline{u}\|_\infty^2 = \left( \max_{i=1,\ldots,n} |u_i| \right)^2 = \max_{i=1,\ldots,n} |u_i|^2 \leq \sum_{i=1}^{n} |u_i|^2 = \|\underline{u}\|_2^2$$

sowie

$$\|\underline{u}\|_2^2 = \sum_{i=1}^{n} |u_i|^2 \leq n \max_{i=1,\ldots,n} |u_i|^2 = n\|\underline{u}\|_\infty^2.$$

Gleichheit gilt beispielsweise für $\underline{u} = (1, 0, \ldots, 0)^\top$ sowie für $\underline{u} = (1, \ldots, 1)^\top$.
Die Kombination der bereits gezeigten Ungleichungen ergibt für die Äquivalenz der Euklidischen Norm $\|\cdot\|_2$ zur Summennorm $\|\cdot\|_1$ die Ungleichungen

$$\frac{1}{n}\|\underline{u}\|_1 \leq \|\underline{u}\|_2 \leq \sqrt{n}\|\underline{u}\|_1. \tag{1.3}$$

Da aber in den einzelnen Äquivalenzungleichungen die Gleichheit jeweils für unterschiedliche Vektoren $\underline{u} \in I\!\!R^n$ angenommen wird, sind die resultierenden Äquivalenzungleichungen (1.3) nicht scharf und daher nicht optimal.
Mit der Cauchy–Schwarz–Ungleichung (1.1) folgt

$$\|\underline{u}\|_1 = \sum_{i=1}^{n} |u_i| = \sum_{i=1}^{n} (1 \cdot |u_i|) \leq \left( \sum_{i=1}^{n} 1^2 \right)^{1/2} \left( \sum_{i=1}^{n} |u_i|^2 \right)^{1/2} = \sqrt{n}\|\underline{u}\|_2.$$

Diese ist scharf für $\underline{u} = (1, \ldots, 1)^{\top}$. Andererseits ist

$$\|\underline{u}\|_2^2 = \sum_{i=1}^{n} |u_i|^2 \leq \left( \sum_{i=1}^{n} |u_i| \right)^2 = \|\underline{u}\|_1^2$$

mit Gleichheit für $\underline{u} = (1, 0, \ldots, 0)^{\top}$.                                ∎

Sei $B \in I\!R^{m \times n}$ eine beliebig gegebene Matrix mit Einträgen $B[k, \ell] = b_{k\ell} \in I\!R$ für $k = 1, \ldots, m$ und $\ell = 1, \ldots, n$. Mit

$$\| \cdot \|_M \; : \; I\!R^{m \times n} \to I\!R$$

wird eine beliebige **Matrixnorm** bezeichnet. Beispiele für Matrixnormen sind die **Zeilensummennorm**

$$\|B\|_\infty := \max_{k=1,\ldots,m} \sum_{\ell=1}^{n} |b_{k\ell}|,$$

die **Spaltensummennorm**

$$\|B\|_1 := \max_{\ell=1,\ldots,n} \sum_{k=1}^{m} |b_{k\ell}|$$

sowie die **Frobenius–Norm** (Hilbert–Schmidt–Norm)

$$\|B\|_F := \left( \sum_{k=1}^{m} \sum_{\ell=1}^{n} b_{k\ell}^2 \right)^{1/2}.$$

Für eine sowohl in $I\!R^n$ als auch in $I\!R^m$ gegebene Vektornorm $\| \cdot \|_V$ kann durch

$$\|B\|_M := \sup_{\underline{0} \neq \underline{x} \in I\!R^n, B\underline{x} \in I\!R^m} \frac{\|B\underline{x}\|_V}{\|\underline{x}\|_V}$$

stets eine **induzierte Matrixnorm** definiert werden. Insbesondere induziert die Euklidische Vektornorm die **Euklidische Matrixnorm**

$$\|B\|_2 := \sup_{\underline{0} \neq \underline{x} \in I\!R^n} \frac{\|B\underline{x}\|_2}{\|\underline{x}\|_2}.$$

**Lemma 1.2** *Die Zeilensummennorm $\|B\|_\infty$ wird durch die Maximumnorm $\|\underline{x}\|_\infty$ induziert.*

**Beweis:** Für die Maximumnorm von $B\underline{x} \in I\!R^m$ für einen beliebigen Vektor $\underline{x} \in I\!R^n$ ergibt sich

$$\|B\underline{x}\|_\infty = \max_{k=1,\ldots,m} \left| \sum_{\ell=1}^{n} b_{k\ell} x_\ell \right| \leq \|\underline{x}\|_\infty \max_{k=1,\ldots,m} \sum_{\ell=1}^{n} |b_{k\ell}|.$$

Für alle $\underline{x} \in I\!\!R^n$ mit $\|\underline{x}\|_\infty \neq 0$ ist somit

$$\frac{\|B\underline{x}\|_\infty}{\|\underline{x}\|_\infty} \leq \max_{k=1,\ldots,m} \sum_{\ell=1}^{n} |b_{k\ell}| = \|B\|_\infty,$$

woraus

$$\sup_{0 \neq \underline{x} \in I\!\!R^n} \frac{\|B\underline{x}\|_\infty}{\|\underline{x}\|_\infty} \leq \|B\|_\infty$$

folgt. Für den Nachweis der umgekehrten Ungleichung bezeichne $k_0$ den Index, für welchen die Zeilensummennorm angenommen wird, das heißt

$$\|B\|_\infty = \max_{k=1,\ldots,m} \sum_{\ell=1}^{n} |b_{k\ell}| = \sum_{\ell=1}^{n} |b_{k_0\ell}|.$$

Sei $\underline{\tilde{x}} \in I\!\!R^n$ definiert durch

$$\tilde{x}_\ell = \begin{cases} \dfrac{b_{k_0\ell}}{|b_{k_0\ell}|} & \text{für } b_{k_0\ell} \neq 0, \\[2ex] 1 & \text{für } b_{k_0\ell} = 0 \end{cases}$$

und $\ell = 1, \ldots, n$. Nach Konstruktion ist $\|\underline{\tilde{x}}\|_\infty = 1$. Dann ergibt sich

$$\|B\underline{\tilde{x}}\|_\infty = \max_{k=1,\ldots,m} |\sum_{\ell=1}^{n} b_{k\ell}\tilde{x}_\ell| \geq |\sum_{\ell=1}^{n} b_{k_0\ell}\tilde{x}_\ell| = \sum_{\ell=1}^{n} |b_{k_0\ell}| = \|B\|_\infty,$$

und wegen $\|\underline{\tilde{x}}\|_\infty = 1$ folgt

$$\|B\|_\infty \leq \frac{\|B\underline{\tilde{x}}\|_\infty}{\|\underline{\tilde{x}}\|_\infty} \leq \sup_{0 \neq \underline{x} \in I\!\!R^n} \frac{\|B\underline{x}\|_\infty}{\|\underline{x}\|_\infty} \leq \|B\|_\infty$$

und somit die Gleichheit. $\blacksquare$

**Lemma 1.3** *Die Spaltensummennorm $\|B\|_1$ wird durch die Summennorm $\|\underline{x}\|_1$ induziert.*

**Beweis:** Für die Summennorm von $B\underline{x} \in I\!\!R^m$ ergibt sich

$$\begin{aligned} \|B\underline{x}\|_1 &= \sum_{k=1}^{m} \left|\sum_{\ell=1}^{n} b_{k\ell}x_\ell\right| \leq \sum_{k=1}^{m} \sum_{\ell=1}^{n} |b_{k\ell}|\,|x_\ell| \\ &\leq \left(\max_{\ell=1,\ldots,n} \sum_{k=1}^{m} |b_{k\ell}|\right) \sum_{\ell=1}^{n} |x_\ell| = \|B\|_1\,\|\underline{x}\|_1 \end{aligned}$$

für alle $\underline{x} \in I\!\!R^n$, und für $\|\underline{x}\|_1 \neq 0$ folgt

$$\sup_{0 \neq \underline{x} \in I\!\!R^n} \frac{\|B\underline{x}\|_1}{\|\underline{x}\|_1} \leq \|B\|_1.$$

Sei nun $\ell_0$ der Index, für den die Spaltensummennorm angenommen wird,

$$\|B\|_1 = \max_{\ell=1,\ldots,n} \sum_{k=1}^{m} |b_{k\ell}| = \sum_{k=1}^{m} |b_{k\ell_0}|,$$

und sei $\widetilde{x} = (\delta_{1\ell_0}, \ldots, \delta_{n\ell_0})^\top$ mit $\|\widetilde{x}\|_1 = 1$. Hierbei bezeichnet

$$\delta_{k\ell} = \begin{cases} 1 & \text{für } k = \ell, \\ 0 & \text{für } k \neq \ell \end{cases}$$

das **Kroneckersymbol**. Dann folgt

$$\|B\|_1 = \sum_{k=1}^{m} |b_{k\ell_0}| = \sum_{k=1}^{m} \left| \sum_{\ell=1}^{n} b_{k\ell}\widetilde{x}_\ell \right| = \|B\widetilde{x}\|_1 = \frac{\|B\widetilde{x}\|_1}{\|\widetilde{x}\|_1} \leq \sup_{0 \neq x \in \mathbb{R}^n} \frac{\|Bx\|_1}{\|x\|_1}$$

und somit insgesamt die Behauptung

$$\|B\|_1 = \sup_{0 \neq x \in \mathbb{R}^n} \frac{\|Bx\|_1}{\|x\|_1}. \qquad \blacksquare$$

Eine Matrixnorm $\|\cdot\|_M$ heißt **kompatibel** beziehungsweise **verträglich** zur Vektornorm $\|\cdot\|_V$, wenn für beliebige Matrizen $B \in \mathbb{R}^{m \times n}$ und beliebige Vektoren $x \in \mathbb{R}^n$ die Ungleichung

$$\|Bx\|_V \leq \|B\|_M \|x\|_V$$

gilt. Für eine durch eine Vektornorm $\|\cdot\|_V$ induzierte Matrixnorm $\|\cdot\|_M$ folgt

$$\|B\|_M = \sup_{0 \neq x \in \mathbb{R}^n} \frac{\|Bx\|_V}{\|x\|_V} \geq \frac{\|Bx\|_V}{\|x\|_V} \quad \text{für alle } x \in \mathbb{R}^n, \|x\|_V \neq 0,$$

das heißt eine induzierte Matrixnorm $\|\cdot\|_M$ ist stets **verträglich** zu der sie erzeugenden Vektornorm $\|\cdot\|_V$. Ist eine Matrixnorm $\|\cdot\|_M$ durch eine Vektornorm $\|\cdot\|_V$ induziert, so ergibt sich für die Norm der Einheitsmatrix $I \in \mathbb{R}^{n \times n}$

$$\|I\|_M = \sup_{0 \neq x \in \mathbb{R}^n} \frac{\|Ix\|_V}{\|x\|_V} = \sup_{0 \neq x \in \mathbb{R}^n} \frac{\|x\|_V}{\|x\|_V} = 1.$$

Abschließend soll ein Beispiel einer zu einer Vektornorm $\|\cdot\|_V$ verträglichen Matrixnorm $\|\cdot\|_M$ betrachtet werden, die durch keine Vektornorm induziert wird.

**Beispiel 1.1** *Sei zunächst $m = n$. Für die Einheitsmatrix $I \in \mathbb{R}^{n \times n}$ gilt dann in der Frobenius–Norm $\|I\|_F = \sqrt{n}$, dies steht aber für $n > 1$ im Widerspruch zu $\|I\|_M = 1$ für eine induzierte Matrix–Norm $\|\cdot\|_M$. Deshalb kann die Frobenius–Norm $\|A\|_F$ durch keine Vektornorm $\|x\|_V$ induziert sein.*

*Für $B \in \mathbb{R}^{m \times n}$ folgt andererseits mit der Cauchy–Schwarz–Ungleichung (1.1)*

$$\|B\underline{x}\|_2^2 = \sum_{k=1}^{m} \left( \sum_{\ell=1}^{n} b_{k\ell} x_\ell \right)^2 \leq \sum_{k=1}^{m} \left( \sum_{\ell=1}^{n} b_{k\ell}^2 \right) \left( \sum_{\ell=1}^{n} x_\ell^2 \right) = \|B\|_F^2 \|\underline{x}\|_2^2$$

*und somit die Verträglichkeit der Frobenius–Norm $\|B\|_F$ zur Euklidischen Vektornorm $\|\underline{x}\|_2$.*

Eine invertierbare Matrix $V \in \mathbb{R}^{n \times n}$ (beziehungsweise $U \in \mathbb{R}^{m \times m}$) heißt **orthogonal**, wenn ihre inverse Matrix $V^{-1}$ durch die transponierte Matrix $V^{\top}$ gegeben ist, das heißt

$$V^{\top}V = VV^{\top} = I_n \in \mathbb{R}^{n \times n}, \quad U^{\top}U = UU^{\top} = I_m \in \mathbb{R}^{m \times m}.$$

Wegen

$$\|\underline{x}\|_2^2 = (\underline{x}, \underline{x})_2 = (\underbrace{V^{\top}V}_{=I}\, \underline{x}, \underline{x})_2 = (V\underline{x}, V\underline{x})_2 = \|V\underline{x}\|_2^2$$

für beliebige Vektoren $\underline{x} \in \mathbb{R}^n$ folgt mit der Substitution $\underline{x} = V\underline{z}$

$$\|B\|_2 = \sup_{\underline{0} \neq \underline{x} \in \mathbb{R}^n} \frac{\|B\underline{x}\|_2}{\|\underline{x}\|_2} = \sup_{\underline{0} \neq \underline{x} = V\underline{z} \in \mathbb{R}^n} \frac{\|BV\underline{z}\|_2}{\|V\underline{z}\|_2} = \sup_{\underline{0} \neq \underline{z} \in \mathbb{R}^n} \frac{\|BV\underline{z}\|_2}{\|\underline{z}\|_2} = \|BV\|_2.$$

Analog ergibt sich

$$\|B\|_2 = \sup_{\underline{0} \neq \underline{x} \in \mathbb{R}^n} \frac{\|B\underline{x}\|_2}{\|\underline{x}\|_2} = \sup_{\underline{0} \neq \underline{x} \in \mathbb{R}^n} \frac{\|UB\underline{x}\|_2}{\|\underline{x}\|_2} = \|UB\|_2.$$

Insgesamt gilt also für eine beliebige Matrix $B \in \mathbb{R}^{m \times n}$ und orthogonale Matrizen $V \in \mathbb{R}^{n \times n}$ beziehungsweise $U \in \mathbb{R}^{m \times m}$ die Gleichheit

$$\|B\|_2 = \|UB\|_2 = \|BV\|_2 = \|UBV\|_2, \tag{1.4}$$

das heißt die Euklidische Matrixnorm $\|B\|_2$ ist **invariant** bezüglich orthogonaler Transformationen.

Für $\ell = 1, \ldots, n$ bezeichne $\underline{b}^\ell = (b_{k\ell})_{k=1}^{m}$ die Spaltenvektoren der Matrix $B \in \mathbb{R}^{m \times n}$ mit der Euklidischen Vektornorm

$$\|\underline{b}^\ell\|_2^2 = \sum_{k=1}^{m} b_{k\ell}^2\,.$$

Damit ergibt sich für die Frobenius–Norm der Matrix $B$ die Darstellung

$$\|B\|_F^2 = \sum_{k=1}^{m} \sum_{\ell=1}^{n} b_{k\ell}^2 = \sum_{\ell=1}^{n} \|\underline{b}^\ell\|_2^2\,.$$

Andererseits gilt für das Matrixprodukt $UB$ mit einer orthogonalen Matrix $U \in I\!\!R^{m \times m}$

$$UB = \left( U\underline{b}^1, \ldots, U\underline{b}^n \right).$$

Aus der Invarianz der Euklidischen Vektornorm ergibt sich in der Frobenius–Norm

$$\|UB\|_F^2 = \sum_{\ell=1}^n \|U\underline{b}^\ell\|_2^2 = \sum_{\ell=1}^n \|\underline{b}^\ell\|_2^2 = \|B\|_F^2$$

und somit

$$\|UB\|_F = \|B\|_F.$$

Damit folgt auch, jeweils durch Übergang zur transponierten Matrix, für eine orthogonale Matrix $V \in I\!\!R^{n \times n}$

$$\|B\|_F = \|B^\top\|_F = \|V^\top B^\top\|_F = \|(V^\top B^\top)^\top\|_F = \|BV\|_F.$$

Insgesamt gilt für eine beliebige Matrix $B \in I\!\!R^{m \times n}$ und orthogonale Matrizen $V \in I\!\!R^{n \times n}$ und $U \in I\!\!R^{m \times m}$ die Gleichheit

$$\|B\|_F = \|UB\|_F = \|BV\|_F = \|UBV\|_F, \tag{1.5}$$

das heißt die **Invarianz** der Frobenius–Norm bezüglich orthogonaler Transformationen.

Ist eine quadratische Matrix $A \in I\!\!R^{n \times n}$ invertierbar, so definiert

$$\kappa_M(A) := \|A\|_M \|A^{-1}\|_M \tag{1.6}$$

die **Konditionszahl** bezüglich der Matrixnorm $\|\cdot\|_M$. Insbesondere bezeichnet

$$\kappa_2(A) = \|A\|_2 \|A^{-1}\|_2 \tag{1.7}$$

die **spektrale Konditionszahl**. Eine Matrix $A \in I\!\!R^{n \times n}$ (beziehungsweise die Familie von Matrizen $A \in I\!\!R^{n \times n}$ für verschiedene $n \in I\!\!N$) heißt **schlecht konditioniert**, wenn ihre spektrale Konditionszahl $\kappa_2(A)$ proportional zur Dimension $n$ anwächst.

## 1.2    Eigenwerte und Singulärwerte

Eine komplexe Zahl $\lambda(A) \in \mathbb{C}$ heißt **Eigenwert** der quadratischen Matrix $A \in I\!\!R^{n \times n}$, wenn das lineare Gleichungssystem

$$A\underline{x} = \lambda(A)\,\underline{x} \tag{1.8}$$

eine nicht triviale Lösung $\underline{x} \in I\!\!R^n$ mit $\|\underline{x}\|_V > 0$ besitzt. Diese heißt **Eigenvektor** zum Eigenwert $\lambda(A)$. Als notwendige Bedingung für die Existenz nichttrivialer

Lösungen von (1.8) ergeben sich die $\mu$ voneinander verschiedenen Eigenwerte $\lambda_k(A)$ für $k = 1, \ldots, \mu \leq n$ als Nullstellen des **charakteristischen Polynoms**

$$p(\lambda) := \det(A - \lambda I) = (\lambda_1(A) - \lambda)^{\alpha_1} \ldots (\lambda_\mu(A) - \lambda)^{\alpha_\mu} = \prod_{k=1}^{\mu} (\lambda_k(A) - \lambda)^{\alpha_k}.$$

Die Potenzen $\alpha_k \in I\!N$ beschreiben die **algebraische Vielfachheit** des Eigenwertes $\lambda_k(A)$, und es gilt

$$\sum_{k=1}^{\mu} \alpha_k = n.$$

Durch Koeffizientenvergleich des charakteristischen Polynoms folgen

$$\text{spur}(A) = \sum_{i=1}^{n} a_{ii} = \sum_{k=1}^{\mu} \alpha_k \lambda_k(A), \quad \det(A) = \prod_{k=1}^{\mu} [\lambda_k(A)]^{\alpha_k}.$$

Da ein Eigenwert $\lambda_k(A)$ Nullstelle des charakteristischen Polynoms $\det(A - \lambda I)$ ist, so ist auch sein konjugiert komplexer Wert $\overline{\lambda_k(A)}$ Nullstelle und somit Eigenwert von $A$. Wegen $\det(A - \lambda I) = \det(A^\top - \lambda I)$ sind diese auch Eigenwerte der transponierten Matrix $A^\top$.

Die zum Eigenwert $\lambda_k(A)$ gehörenden Eigenvektoren bilden einen linearen Teilraum,

$$\mathcal{L}(\lambda_k(A)) := \{\underline{x} \in I\!R^n : A\underline{x} = \lambda_k(A)\underline{x}\}, \quad \beta_k := \dim \mathcal{L}(\lambda_k(A)),$$

dessen Dimension $\beta_k$ die Anzahl der linear unabhängigen Eigenvektoren zum Eigenwert $\lambda_k(A)$ angibt. Diese heißt **geometrische Vielfachheit** des Eigenwerts $\lambda_k(A)$.

Durch

$$\varrho(A) := \max_{k=1,\ldots,\mu \leq n} |\lambda_k(A)|$$

wird schließlich der **Spektralradius** der Matrix $A$ definiert.

Für **symmetrische** Matrizen $A = A^\top \in I\!R^{n \times n}$ sind die Eigenwerte $\lambda_k(A)$ für $k = 1, \ldots, n$ reell und die zugehörigen Eigenvektoren $\{\underline{v}^k\}_{k=1}^{n}$ bilden eine **Orthonormalbasis** mit

$$(\underline{v}^k, \underline{v}^\ell) = \delta_{k\ell} \quad \text{für alle } k, \ell = 1, \ldots, n.$$

Ein beliebiges Element $\underline{x} \in I\!R^n$ kann deshalb durch

$$\underline{x} = \sum_{k=1}^{n} \xi_k \underline{v}^k \quad \text{mit } \xi_k = (\underline{x}, \underline{v}^k) \tag{1.9}$$

dargestellt werden, und es gilt

$$\|\underline{x}\|_2^2 = (\underline{x}, \underline{x}) = (\sum_{k=1}^{n} \xi_k \underline{v}^k, \sum_{\ell=1}^{n} \xi_\ell \underline{v}^\ell) = \sum_{k=1}^{n} \sum_{\ell=1}^{n} \xi_k \xi_\ell (\underline{v}^k, \underline{v}^\ell) = \sum_{k=1}^{n} \xi_k^2$$

sowie

$$(A\underline{x},\underline{x}) = \sum_{k=1}^{n}\sum_{\ell=1}^{n}\xi_k\xi_\ell(A\underline{v}^k,\underline{v}^\ell) = \sum_{k=1}^{n}\sum_{\ell=1}^{n}\xi_k\xi_\ell\lambda_k(A)(\underline{v}^k,\underline{v}^\ell) = \sum_{k=1}^{n}\lambda_k(A)\xi_k^2.$$

Eine symmetrische Matrix $A = A^\top \in I\!\!R^{n\times n}$ heißt **positiv definit**, falls alle Eigenwerte $\lambda_k(A)$ **positiv** sind. In diesem Fall folgt

$$(A\underline{x},\underline{x}) = \sum_{k=1}^{n}\lambda_k(A)\xi_k^2 \geq \min_{k=1,\dots,n}\lambda_k(A)\sum_{k=1}^{n}\xi_k^2 = \min_{k=1,\dots,n}\lambda_k(A)\,\|\underline{x}\|_2^2$$

für alle $\underline{x} \in I\!\!R^n$. Weiterhin kann der **Rayleigh–Quotient** durch die extremalen Eigenwerte von $A$ abgeschätzt werden, das heißt für alle $\underline{x} \in I\!\!R^n$ mit $\|\underline{x}\|_V > 0$ gilt

$$\min_{k=1,\dots,n}\lambda_k(A) \leq \frac{(A\underline{x},\underline{x})}{(\underline{x},\underline{x})} \leq \max_{k=1,\dots,n}\lambda_k(A).$$

Damit folgt

$$\lambda_{\min}(A) = \min_{\underline{0}\neq\underline{x}\in I\!\!R^n}\frac{(A\underline{x},\underline{x})}{(\underline{x},\underline{x})}, \quad \lambda_{\max}(A) = \max_{\underline{0}\neq\underline{x}\in I\!\!R^n}\frac{(A\underline{x},\underline{x})}{(\underline{x},\underline{x})}.$$

Gelten die **Spektraläquivalenzungleichungen**

$$c_1^A\,(\underline{x},\underline{x}) \leq (A\underline{x},\underline{x}) \leq c_2^A\,(\underline{x},\underline{x}) \tag{1.10}$$

für alle $\underline{x} \in I\!\!R^n$ mit positiven Konstanten $c_1^A$ und $c_2^A$, so folgt

$$c_1^A \leq \lambda_{\min}(A) \leq \lambda_{\max}(A) \leq c_2^A,$$

das heißt, die Konstanten $c_1^A$ und $c_2^A$ sind untere beziehungsweise obere Schranken der extremalen Eigenwerte der positiv definiten Matrix $A$.
Für eine symmetrische und positiv definite Matrix $A \in I\!\!R^{n\times n}$ kann durch

$$\langle\underline{u},\underline{v}\rangle_A := (A\underline{u},\underline{v}) = (\underline{u},A\underline{v}) : I\!\!R^n \times I\!\!R^n \to I\!\!R \tag{1.11}$$

das **A–energetische Skalarprodukt** erklärt werden. Die durch dieses Skalarprodukt induzierte Vektornorm

$$\|\underline{x}\|_A := [\langle\underline{x},\underline{x}\rangle_A]^{1/2} = (A\underline{x},\underline{x})^{1/2} \tag{1.12}$$

wird als **A–energetische Vektornorm** bezeichnet.
Die durch die Eigenvektoren von $A = A^\top \in I\!\!R^{n\times n}$ gebildete Matrix

$$V = (\underline{v}^1,\dots,\underline{v}^n) \in I\!\!R^{n\times n}$$

ist orthogonal, und es gilt

$$AV = \left(A\underline{v}^1,\dots,A\underline{v}^n\right) = \left(\lambda_1(A)\underline{v}^1,\dots,\lambda_n(A)\underline{v}^n\right) = VD$$

mit der durch die Eigenwerte von $A$ definierten Diagonalmatrix

$$D = \operatorname{diag}\left(\lambda_k(A)\right)_{k=1}^n.$$

Multiplikation mit $V^\top$ von links ergibt wegen der Orthogonalität der Eigenvektoren

$$V^\top A V = D \tag{1.13}$$

beziehungsweise durch die Multiplikation mit $V^\top$ von rechts folgt die bekannte Faktorisierung der Matrix $A$,

$$A = V D V^\top = \sum_{k=1}^n \lambda_k(A)\, \underline{v}^k \underline{v}^{k,\top}. \tag{1.14}$$

Die Darstellung (1.14) ist einerseits Grundlage für die Definition einer Niedrig-Rang Approximation von $A$, andererseits ermöglicht sie die symmetrische Vorkonditionierung eines linearen Gleichungssystems $A\underline{x} = \underline{f}$ zur Verbesserung der spektralen Konditionszahl der vorkonditionierten Systemmatrix. Hierzu wird die Wurzel einer symmetrischen und positiv definiten Matrix $A$ benötigt: Für positive Eigenwerte $\lambda_k(A) > 0$, $k = 1, \ldots, n$, kann die Diagonalmatrix

$$D^{1/2} = \operatorname{diag}\left(\sqrt{\lambda_k(A)}\right)_{k=1}^n$$

und somit die symmetrische und positiv definite Matrix

$$A^{1/2} = V D^{1/2} V^\top \tag{1.15}$$

erklärt werden. Nach Konstruktion gilt

$$A^{1/2} A^{1/2} = V D^{1/2} \underbrace{V^\top V}_{= I} D^{1/2} V^\top = V D V^\top = A.$$

Entsprechend kann

$$A^{-1/2} = (A^{1/2})^{-1} = V D^{-1/2} V^\top, \quad D^{-1/2} = \operatorname{diag}\left(\frac{1}{\sqrt{\lambda_k(A)}}\right)_{k=1}^n$$

definiert werden. Mit der Transformation $\underline{x} = A^{-1/2}\underline{z}$ folgt aus den Spektraläquivalenzungleichungen (1.10) auch die Gültigkeit der Spektraläquivalenzungleichungen

$$\frac{1}{c_2^A}\,(\underline{z}, \underline{z}) \leq (A^{-1}\underline{z}, \underline{z}) \leq \frac{1}{c_1^A}\,(\underline{z}, \underline{z}) \tag{1.16}$$

für alle $\underline{z} \in \mathbb{R}^n$.

Der **Rang** einer Matrix $A$ beschreibt die Anzahl der linear unabhängigen Zeilen beziehungsweise Spalten von $A$. Die Darstellung (1.14) zeigt, daß der Rang einer symmetrischen Matrix $A \in I\!\!R^{n \times n}$ mit der Anzahl der nicht verschwindenden Eigenwerte zusammenfällt, das heißt es gilt

$$A = \sum_{k=1}^{\operatorname{rang} A} \lambda_k(A) \underline{v}^k \underline{v}^{k,\top},$$

falls eine entsprechende Nummerierung der Eigenwerte mit $\lambda_k(A) = 0$ für $k > \operatorname{rang} A$ vorausgesetzt wird.

Aus der Norminvarianz (1.4) folgt schließlich

$$\|A\|_2 = \|VDV^\top\|_2 = \|D\|_2 = \max_{k=1,\ldots,n} |\lambda_k(A)| = \varrho(A),$$

beziehungsweise gilt mit der Invarianz (1.5) der Frobenius–Norm

$$\|A\|_F = \|VDV^\top\|_F = \|D\|_F = \sqrt{\sum_{k=1}^{n} [\lambda_k(A)]^2}.$$

Ist die Matrix $A$ invertierbar, so sind die Eigenwerte der Inversen $A^{-1}$ durch $\lambda_k(A^{-1}) = [\lambda_k(A)]^{-1}$ gegeben. Ist $A$ zusätzlich **symmetrisch** und **positiv definit**, so folgt für die spektrale Konditionszahl

$$\kappa_2(A) = \|A\|_2 \|A^{-1}\|_2 = \varrho(A) \varrho(A^{-1}) = \frac{\max\limits_{k=1,\ldots,n} |\lambda_k(A)|}{\min\limits_{k=1,\ldots,n} |\lambda_k(A)|} = \frac{\lambda_{\max}(A)}{\lambda_{\min}(A)}.$$

Bei den obigen Überlegungen wurden Matrizen $A \in I\!\!R^{n \times n}$ betrachtet. Sei nun $B \in I\!\!R^{m \times n}$ eine **beliebig** gegebene Matrix mit $\operatorname{rang} B \leq \min\{m, n\}$. Dann definiert $A := B^\top B \in I\!\!R^{n \times n}$ eine **symmetrische** Matrix mit $\operatorname{rang} A \leq \min\{m, n\}$ und $n$ reellen Eigenwerten $\lambda_k(A) = \lambda_k(B^\top B)$ sowie einem zugehörigen orthonormalen System $\{\underline{v}^k\}_{k=1}^n$ von Eigenvektoren. Dieses bildet eine Basis des $I\!\!R^n$, so daß jedes Element $\underline{x} \in I\!\!R^n$ wie in (1.9) dargestellt werden kann,

$$\underline{x} = \sum_{k=1}^{n} \xi_k \underline{v}^k \quad \text{mit } \xi_k = (\underline{x}, \underline{v}^k).$$

Wegen

$$0 \leq \|B\underline{x}\|_2^2 = (B\underline{x}, B\underline{x}) = (B^\top B\underline{x}, \underline{x}) = (A\underline{x}, \underline{x})$$
$$= \sum_{k=1}^{n} \sum_{\ell=1}^{n} \xi_k \xi_\ell (A\underline{v}^k, \underline{v}^\ell) = \sum_{k=1}^{n} \sum_{\ell=1}^{n} \xi_k \xi_\ell \lambda_k(A) (\underline{v}^k, \underline{v}^\ell) = \sum_{k=1}^{n} \lambda_k(A) \xi_k^2$$

folgt $\lambda_k(A) \geq 0$ für alle $k = 1, \ldots, n$. Ohne Einschränkung der Allgemeinheit gelte $\lambda_k(A) > 0$ für alle $k = 1, \ldots, \mu = \operatorname{rang} A \leq \min\{m, n\}$ und $\lambda_k(A) = 0$ für $k = \mu + 1, \ldots, n$. Nach (1.13) gilt die Faktorisierung

$$V^\top A V = V^\top B^\top B V = D = \operatorname{diag}(\lambda_k(A))_{k=1}^n . \tag{1.17}$$

Wegen $\lambda_k(A) \geq 0$ für $k = 1, \ldots, \min\{m, n\}$ existieren die **Singulärwerte**

$$\sigma_k(B) = \sqrt{\lambda_k(A)} = \sqrt{\lambda_k(B^\top B)} \geq 0 \quad \text{für } k = 1, \ldots, \min\{m, n\}.$$

Insbesondere gilt $\sigma_k(B) > 0$ für $k = 1, \ldots, \mu \leq \min\{m, n\}$. Die Singulärwerte definieren eine Diagonalmatrix

$$\Sigma = \operatorname{diag}(\sigma_k(B))_{k=1}^{\min\{m,n\}} \in {I\!\!R}^{m \times n} \tag{1.18}$$

und es gilt

$$D = \Sigma^\top \Sigma \in {I\!\!R}^{n \times n} .$$

Wird durch

$$\Sigma^+ = \begin{pmatrix} \dfrac{1}{\sigma_1(B)} & & & & & & \\ & \ddots & & & & & \\ & & \dfrac{1}{\sigma_\mu(B)} & & & & \\ & & & 0 & & & \\ & & & & \ddots & & \\ & & & & & 0 & \end{pmatrix} \in {I\!\!R}^{n \times m} \tag{1.19}$$

die **Pseudoinverse** zu $\Sigma$ definiert, das heißt

$$\Sigma^+ \Sigma = \begin{pmatrix} I_\mu & \\ & 0 \end{pmatrix} \in {I\!\!R}^{m \times m},$$

dann folgt aus der Faktorisierung (1.17) durch Multiplikation mit der Pseudoinversen $\Sigma^{+,\top}$ von links

$$\Sigma^{+,\top} V^\top B^\top B V = \Sigma \in {I\!\!R}^{m \times n}$$

beziehungsweise

$$U^\top B V = \Sigma \tag{1.20}$$

mit

$$U = B V \Sigma^+ \in {I\!\!R}^{m \times m} .$$

Wegen

$$U^\top U = \Sigma^{+,\top} V^\top B^\top B V^\top \Sigma^+ = \Sigma^{+,\top} D \Sigma^+ = \begin{pmatrix} I_\mu & \\ & 0 \end{pmatrix} \in {I\!\!R}^{m \times m}$$

ist $U^\top$ die Pseudoinverse zu $U$. Damit folgt aus (1.20) die **Singulärwertzerlegung** von $B \in I\!\!R^{m \times n}$,

$$B = U\Sigma V^\top = \sum_{k=1}^{\mu} \sigma_k(B)\underline{u}^k \underline{v}^{k,\top}, \tag{1.21}$$

das heißt $\mu = \operatorname{rang} B$ beschreibt die Anzahl der nicht verschwindenden Singulärwerte von $B$. Aus der Invarianz (1.4) der Euklidischen Matrixnorm folgt schließlich

$$\|B\|_2 = \|U\Sigma V^\top\|_2 = \|\Sigma\|_2 = \max_{k=1,\dots,\mu} \sigma_k(B) = \max_{k=1,\dots,\mu} \sqrt{\lambda_k(B^\top B)} = \sqrt{\varrho(B^\top B)}$$

beziehungsweise ist mit der Invarianz (1.5) der Frobenius–Norm

$$\|B\|_F = \|U\Sigma V^\top\|_F = \|\Sigma\|_F = \sqrt{\sum_{k=1}^{\mu} [\sigma_k(B)]^2}.$$

Multiplikation der Gleichung (1.20) von rechts mit $V^\top$ und Übergang zur Transponierten ergibt

$$B^\top U = V\Sigma$$

und somit folgt durch Vergleich der Spaltenvektoren

$$B^\top \underline{u}_k = \sigma_k(B)\,\underline{v}_k \quad \text{für } k = 1, \dots, \min\{m, n\}.$$

Multiplikation der Gleichung (1.20) von links mit $U$ liefert

$$BV = U\Sigma$$

und somit

$$B\underline{v}_k = \sigma_k(B)\,\underline{u}_k \quad \text{für } k = 1, \dots, \min\{m, n\}.$$

## 1.3   Orthogonalisierung von Vektorsystemen

Für $m \in I\!\!N$ mit $m \leq n$ heißt ein System[1] $\{\underline{w}^k\}_{k=0}^{m-1}$ von $m$ nicht verschwindenden Vektoren $\underline{w}^k \in I\!\!R^n$, das heißt es gilt $\|\underline{w}^k\|_V > 0$, **linear unabhängig**, wenn die Gleichheit

$$\sum_{k=0}^{m-1} \alpha_k \underline{w}^k = \underline{0}$$

nur für die triviale Lösung

$$\alpha_0 = \dots = \alpha_k = \dots = \alpha_{m-1} = 0$$

---

[1] Im Hinblick auf die später beschriebenen Iterationsverfahren zur Lösung linearer Gleichungssysteme werden Vektorsysteme $\{\underline{w}^k\}_{k=0}^{n-1}$ stets von $k = 0, \dots, n-1$ indiziert.

erfüllt ist. Die Vektoren $\{\underline{w}^k\}_{k=0}^{m-1}$ heißen zueinander **orthogonal** bezüglich dem Skalarprodukt $\langle\cdot,\cdot\rangle$, falls

$$\langle\underline{w}^k,\underline{w}^\ell\rangle = 0 \quad\text{für alle } k,\ell = 0,\ldots,m-1 \text{ und } k \neq \ell$$

gilt, und **orthonormal**, wenn

$$\langle\underline{w}^k,\underline{w}^\ell\rangle = \delta_{k\ell} \quad\text{für alle } k,\ell = 0,\ldots,m-1$$

erfüllt ist. Für $m = n$ heißt das System $\{\underline{w}^k\}_{k=0}^{n-1}$ von $n$ linear unabhängigen Vektoren **Basis** des $\mathbb{R}^n$, das heißt ein beliebiges Element $\underline{u} \in \mathbb{R}^n$ kann als **Linearkombination** der Basisvektoren $\{\underline{w}^k\}_{k=0}^{n-1}$ dargestellt werden.

**Beispiel 1.2** *Die Einheitsvektoren*

$$\underline{e}^k = \left(\delta_{(k+1)j}\right)_{j=1}^n \quad \text{für } k = 0,\ldots,n-1$$

*bilden eine Basis des $\mathbb{R}^n$. Diese wird als* **kanonische** *Basis bezeichnet. Die Einheitsvektoren $\underline{e}^k$ sind orthonormal bezüglich dem Euklidischen Skalarprodukt, und für einen beliebigen Vektor $\underline{u} = (u_1,\ldots,u_n)^\top \in \mathbb{R}^n$ gilt die Darstellung*

$$\underline{u} = \sum_{k=0}^{n-1} u_{k+1}\,\underline{e}^k \in \mathbb{R}^n.$$

Gegeben sei jetzt eine **beliebige** Basis $\{\underline{w}^k\}_{k=0}^{n-1}$ des $\mathbb{R}^n$, gesucht ist eine bezüglich dem Skalarprodukt $\langle\cdot,\cdot\rangle$ **orthogonale** Basis $\{\underline{p}^k\}_{k=0}^{n-1}$ mit

$$\langle\underline{p}^k,\underline{p}^\ell\rangle = 0 \quad\text{für } k,\ell = 0,\ldots,n-1 \text{ und } k \neq \ell.$$

Diese kann durch das **Gram–Schmidtsche Orthogonalisierungsverfahren** wie folgt konstruiert werden:

$$\boxed{\begin{aligned}
&\text{Setze}\\
&\quad \underline{p}^0 := \underline{w}^0.\\
&\text{Für } k = 0,\ldots,n-2 \text{ berechne}\\
&\quad \underline{p}^{k+1} := \underline{w}^{k+1} - \sum_{\ell=0}^{k} \beta_{k\ell}\underline{p}^\ell, \quad \beta_{k\ell} = \frac{\langle\underline{w}^{k+1},\underline{p}^\ell\rangle}{\langle\underline{p}^\ell,\underline{p}^\ell\rangle}
\end{aligned}}$$

Algorithmus 1.1: Orthogonalisierungsverfahren nach Gram–Schmidt.

**Lemma 1.4** *Sei $\{\underline{w}^k\}_{k=0}^{n-1}$ ein System linear unabhängiger Vektoren. Dann ist das durch das Gram–Schmidtsche Orthogonalisierungsverfahren (Algorithmus 1.1) erzeugte Vektorsystem $\{\underline{p}^k\}_{k=0}^{n-1}$ orthogonal, das heißt es gilt*

$$\langle\underline{p}^k,\underline{p}^\ell\rangle = 0 \quad\text{für } k,\ell = 0,\ldots,n-1,\ k \neq \ell$$

*und*

$$\langle\underline{p}^k,\underline{p}^k\rangle > 0 \quad\text{für } k = 0,\ldots,n-1.$$

**Beweis:** Der Nachweis erfolgt durch vollständige Induktion nach $k$. Für $k = 0$ ist $\underline{p}^0 = \underline{w}^0$ und es gilt $\langle \underline{p}^0, \underline{p}^0 \rangle > 0$. Dann ist $\underline{p}^1$ durch

$$\underline{p}^1 = \underline{w}^1 - \beta_{10}\underline{p}^0, \quad \beta_{10} = \frac{\langle \underline{w}^1, \underline{p}^0 \rangle}{\langle \underline{p}^0, \underline{p}^0 \rangle}$$

wohldefiniert, und die Orthogonalität folgt aus

$$\langle \underline{p}^1, \underline{p}^0 \rangle = \langle \underline{w}^1 - \beta_{10}\underline{p}^0, \underline{p}^0 \rangle = \langle \underline{w}^1, \underline{p}^0 \rangle - \frac{\langle \underline{w}^1, \underline{p}^0 \rangle}{\langle \underline{p}^0, \underline{p}^0 \rangle}\langle \underline{p}^0, \underline{p}^0 \rangle = 0.$$

Zu zeigen bleibt $\langle \underline{p}^1, \underline{p}^1 \rangle > 0$. Dieser Nachweis erfolgt **indirekt**, das heißt aus der Annahme $\langle \underline{p}^1, \underline{p}^1 \rangle = 0$ folgt

$$\underline{0} = \underline{p}^1 = \underline{w}^1 - \beta_{10}\underline{p}^0 = \underline{w}^1 - \beta_{10}\underline{w}^0$$

im **Widerspruch** zur linearen Unabhängigkeit der Vektoren $\underline{w}^0$ und $\underline{w}^1$. Für $k = 1$ gelten somit die **Induktionsvoraussetzungen**

$$\langle \underline{p}^\ell, \underline{p}^j \rangle = 0 \quad \text{für alle } \ell, j = 0, \ldots, k \text{ mit } \ell \neq j$$

und

$$\langle \underline{p}^\ell, \underline{p}^\ell \rangle > 0 \quad \text{für alle } \ell = 0, \ldots, k.$$

Aus der Induktionsvoraussetzung für $k \in I\!N$ folgt durch Einsetzen der Koeffizienten $\beta_{kj}$ für den **Induktionsschritt** $k + 1$ die Orthogonalität

$$\langle \underline{p}^{k+1}, \underline{p}^j \rangle = \langle \underline{w}^{k+1}, \underline{p}^j \rangle - \sum_{\ell=0}^{k} \beta_{k\ell}\langle \underline{p}^\ell, \underline{p}^j \rangle = \langle \underline{w}^{k+1}, \underline{p}^j \rangle - \beta_{kj}\langle \underline{p}^j, \underline{p}^j \rangle = 0$$

für $j = 0, \ldots, k$. Zu zeigen bleibt $\langle \underline{p}^{k+1}, \underline{p}^{k+1} \rangle > 0$. Nach Konstruktion gilt

$$\underline{p}^\ell \in \text{span}\left\{\underline{w}^0, \ldots, \underline{w}^\ell\right\} \quad \text{für alle } \ell = 0, \ldots, k + 1.$$

Die Annahme $\underline{p}^{k+1} = \underline{0}$ führt dann wegen

$$\underline{0} = \underline{p}^{k+1} = \underline{w}^{k+1} - \sum_{\ell=0}^{k} \beta_{k\ell}\underline{p}^\ell = \underline{w}^{k+1} - \sum_{\ell=0}^{k} \beta_{k\ell} \sum_{j=0}^{\ell} \alpha_{\ell j}\underline{w}^j$$

zum **Widerspruch** zur Voraussetzung der linearen Unabhängigkeit des Vektorsystems $\{\underline{w}^\ell\}_{\ell=0}^{k+1}$. Damit ist Algorithmus 1.1 wohldefiniert. ∎

Sei $A \in I\!R^{n \times n}$ eine invertierbare Matrix mit $\text{rang}\, A = n$. Dann bilden die Spaltenvektoren von $A$,

$$A = \left(\underline{a}^1, \ldots, \underline{a}^n\right) \in I\!R^{n \times n},$$

ein linear unabhängiges Vektorsystem $\{\underline{a}^k\}_{k=1}^n$. Die Anwendung des Orthogonalisierungsverfahrens nach Gram–Schmidt bezüglich dem Euklidischen Skalarprodukt und bei gleichzeitiger Normierung,

$$\hat{\underline{v}}^k = \underline{a}^k - \sum_{\ell=1}^{k-1} (\underline{a}^k, \underline{v}^\ell)\,\underline{v}^\ell, \quad \underline{v}^k = \frac{1}{\|\hat{\underline{v}}^k\|_2}\,\hat{\underline{v}}^k \quad \text{für } k = 1, \ldots, n,$$

liefert für die Spaltenvektoren von $A$ die Darstellung

$$\underline{a}^k = \|\hat{\underline{v}}^k\|_2\,\underline{v}^k + \sum_{\ell=1}^{k-1} (\underline{a}^k, \underline{v}^\ell)\,\underline{v}^\ell \quad \text{für } k = 1, \ldots, n.$$

In Matrixschreibweise lautet diese

$$A = Q\,R \tag{1.22}$$

mit

$$Q = \left(\underline{v}^1, \ldots, \underline{v}^n\right) \in I\!\!R^{n \times n}, \quad Q^\top Q = I,$$

und der durch

$$R[\ell, k] = \begin{cases} (\underline{a}^k, \underline{v}^\ell) & \text{für } \ell = 1, \ldots, k-1, \\ \|\hat{\underline{v}}^k\|_2 & \text{für } \ell = k, \\ 0 & \text{für } \ell = k+1, \ldots, n. \end{cases}$$

für $k = 1, \ldots, n$ definierten oberen Dreiecksmatrix $R$. Durch das Orthogonalisierungsverfahren von Gram–Schmidt kann also die **QR–Zerlegung** (1.22) einer regulären Matrix $A \in I\!\!R^{n \times n}$ berechnet werden.

Wird ein gegebenes linear unabhängiges Vektorsystem $\{\underline{w}^\ell\}_{\ell=0}^{n-1}$ bezüglich dem A–energetischen Skalarprodukt (1.11) orthogonalisiert, so nennt man das resultierende Vektorsystem $\{\underline{p}^\ell\}_{\ell=0}^{n-1}$ **A–orthogonal** beziehungsweise **konjugiert**, das heißt es gilt

$$\langle \underline{p}^k, \underline{p}^\ell \rangle_A = (A\underline{p}^k, \underline{p}^\ell) = (\underline{p}^k, A\underline{p}^\ell) = 0 \quad \text{für } k \neq \ell.$$

# 1.4   Tschebyscheff–Polynome

Mit $\Pi_n(I\!\!R)$ wird die Menge der auf der reellen Achse definierten **Polynome** mit maximalen Polynomgrad $n \in I\!\!N$ bezeichnet, das heißt für jedes $f \in \Pi_n(I\!\!R)$ gilt die Darstellung

$$f(x) = \sum_{k=0}^n a_k\,x^k$$

mit Koeffizienten $a_k \in I\!\!R$. Insbesondere ist $\Pi_n^1(I\!\!R) \subset \Pi_n(I\!\!R)$ der Teilraum aller Polynome $f \in \Pi_n(I\!\!R)$ mit $f(0) = a_0 = 1$.

Eine **Basis** von $\Pi_n(\mathbb{R})$ ist gegeben durch die **Monome**

$$\varphi_k(x) \; = \; x^k \quad \text{für } x \in \mathbb{R}, \; k = 0,1,2,\ldots,n.$$

Eine andere Basis des linearen Raumes $\Pi_n(\mathbb{R})$ von Polynomen maximalen Polynomgrades $n$ kann durch die **Tschebyscheff–Polynome** $T_k(x)$ angegeben werden. Diese sind **rekursiv** definiert durch

$$
\begin{aligned}
T_0(x) &:= 1, \\
T_1(x) &:= x, \\
T_{k+1}(x) &:= 2x\,T_k(x) - T_{k-1}(x) \quad \text{für } k = 1,2,\ldots.
\end{aligned}
\tag{1.23}
$$

Nach Definition ist jede Funktion $T_k(x)$ ein Polynom in $x$ vom Polynomgrad $k$.

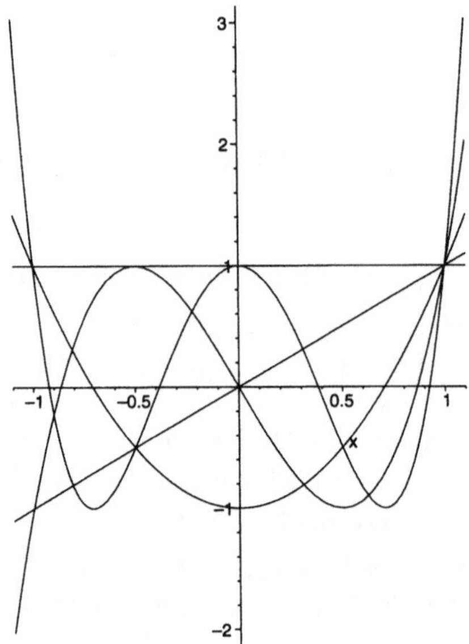

Abbildung 1.1: Tschebyscheff–Polynome $T_k(x)$ für $k = 0,\ldots,4$.

**Lemma 1.5** *Für $x \in [-1,1]$ und $k = 0,1,2,\ldots$ gilt die Darstellung*

$$T_k(x) \; = \; \cos[k \arccos x].
\tag{1.24}$$

**Beweis:** Für $k = 0$ und für $k = 1$ ist die Behauptung offensichtlich. Für $k > 1$ erfolgt der Beweis durch vollständige Induktion unter Verwendung des Additionstheorems

$$\cos\alpha + \cos\beta \; = \; 2\cos\frac{\alpha+\beta}{2}\cos\frac{\alpha-\beta}{2}$$

beziehungsweise

$$\cos\alpha \; = \; 2\cos\frac{\alpha+\beta}{2}\cos\frac{\alpha-\beta}{2} - \cos\beta.$$

Mit

$$\alpha := (k+1)\arccos x, \qquad \beta := (k-1)\arccos x$$

folgt dann die Behauptung

$$\begin{aligned}
\cos[(k+1)\arccos x] &= 2\cos[k\arccos x]\cos\arccos x - \cos[(k-1)\arccos x] \\
&= 2xT_k(x) - T_{k-1}(x) = T_{k+1}(x).
\end{aligned}$$

$\blacksquare$

Entsprechend gilt für $x > 1$ die Beziehung

$$T_k(x) = \cosh[k\operatorname{arcosh} x] \quad \text{für } k = 0, 1, 2, \ldots. \tag{1.25}$$

Neben der hier durch die Rekursionsvorschrift (1.23) erfolgten Definition der Tschebyscheff–Polynome und der für die Herleitung verschiedener Eigenschaften wichtigen Darstellung (1.24) ermöglichen die Tschebyscheff–Polynome eine dritte Darstellung, die für die Funktionsauswertung von $T_k(x)$ für $x > 1$ wesentlich sein wird.

**Lemma 1.6** *Für* $k \in \mathbb{N}_0$ *gilt die alternative Darstellung der Tschebyscheff–Polynome,*

$$\begin{aligned}
T_k(x) &= \frac{1}{2}\left[(x + \sqrt{x^2 - 1})^k + (x - \sqrt{x^2 - 1})^k\right] \\
&= \frac{1}{2}\left[(x + \sqrt{x^2 - 1})^k + (x + \sqrt{x^2 - 1})^{-k}\right].
\end{aligned}$$

**Beweis:** Für $k = 0, 1$ ist die Behauptung offensichtlich. Für $k > 1$ erfolgt der Nachweis durch vollständige Induktion. Als Induktionsvoraussetzung gelte also

$$\begin{aligned}
T_{k-1}(x) &= \frac{1}{2}\left[(x + \sqrt{x^2 - 1})^{k-1} + (x - \sqrt{x^2 - 1})^{k-1}\right], \\
T_k(x) &= \frac{1}{2}\left[(x + \sqrt{x^2 - 1})^k + (x - \sqrt{x^2 - 1})^k\right].
\end{aligned}$$

Aus der rekursiven Definition (1.23) der Tschebyscheff–Polynome ergibt sich dann

$$\begin{aligned}
T_{k+1}(x) &= 2x\,T_k(x) - T_{k-1}(x) \\
&= x\left[(x + \sqrt{x^2 - 1})^k + (x - \sqrt{x^2 - 1})^k\right] \\
&\quad - \frac{1}{2}\left[(x + \sqrt{x^2 - 1})^{k-1} + (x - \sqrt{x^2 - 1})^{k-1}\right] \\
&= \frac{1}{2}(x + \sqrt{x^2 - 1})^{k-1}\left[2x(x + \sqrt{x^2 - 1}) - 1\right] \\
&\quad + \frac{1}{2}(x - \sqrt{x^2 - 1})^{k-1}\left[2x(x - \sqrt{x^2 - 1}) - 1\right].
\end{aligned}$$

Die erste Behauptung folgt nun aus

$$2x \left( x \pm \sqrt{x^2 - 1} \right) - 1 = x^2 \pm 2x\sqrt{x^2 - 1} + x^2 - 1 = \left( x \pm \sqrt{x^2 - 1} \right)^2 .$$

Die zweite Behauptung folgt unmittelbar aus

$$x - \sqrt{x^2 - 1} = \frac{[x - \sqrt{x^2 - 1}][x + \sqrt{x^2 - 1}]}{x + \sqrt{x^2 - 1}} = \frac{1}{x + \sqrt{x^2 - 1}}. \qquad \blacksquare$$

Aus den obigen Darstellungen lassen sich nun einige wichtige Eigenschaften der Tschebyscheff–Polynome $T_k(x)$ ablesen. Wegen (1.24) und (1.25) gilt zunächst

$$|T_k(x)| \leq 1 \quad \text{für } |x| \leq 1, \quad T_k(x) \geq 1 \quad \text{für } x \geq 1,$$

sowie

$$T_k(x_i^{(k)}) = (-1)^i \quad \text{für } x_i^{(k)} = \cos\frac{i\pi}{k}, \quad i = 0, \dots, k.$$

Die Nullstellen der Tschebyscheff–Polynome $T_k(x)$ ergeben sich aus der Forderung

$$T_k(x) = \cos[k \arccos x] = 0$$

beziehungsweise aus

$$k \arccos x = \frac{\pi}{2} + i\pi \quad \text{für } i \in I\!\!N.$$

Daraus folgt

$$\bar{x}_i^{(k)} = \cos\frac{(2i + 1)\pi}{2k} \quad \text{für } i = 0, \dots, k - 1.$$

Die Darstellung (1.24) der Tschebyscheff–Polynome $T_k(x)$ gilt nur für Argumente $x \in [-1, +1]$. Sei $[a, b]$ ein beliebiges Intervall mit $0 < a < b$. Für $t \in [a, b]$ ermöglicht die Transformation

$$x := \frac{b + a - 2t}{b - a} \in [-1, +1]$$

die Definition des skalierten Tschebyscheff–Polynoms

$$\tilde{T}_k(t) := \frac{T_k\left(\frac{b+a-2t}{b-a}\right)}{T_k\left(\frac{b+a}{b-a}\right)} \in \Pi_k^1.$$

Die modifizierten Tschebyscheff–Polynome $\tilde{T}_k(t)$ sind die Polynome vom Polynomgrad $k$ mit dem kleinsten Maximum im Intervall $[a, b]$:

**Satz 1.1** *Für $0 < a < b$ sind die modifizierten Tschebyscheff–Polynome $\tilde{T}_k(t)$ Lösung der Minimierungsaufgabe*

$$\min_{p_k \in \Pi_k^1} \max_{t \in [a,b]} |p_k(t)| = \max_{t \in [a,b]} |\tilde{T}_k(t)| = \frac{2q^k}{1 + q^{2k}}, \quad q = \frac{\sqrt{b} + \sqrt{a}}{\sqrt{b} - \sqrt{a}}.$$

**Beweis:** Der Beweis erfolgt indirekt durch die Annahme, es existiere ein Polynom $q_k \in \Pi_k^1$ mit

$$\max_{t \in [a,b]} |q_k(t)| < \max_{t \in [a,b]} |\tilde{T}_k(t)|.$$

Für

$$t_i^{(k)} := \frac{1}{2}\left[(b+a) - (b-a)x_i^{(k)}\right], \quad x_i^{(k)} = \cos\frac{i\pi}{k}, \quad i = 0,\ldots,k$$

wird durch

$$\tilde{T}_k(t_i^{(k)}) = \frac{T_k(x_i^{(k)})}{T_k(\frac{b+a}{b-a})} = \frac{(-1)^i}{T_k(\frac{b+a}{b-a})}$$

das Maximum beziehungsweise das Minimum des modifizierten Tschebyscheff–Polynoms $\tilde{T}_k$ angenommen. Dann gilt entsprechend obiger Annahme

$$|q_k(t_i^{(t_k)})| \leq \max_{t \in [a,b]} |q_k(t)| < \frac{1}{T_k(\frac{b+a}{b-a})}, \quad i = 0,\ldots,k.$$

Insbesondere für $i = 2j$ ist $\tilde{T}_k(t_{2j}^{(k)}) > 0$ und somit ist

$$-\tilde{T}_k(t_{2j}^{(k)}) < q_k(t_{2j}^{(k)}) < \tilde{T}_k(t_{2j}^{(k)}).$$

Entsprechend ergibt sich $\tilde{T}_k(t_{2j+1}^{(k)}) < 0$ für $i = 2j+1$ und somit

$$\tilde{T}_k(t_{2j+}^{(k)}) < q_k(t_{2j+1}^{(k)}) < -\tilde{T}_k(t_{2j+}^{(k)}).$$

Für das Polynom $r_k := \tilde{T}_k - q_k \in \Pi_k$ folgt dann

$$r_k(t_{2j}^{(k)}) = \tilde{T}_k(t_{2j}^{(k)}) - q_k(t_{2j}^{(k)}) > 0$$

und

$$r_k(t_{2j+1}^{(k)}) = \tilde{T}_k(t_{2j+1}^{(k)}) - q_k(t_{2j+1}^{(k)}) < 0.$$

Zwischen den $k+1$ Stellen $t_i^{(k)}$ finden also $k$ Vorzeichenwechsel statt, das heißt das Polynom $r_k(t)$ besitzt im Intervall $[a,b]$ mindestens $k$ verschiedene Nullstellen. Wegen $\tilde{T}_k \in \Pi_k^1$ und $q_k \in \Pi_k^1$ ist

$$r_k(0) = \tilde{T}_k(0) - q_k(0) = 1 - 1 = 0$$

und somit ist Null eine weitere Nullstelle von $r_k(t)$. Damit besitzt das Polynom $r_k(t)$ vom Polynomgrad $k$ in $\mathbb{R}$ mindestens $k+1$ verschiedene Nullstellen. Daraus folgt $r_k(t) \equiv 0$ für alle $t \in \mathbb{R}$ und somit $q_k = \tilde{T}_k$ im Widerspruch zur Annahme. Zu bestimmen bleibt der maximale Wert von

$$\max_{t \in [a,b]} |\tilde{T}_k(t)| = \frac{1}{T_k(\frac{b+a}{b-a})}.$$

Mit Lemma 1.6 und

$$q = \frac{b+a}{b-a} + \sqrt{\left(\frac{b+a}{b-a}\right)^2 - 1} = \frac{1}{b-a}\left[(b+a) + \sqrt{(b+a)^2 - (b-a)^2}\right]$$

$$= \frac{1}{b-a}\left[b+a+2\sqrt{ab}\right] = \frac{(\sqrt{b}+\sqrt{a})^2}{(\sqrt{b}+\sqrt{a})(\sqrt{b}-\sqrt{a})} = \frac{\sqrt{b}+\sqrt{a}}{\sqrt{b}-\sqrt{a}}$$

ist schließlich

$$T_k\left(\frac{b+a}{b-a}\right) = \frac{1}{2}\left[q^k + q^{-k}\right] = \frac{q^{2k}+1}{2q^k}. \qquad \blacksquare$$

Neben der in Satz 1.1 gezeigten **Min–Max–Eigenschaft** der (modifizierten) Tschebyscheff–Polynome $\tilde{T}_k$ ist die folgende **Orthogonalität** wesentlich bei der Approximation mit Tschebyscheff–Polynomen.

**Lemma 1.7** *Für die Tschebyscheff–Polynome $T_k$ gilt die Orthogonalität*

$$\int_{-1}^{1} \frac{T_k(x)T_\ell(x)}{\sqrt{1-x^2}}\,dx = \begin{cases} 0 & \text{für } k \neq \ell, \\ \dfrac{\pi}{2} & \text{für } k = \ell \neq 0, \\ \pi & \text{für } k = \ell = 0. \end{cases}$$

**Beweis:** Mit der Substitution

$$x = \cos\varphi, \quad \frac{dx}{d\varphi} = -\sin\varphi, \quad \varphi \in [\pi, 0]$$

und der Darstellung (1.24) ist zunächst

$$\int_{-1}^{1} \frac{T_k(x)T_\ell(x)}{\sqrt{1-x^2}}\,dx = \int_{-1}^{1} \frac{\cos(k\arccos x)\,\cos(\ell\arccos x)}{\sqrt{1-x^2}}\,dx = \int_{0}^{\pi} \cos k\varphi \cos \ell\varphi \,d\varphi.$$

Aus dem Additionstheorem

$$\cos\alpha + \cos\beta = 2\cos\frac{\alpha+\beta}{2}\cos\frac{\alpha-\beta}{2}$$

folgt mit

$$\alpha = (k+\ell)\varphi, \quad \beta = (k-\ell)\varphi$$

für den Integranden

$$\cos k\varphi \cos \ell\varphi = \frac{1}{2}\left[\cos(k+\ell)\varphi + \cos(k-\ell)\varphi\right].$$

Damit ist

$$\int_{-1}^{1} \frac{T_k(x)T_\ell(x)}{\sqrt{1-x^2}}\,dx \;=\; \frac{1}{2}\int_{0}^{\pi}\left[\cos(k+\ell)\varphi + \cos(k-\ell)\varphi\right]d\varphi\,.$$

Für $k \neq \ell$ folgt die Behauptung aus

$$\int_{0}^{\pi}\cos(k\pm\ell)\varphi\,d\varphi \;=\; 0\,.$$

Für $k = \ell = 0$ ist $T_0(x) = 1$ und somit

$$\int_{-1}^{1}\frac{T_0(x)T_0(x)}{\sqrt{1-x^2}}\,dx \;=\; \int_{0}^{\pi}d\varphi \;=\; \pi,$$

und für $k = \ell \neq 0$ ergibt sich

$$\int_{-1}^{1}\frac{T_k(x)T_k(x)}{\sqrt{1-x^2}}\,dx \;=\; \frac{1}{2}\int_{0}^{\pi}d\varphi \;=\; \frac{\pi}{2}\,.$$

# Kapitel 2

# Lineare Gleichungssysteme

In diesem Kapitel sollen einige Beispiele angegeben werden, die zur Bestimmung einer Approximation die Lösung eines in der Regel **großdimensionierten** linearen Gleichungssystems erfordern. Neben der **Interpolationsaufgabe** mit **Tschebyscheff–Polynomen** sind dies die $L_2$**–Projektion** zur stückweise linearen Approximation von Funktionen sowie die näherungsweise Lösung von Randwertproblemen gewöhnlicher und partieller Differentialgleichungen mit **Finite Element Methoden** und **Randelementmethoden**. In dieser Darstellung wird sich bewußt auf einfache ein– und zweidimensionale Modellprobleme beschränkt, um die auch für den mehrdimensionalen Fall wesentlichen Eigenschaften der Systemmatrizen in einer möglichst einfachen Darstellung ableiten zu können. Für eine weiterführende Diskussion sei hier zum Beispiel auf [31, 51] verwiesen.

## 2.1  Interpolation

Die polynomiale Approximation von Funktionen dient einerseits der Verarbeitung experimenteller Daten, das heißt für eine gegebene Punktmenge $\{(x_i, f_i)\}_{i=0}^n$ ist eine geeignete funktionale Darstellung zu finden, andererseits ermöglicht die Approximation einer gegebenen Funktion durch ein Polynom eine einfache Realisierung von Differentiation und Integration.

Gesucht ist eine allgemeine Darstellung der Form

$$f_n(x) \;=\; \sum_{k=0}^{n} a_k \varphi_k(x)$$

mit linear unabhängigen **Basisfunktionen** $\{\varphi_k\}_{k=0}^n$ und zu bestimmenden **Zerlegungskoeffizienten** $a_0, \ldots, a_n$. Diese ergeben sich aus den **Interpolationsgleichungen**

$$f_n(x_i) \;=\; \sum_{k=0}^{n} a_k \varphi_k(x_i) \;=\; f_i \;=\; f(x_i) \quad \text{für } i = 0, \ldots, n.$$

Diese entsprechen dem linearen Gleichungssystem

$$\begin{pmatrix} \varphi_0(x_0) & \cdots & \varphi_n(x_0) \\ \vdots & & \vdots \\ \varphi_0(x_n) & \cdots & \varphi_n(x_n) \end{pmatrix} \begin{pmatrix} a_0 \\ \vdots \\ a_n \end{pmatrix} = \begin{pmatrix} f_0 \\ \vdots \\ f_n \end{pmatrix}$$

beziehungsweise $A\underline{a} = \underline{f}$ mit der **Systemmatrix** $A \in I\!\!R^{(n+1)\times(n+1)}$ und den Einträgen

$$A[i,k] = \varphi_k(x_i) \quad \text{für } i,k = 0,\ldots,n.$$

Werden als Basisfunktionen die **Monome**

$$\varphi_k(x) = x^k \quad \text{für } k = 0,\ldots,n$$

betrachtet, so ist die Systemmatrix

$$A = \begin{pmatrix} 1 & x_0 & x_0^2 & \cdots & x_0^n \\ 1 & x_1 & x_1^2 & \cdots & x_1^n \\ \vdots & \vdots & \vdots & \ddots & \vdots \\ 1 & x_n & x_n^2 & \cdots & x_n^n \end{pmatrix}$$

eine **Vandermonde**–Matrix mit der Determinante

$$\det A = \prod_{i<j}(x_j - x_i).$$

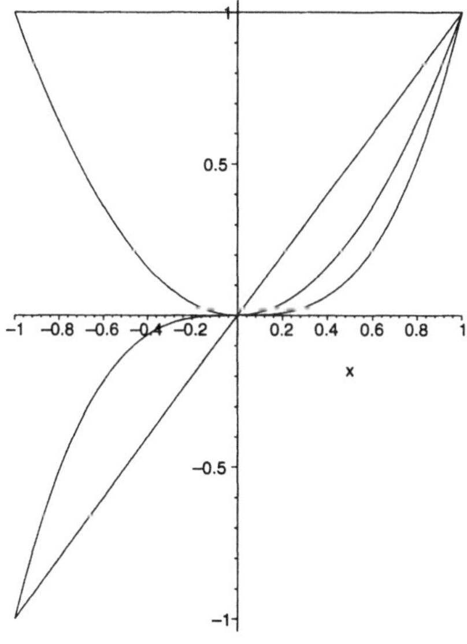

Abbildung 2.1: Monome $\varphi_k(x) = x^k$ für $k = 0,1,2,3$.

Für paarweise verschiedene Stützstellen $x_i \neq x_j$ für alle $i \neq j$ folgt somit $\det A \neq 0$ und damit die Invertierbarkeit der Systemmatrix $A$. Es zeigt sich jedoch, daß die Vandermonde–Matrix $A$ **schlecht konditioniert** ist.

Die Lösung des linearen Gleichungssystems $A\underline{a} = \underline{f}$ ist besonders einfach zu bestimmen, wenn die Systemmatrix $A$ die Einheitsmatrix ist. Dies ist dann der Fall, wenn

$$A[i,k] = \varphi_k(x_i) = \begin{cases} 1 & \text{für } k = i, \\ 0 & \text{für } k \neq i \end{cases}$$

für $i, k = 0, \ldots, n$ erfüllt ist. Dies motiviert die Definition der **Lagrange–Polynome**

$$L_k(x) = \prod_{j=0, j \neq k}^{n} \frac{x - x_j}{x_k - x_j} \quad \text{für } k = 0, \ldots, n$$

und das zugehörige Interpolationspolynom ist durch

$$f_n(x) = \sum_{k=0}^{n} f_k L_k(x)$$

gegeben.

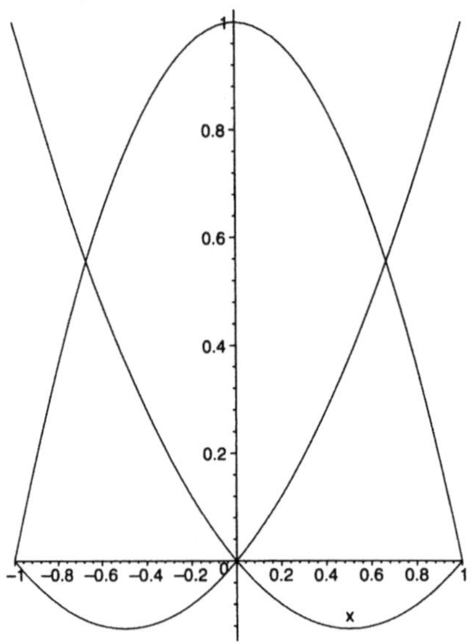

Abbildung 2.2: Lagrange–Polynome $L_k(x)$ für $x_0 = -1$, $x_1 = 0$, $x_2 = 1$.

Wird das Interpolationspolynom $f_n(x)$ für $x \in [a, b]$ mit Stützstellen $x_i \in [a, b]$ bestimmt, so ergibt sich für den **Interpolationsfehler** die Abschätzung

$$\max_{x \in [a,b]} |f(x) - f_n(x)| \leq \max_{x \in [a,b]} \left| \frac{1}{(n+1)!} f^{(n+1)}(\xi(x)) \prod_{j=0}^{n} (x - x_j) \right|. \qquad (2.1)$$

Ohne Einschränkung der Allgemeinheit sei $[a, b] = [-1, +1]$. Eine optimale Wahl der Stützstellen $x_i$ ergibt sich dann aus der Minimierungsaufgabe, siehe hierzu auch Abschnitt 1.4,

$$\min_{x_j \in [-1,+1]} \max_{x \in [-1,+1]} \prod_{j=0}^{n} (x - x_j) = 2^{-n} \max_{x \in [-1,+1]} |T_{n+1}(x)| = 2^{-n}.$$

Sind die Stützstellen $x_i$ zur Bestimmung des Interpolationspolynoms die Nullstellen $\bar{x}_i^{(n+1)}$ die Nullstellen des Tschebyscheff–Polynoms $T_{n+1}(x)$, so folgt für den Interpolationsfehler die Abschätzung

$$\max_{x \in [-1,1]} |f(x) - f_n(x)| \leq \frac{2^{-n}}{(n+1)!} \max_{x \in [-1,1]} \left| f^{(n+1)}(x) \right|.$$

Die Nullstellen $\bar{x}_i^{(n+1)}$ des Tschebyscheff–Polynoms $T_{n+1}(x)$ sind auch die optimalen Stützstellen für numerische Integrationsformeln zur Berechnung gewichteter Integrale.

**Lemma 2.1** *Für ein Polynom $f_m \in \Pi_m$ mit $n < m < 2(n+1)$ gilt*

$$\int_{-1}^{1} \frac{f_m(x)}{\sqrt{1-x^2}} dx = \frac{\pi}{n+1} \sum_{i=0}^{n} f_m(\bar{x}_i^{(n+1)}).$$

**Beweis:** Für $f_m \in \Pi_m$ mit $m > n$ sei

$$f_n(x) = \sum_{i=0}^{n} f_m(\bar{x}_i^{(n+1)}) L_i(x), \quad L_i(x) = \prod_{\substack{j=0 \\ j \neq i}}^{n} \frac{x - \bar{x}_j^{(n+1)}}{\bar{x}_i^{(n+1)} - \bar{x}_j^{(n+1)}},$$

das Interpolationspolynom $f_n \in \Pi_n$. Dann gilt die Darstellung

$$f_m(x) = f_n(x) + T_{n+1}(x) g_{m-(n+1)}(x)$$

mit einem Polynom $g_{m-(n+1)} \in \Pi_{m-(n+1)}$. Für den Ansatz

$$g_{m-(n+1)}(x) = \sum_{k=0}^{m-(n+1)} a_k T_k(x)$$

folgt wegen

$$\int_{-1}^{1} \frac{g_{m-(n+1)}(x) T_j(x)}{\sqrt{1-x^2}} dx = \sum_{k=0}^{m-(n+1)} a_k \int_{-1}^{1} \frac{T_k(x) T_j(x)}{\sqrt{1-x^2}} dx = a_j \begin{cases} \pi & \text{für } j = 0, \\ \dfrac{\pi}{2} & \text{für } j \neq 0 \end{cases}$$

für die Berechnung der Koeffizienten

$$a_0 \; = \; \frac{1}{\pi} \int\limits_{-1}^{1} \frac{g_{m-(n+1)}(x)}{\sqrt{1-x^2}} dx$$

beziehungsweise

$$a_j \; = \; \frac{2}{\pi} \int\limits_{-1}^{1} \frac{g_{m-(n+1)}(x)T_j(x)}{\sqrt{1-x^2}} dx \quad \text{für } j = 1, \ldots, m-(n+1).$$

Damit gilt

$$f_m(x) \; = \; f_n(x) + \sum_{k=0}^{m-(n+1)} a_k T_{n+1}(x) T_k(x)$$

und mit Lemma 1.7 folgt für $k \leq m-(n+1) < n+1$

$$\int\limits_{-1}^{1} \frac{f_m(x)}{\sqrt{1-x^2}} dx \; = \; \int\limits_{-1}^{1} \frac{f_n(x)}{\sqrt{1-x^2}} dx + \sum_{k=0}^{m-(n+1)} a_k \int\limits_{-1}^{1} \frac{T_{n+1}(x)T_k(x)}{\sqrt{1-x^2}} dx$$

$$= \; \sum_{i=0}^{n} f_m(\bar{x}_i^{(n+1)}) \int\limits_{-1}^{1} \frac{L_i(x)}{\sqrt{1-x^2}} dx.$$

Mit

$$\int\limits_{-1}^{1} \frac{L_i(x)}{\sqrt{1-x^2}} dx \; = \; \frac{\pi}{n+1} \quad \text{für } i = 0, \ldots, n$$

ergibt sich schließlich die Behauptung. ∎

Durch Verbindung mit Lemma 2.1 kann die in Lemma 1.7 angegebene Orthogonalität der Tschebyscheff–Polynome in eine diskrete Orthogonalität übertragen werden.

**Folgerung 2.1** *Für die Nullstellen $\bar{x}_i^{(n+1)}$ des Tschebyscheff–Polynoms $T_{n+1}(x)$ und $k, \ell = 0, \ldots, n$ gilt*

$$\sum_{i=0}^{n} T_k(\bar{x}_i^{(n+1)}) T_\ell(\bar{x}_i^{(n+1)}) \; = \; \begin{cases} 0 & \text{für } k \neq \ell, \\ \frac{1}{2}(n+1) & \text{für } k = \ell \neq 0, \\ n+1 & \text{für } k = \ell = 0. \end{cases}$$

**Beweis:** Für $k, \ell \leq n$ ist $f_m = T_k T_\ell \in \Pi_m$ mit $m = k + \ell \leq 2n$. Dann folgt die Behauptung unmittelbar aus Lemma 2.1 und Lemma 1.7,

$$\frac{\pi}{n+1} \sum_{i=0}^{n} T_k(\bar{x}_i^{(n+1)}) T_\ell(\bar{x}_i^{(n+1)}) \; = \; \int\limits_{-1}^{1} \frac{T_k(x)T_\ell(x)}{\sqrt{1-x^2}} dx \; = \; \begin{cases} 0 & \text{für } k \neq \ell, \\ \frac{\pi}{2} & \text{für } k = \ell \neq 0, \\ \pi & \text{für } k = \ell = 0. \end{cases}$$

Die in Folgerung 2.1 erhaltene diskrete Orthogonalität der Tschebyscheff–Polynome ermöglicht nun ein effizientes Lösungsverfahrens der Interpolationsaufgabe. Der Ansatz für das Interpolationspolynom

$$f_n(x) = \sum_{k=0}^{n} a_k T_k(x)$$

führt bei Interpolation in den Nullstellen $\bar{x}_i^{(n+1)}$ von $T_{n+1}(x)$ auf das lineare Gleichungssystem

$$\sum_{k=0}^{n} a_k T_k(\bar{x}_i^{(n+1)}) = f(\bar{x}_i^{(n+1)}) = f_i \quad \text{für } i = 0,\ldots,n \qquad (2.2)$$

zur Bestimmung der Zerlegungskoeffizienten $a_k$ für $k = 0,\ldots,n$. Die Interpolationsgleichungen (2.2) sind äquivalent zu einem linearen Gleichungssystem mit einer vollbesetzten Steifigkeitsmatrix $A \in \mathbb{R}^{(n+1)\times(n+1)}$ mit den Einträgen

$$A[i,k] = T_k(\bar{x}_i^{(n+1)}) = \cos k\frac{(2i+1)\pi}{2(n+1)} \quad \text{für } i,k = 0,\ldots,n.$$

Die Multiplikation der Interpolationsgleichungen (2.2) mit $T_\ell(\bar{x}_i^{(n+1)})$ und Summation über $i = 0,\ldots,n$ ergibt die Gleichheit

$$\sum_{k=0}^{n} a_k \sum_{i=0}^{n} T_k(\bar{x}_i^{(n+1)})T_\ell(\bar{x}_i^{(n+1)}) = \sum_{i=0}^{n} f_i\, T_\ell(\bar{x}_i^{(n+1)})$$

für alle $\ell = 0,\ldots,n$. Mit Folgerung 2.1 ergeben sich die Zerlegungskoeffizienten $a_k$ aus

$$a_0 = \frac{1}{n+1}\sum_{i=0}^{n} f_i \quad \text{für } k = 0$$

beziehungsweise aus

$$a_k = \frac{2}{1+n}\sum_{i=0}^{n} f_i\, T_k(\bar{x}_i^{(n+1)}) \quad \text{für } k = 1,\ldots,n.$$

Bei der Interpolation mit Tschebyscheff–Polynomen entspricht die Bestimmung der Zerlegungskoeffizienten $a_k$ einer Matrix–Vektor–Multiplikation mit einer vollbesetzten Matrix und erfordert damit zunächst $(n+1)^2$ Multiplikationen. Wegen

$$a_k = \frac{2}{n+1}\sum_{i=0}^{n} f_i \cos k\frac{(2i+1)\pi}{2(n+1)} \quad \text{für } k = 1,\ldots,n$$

kann die Bestimmung der Koeffizienten $a_k$ auf die **schnelle Fouriertransformation** zurückgeführt werden und somit sehr effizient realisiert werden.

## 2.2　Projektionsmethoden

Klassische Interpolationsmethoden mit globalen Ansatzfunktionen, wie zum Beispiel die Monome $x^k$ und die Tschebyscheff–Polynome $T_k(x)$, erfordern für die Gültigkeit der Fehlerabschätzung (2.1) die Stetigkeit der $(n+1)$-ten Ableitung $f^{(n+1)}(x)$ der zu interpolierenden Funktion $f(x)$. Für viele Anwendungen ist diese Voraussetzung aber eine zu starke Restriktion. Deshalb sollen im folgenden Projektionsmethoden mit lokalen Basisfunktionen betrachtet werden.

Für eine im Intervall $(a,b)$ gegebene Funktion $u(x)$ ist eine Approximation

$$u_h(x) \;=\; \sum_{k=0}^{n} u_k \varphi_k(x)$$

als Lösung der Minimierungsaufgabe

$$F(\underline{u}) \;=\; \min_{\underline{v} \in \mathbb{R}^{n+1}} F(\underline{v})$$

mit dem Funktional

$$
\begin{aligned}
F(\underline{v}) \;&=\; \int_a^b [v_h(x) - u(x)]^2 dx \;=\; \int_a^b \Big[\sum_{k=0}^{n} v_k \varphi_k(x) - u(x)\Big]^2 dx \\[2mm]
&=\; \int_a^b \left[\sum_{k=0}^{n}\sum_{\ell=0}^{n} v_k v_\ell \varphi_k(x)\varphi_\ell(x) - 2\sum_{k=0}^{n} v_k \varphi_k(x) u(x) + [u(x)]^2 \right] dx \\[2mm]
&=\; \sum_{k=0}^{n}\sum_{\ell=0}^{n} v_k v_\ell \int_a^b \varphi_k(x)\varphi_\ell(x) dx - 2\sum_{k=0}^{n} v_k \int_a^b u(x)\varphi_k(x) dx + \int_a^b [u(x)]^2 dx
\end{aligned}
$$

zu bestimmen. Aus der für ein Minimum notwendigen Bedingung

$$\frac{d}{dv_j} F(\underline{v})_{|\underline{v}=\underline{u}} \;=\; 0 \quad \text{für } j = 0,\ldots,n$$

folgt

$$2\sum_{k=0}^{n} u_k \int_a^b \varphi_k(x)\varphi_j(x) dx - 2\int_a^b u(x)\varphi_j(x) dx \;=\; 0$$

für $j = 0,\ldots,n$. Der Vektor $\underline{u} \in \mathbb{R}^{n+1}$ der Zerlegungskoeffizienten $u_k$ ergibt sich also als Lösung des linearen Gleichungssystems $M_h \underline{u} = \underline{f}$ mit der durch die Einträge

$$M_h[j,k] \;=\; \int_a^b \varphi_k(x)\varphi_j(x) dx$$

für $k, j = 0, \ldots, n$ erklärten **Massematrix** $M_h$ und dem Vektor $\underline{f} \in I\!\!R^{n+1}$ mit

$$f_j = \int\limits_a^b u(x)\varphi_j(x)dx$$

für $j = 0, \ldots, n$.

Zur Herleitung einer **schwach besetzten** Massematrix $M_h$, das heißt einer Matrix mit möglichst wenigen **Nichtnulleinträgen**, sollen **lokale** Basisfunktionen $\varphi_k$ verwendet werden. Für das Intervall $(a, b)$ seien $n + 1$ paarweise verschiedene **Knoten** $x_k$ gegeben mit

$$a = x_0 < x_1 < x_2 < \ldots < x_{n-1} < x_n = b. \tag{2.3}$$

Die zugehörigen **Maschenweiten** seien

$$h_k = x_k - x_{k-1} \quad \text{für } k = 1, \ldots, n.$$

Zum Beispiel kann durch

$$x_k = a + kh \quad \text{für } k = 0, \ldots, n, \quad h = \frac{b - a}{n},$$

eine **gleichmäßige** Unterteilung von $(a, b)$ mit $h_k = h$ für alle $k = 1, \ldots, n$ erklärt werden.

Bezüglich der Unterteilung (2.3) des Intervalles $(a, b)$ wird der Raum der stückweise linearen Basisfunktionen eingeführt, das heißt für $k = 0, \ldots, n$ sei die zum Knoten $x_k$ zugehörige Basisfunktion erklärt durch die Vorschrift

$$\varphi_k(x) = \begin{cases} 1 & \text{für } x = x_k, \\ 0 & \text{für } x = x_\ell \neq x_k, \\ \text{linear} & \text{sonst.} \end{cases}$$

Daraus ergibt sich

$$\varphi_k(x) = \begin{cases} \dfrac{x - x_{k-1}}{x_k - x_{k-1}} & \text{für } x \in [x_{k-1}, x_k), \\ \dfrac{x_{k+1} - x}{x_{k+1} - x_k} & \text{für } x \in [x_k, x_{k+1}], \\ 0 & \text{sonst.} \end{cases} \tag{2.4}$$

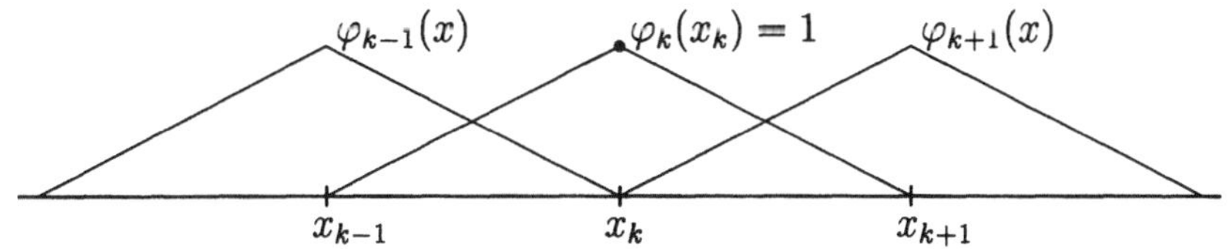


Abbildung 2.3: Ansatzfunktionen $\varphi_k(x)$ sowie $\varphi_{k\pm1}(x)$.

Bei Verwendung der stückweise linearen Basisfunktionen (2.4) ergibt sich für die Einträge der Massematrix

$$M_h[j,k] = \int\limits_a^b \varphi_k(x)\varphi_j(x)dx = \int\limits_{(x_{k-1},x_{k+1})\cap(x_{j-1},x_{j+1})} \varphi_k(x)\varphi_j(x)dx = 0$$

für $j \neq k, k \pm 1$. Für die Diagonaleinträge $M_h[k,k]$ und $k = 1,\ldots,n-1$ ist

$$\begin{aligned}
M_h[k,k] &= \int\limits_a^b [\varphi_k(x)]^2 dx = \int\limits_{x_{k-1}}^{x_k} \left[\frac{x - x_{k-1}}{x_k - x_{k-1}}\right]^2 dx + \int\limits_{x_k}^{x_{k+1}} \left[\frac{x_{k+1} - x}{x_{k+1} - x_k}\right]^2 dx \\
&= \frac{1}{h_k^2}\int\limits_0^{h_k} s^2\, ds + \frac{1}{h_{k+1}^2}\int\limits_0^{h_{k+1}} (h_{k+1} - s)^2\, ds = \frac{1}{3}[h_k + h_{k+1}].
\end{aligned}$$

Entsprechend ergibt sich für $k = 0$ beziehungsweise $k = n$

$$M_h[0,0] = \frac{1}{3}h_1, \quad M_h[n,n] = \frac{1}{3}h_n.$$

Für die Nebendiagonalelemente mit $j = k \pm 1$ folgt

$$\begin{aligned}
M_h[k+1,k] &= \int\limits_0^1 \varphi_k(x)\varphi_{k+1}(x)dx = \int\limits_{x_k}^{x_{k+1}} \frac{x_{k+1} - x}{x_{k+1} - x_k}\frac{x - x_{k+1}}{x_{k+1} - x_k}dx \\
&= \frac{1}{h_{k+1}^2}\int\limits_0^{h_{k+1}} (h_{k+1} - s)\, s\, ds = \frac{1}{6}h_{k+1}, \\
M_h[k-1,k] &= \frac{1}{6}h_k.
\end{aligned}$$

Für eine gleichmäßige Unterteilung mit $h_k = h$ für $k = 1,\ldots,n$ ist die Massematrix $M_h$ gegeben durch

$$M_h = \frac{h}{6}\begin{pmatrix} 2 & 1 & & & & \\ 1 & 4 & 1 & & & \\ & 1 & \ddots & \ddots & & \\ & & \ddots & \ddots & 1 & \\ & & & 1 & 4 & 1 \\ & & & & 1 & 2 \end{pmatrix} \in I\!R^{(n+1)\times(n+1)}. \tag{2.5}$$

Der Speicherbedarf zur Beschreibung der Massematrix beträgt

$$2 + 3(n - 1) + 2 = 3n + 1$$

Nichtnulleinträge, somit ist $M_h$ schwach besetzt. Obwohl für das eindimensionale Modellproblem die Massematrix $M_h$ eine Tridiagonalmatrix ist und somit das lineare Gleichungssystem $M_h \underline{u} = \underline{f}$ zum Beispiel durch eine Cholesky–Zerlegung von $M_h$ sehr effizient gelöst werden kann, soll diese als Beispiel für die Diskussion von **Iterationsverfahren** und zur Motivation von **Hierarchischen Matrizen** dienen. Die Eigenschaften der Massematrix $M_h$ des eindimensionalen Modellproblems übertragen sich ganz analog auf mehrdimensionale Problemstellungen, wobei die Massematrix $M_h$ aber in der Regel keine Tridiagonalstruktur mehr besitzt.

**Beispiel 2.1** *Für die Approximation der Funktion $u(x) = x(1-x)$ mit stückweise linearen Basisfunktionen ergibt sich für den Fehler*

$$e_h = \left[ \int_0^1 [u(x) - u_h(x)]^2 dx \right]^{1/2}$$

*eine quadratische Konvergenzordnung, das heißt eine Halbierung der Maschenweite $h = 1/n$ bewirkt eine Viertelung des Fehlers.*

| $n$ | $e_h$ |
|---|---|
| 4 | 4.658 –3 |
| 8 | 1.165 –3 |
| 16 | 2.912 –4 |
| 32 | 7.279 –5 |
| 64 | 1.820 –5 |
| 128 | 4.549 –6 |
| 256 | 1.137 –6 |
| 512 | 2.843 –7 |
| 1024 | 7.110 –8 |

Tabelle 2.1: Fehler der stückweise linearen Approximation.

**Bemerkung 2.1** *Wird von der zu approximierenden Funktion $u(x)$ zusätzlich die Periodizität $u(a) = u(b)$ vorausgesetzt, so ergibt sich mit der Forderung $u_0 = u(a) = u(b) = u_n$ das lineare Gleichungssystem $\widetilde{M}_h \underline{\tilde{u}} = \underline{\tilde{g}}$ mit der modifizierten Massematrix*

$$\widetilde{M}_h = \frac{h}{6} \begin{pmatrix} 4 & 1 & & & & & 1 \\ 1 & 4 & 1 & & & & \\ & 1 & \ddots & \ddots & & & \\ & & \ddots & \ddots & 1 & & \\ & & & 1 & 4 & 1 \\ 1 & & & & & 1 & 4 \end{pmatrix} \in I\!\!R^{n \times n}. \tag{2.6}$$

## 2.3  Finite Element Methoden

Neben der Approximation von gegebenen Funktionen ist die näherungsweise
Lösung gewöhnlicher beziehungsweise partieller Differentialgleichungen ein we-
sentliches Einsatzgebiet von finiten Elementen. Als einfachstes Modellproblem
wird hier das Zweipunktrandwertproblem

$$-u''(x) \;=\; f(x) \quad \text{für } x \in (a,b), \quad u(a) = u(b) = 0 \tag{2.7}$$

betrachtet. Sei $v$ eine beliebige Testfunktion mit $v(a) = v(b) = 0$. Multiplikation
der Differentialgleichung mit $v$ und Integration über $(a,b)$ ergibt

$$-\int_a^b u''(x)v(x)dx \;=\; \int_a^b f(x)v(x)dx.$$

Durch partielle Integration

$$-\int_a^b u''(x)v(x)dx \;=\; -u'(x)v(x)\big|_a^b + \int_a^b u'(x)v'(x)dx \;=\; \int_a^b u'(x)v'(x)dx,$$

folgt dann die Variationsformulierung

$$\int_a^b u'(x)v'(x)dx \;=\; \int_a^b f(x)v(x)dx.$$

Für eine konforme Galerkin–Diskretisierung dieser Variationsformulierung werden die in (2.4) angegebenen stückweise linearen Basisfunktionen verwendet. Unter Berücksichtigung der Randbedingungen, $u_0 = u_h(a) = 0$ und $u_n = u_h(b) = 0$,
lautet der Ansatz für die zu bestimmende Näherungsfunktion

$$u_h(x) \;=\; \sum_{k=1}^{n-1} u_k\varphi_k(x)$$

als Lösung der Galerkin–Variationsformulierung

$$\int_a^b u_h'(x)\varphi_\ell'(x)dx \;=\; \int_a^b f(x)\varphi_\ell(x)dx \quad \text{für alle } \ell = 1,\ldots,n-1.$$

Einsetzen des Ansatzes für $u_h$ ergibt

$$\sum_{k=1}^{n} u_k \int_a^b \varphi_k'(x)\varphi_\ell'(x)dx \;=\; \int_a^b f(x)\varphi_\ell(x)dx \quad \text{für alle } \ell = 1,\ldots,n-1.$$

Mit den Einträgen für die **Steifigkeitsmatrix** $A_h$ und den **Lastvektor** $\underline{f}$,

$$A_h[\ell, k] = \int_a^b \varphi_k'(x)\varphi_\ell'(x)dx, \quad f_\ell = \int_a^b f(x)\varphi_\ell(x)dx$$

für $k, \ell = 1, \ldots, n - 1$ ist dies äquivalent zur Bestimmung von $\underline{u} \in I\!\!R^{n-1}$ als Lösung des linearen Gleichungssystems

$$A_h \underline{u} = \underline{f}$$

mit einer **symmetrischen** und **positiv definiten** Matrix $A_h$.

Für die durch (2.4) erklärten stückweise linearen Basisfunktionen $\varphi_k(x)$ ergibt sich

$$\varphi_k'(x) = \begin{cases} \dfrac{1}{h_k} & \text{für } x \in (x_{k-1}, x_k), \\[2ex] -\dfrac{1}{h_{k+1}} & \text{für } x \in (x_k, x_{k+1}), \\[2ex] 0 & \text{sonst.} \end{cases}$$

Daraus folgt

$$A_h[\ell, k] = \int_a^b \varphi_k'(x)\varphi_\ell'(x)dx = \int_{(x_{k-1}, x_{k+1}) \cap (x_{\ell-1}, x_{\ell+1})} \varphi_k'(x)\varphi_\ell'(x)dx = 0$$

für $\ell \neq k, k \pm 1$. Für die Diagonaleinträge $A_h[k, k]$ ergibt sich

$$A_h[k, k] = \int_a^b [\varphi_k'(x)]^2 dx = \int_{x_{k-1}}^{x_k} \frac{1}{h_k^2}\, dx + \int_{x_k}^{x_{k+1}} \frac{(-1)^2}{h_{k+1}^2}\, dx = \frac{1}{h_k} + \frac{1}{h_{k+1}},$$

während für $\ell = k \pm 1$

$$A_h[k + 1, k] = \int_a^b \varphi_k'(x)\varphi_{k+1}'(x)dx = \int_{x_k}^{x_{k+1}} \frac{1}{h_{k+1}}\left(-\frac{1}{h_{k+1}}\right) dx = -\frac{1}{h_{k+1}},$$

$$A_h[k - 1, k] = -\frac{1}{h_k}$$

folgt. Für eine gleichmäßige Unterteilung des Intervalles $(a, b)$ mit $h_k = h$ für alle $k = 1, \ldots, n$ ergibt sich für die Steifigkeitsmatrix

$$A_h = \frac{1}{h} \begin{pmatrix} 2 & -1 & & & & \\ 1 & 2 & 1 & & & \\ & -1 & \ddots & \ddots & & \\ & & \ddots & \ddots & -1 & \\ & & & -1 & 2 & -1 \\ & & & & -1 & 2 \end{pmatrix} \in I\!\!R^{(n-1)\times(n-1)}. \qquad (2.8)$$

**Beispiel 2.2** *Die Lösung des Randwertproblems*

$$-u''(x) = 2 \quad \text{für } x \in (0,1), \quad u(0) = u(1) = 0$$

*ist durch $u(x) = x(1-x)$ gegeben. Für den Fehler*

$$e_h = \left[ \int_0^1 [u(x) - u_h(x)]^2 dx \right]^{1/2}$$

*der berechneten Näherungslösungen $u_h$ ergibt sich wieder eine quadratische Konvergenzordnung.*

| $n$ | $e_h$ |
|---|---|
| 4 | 1.141 −2 |
| 8 | 2.853 −3 |
| 16 | 7.132 −4 |
| 32 | 1.783 −4 |
| 64 | 4.458 −5 |
| 128 | 1.115 −5 |

Tabelle 2.2: Fehler der FEM Näherungslösung.

**Lemma 2.2** *Für die in (2.8) gegebene Steifigkeitsmatrix $A_h$ sind die Eigenvekoren $\underline{v}^k$ für $k = 1, \ldots, n-1$ gegeben durch die Einträge*

$$v_\ell^k = \sin \frac{k\ell\pi}{n} \quad \text{für } \ell = 1, \ldots, n-1$$

*und die zugehörigen Eigenwerte sind*

$$\lambda_k(A_h) = \frac{4}{h} \sin^2 \frac{k\pi}{2n}.$$

**Beweis:** Ausgangspunkt ist das kontinuierliche Eigenwertproblem

$$-u''(x) = \lambda u(x) \quad \text{für } x \in (a,b), \quad u(a) = u(b) = 0$$

mit den Eigenlösungen

$$v_k(x) = \sin \frac{k\pi(x-a)}{b-a}$$

und den zugehörigen Eigenwerten

$$\lambda_k = \left( \frac{k\pi}{b-a} \right)^2 \quad \text{für } k = 1, 2, 3, \ldots.$$

Dies motiviert die Definition der Vektoren $\underline{v}^k$ mit

$$v_\ell^k = v_k(x_\ell) = \sin\frac{k\pi(x_\ell - a)}{b - a} = \sin\frac{k\ell\pi}{n} \quad \text{für } \ell = 1, \ldots, n-1.$$

Zu zeigen bleibt, daß die Vektoren $\underline{v}^k$ die Eigenvektoren von $A_h$ sind. Zu berechnen ist also

$$A_h\underline{v}^k = \frac{1}{h}\begin{pmatrix} 2 & -1 & & & \\ -1 & 2 & -1 & & \\ & \ddots & \ddots & \ddots & \\ & & -1 & 2 & -1 \\ & & & -1 & 2 \end{pmatrix}\begin{pmatrix} v_1^k \\ v_2^k \\ \vdots \\ v_{n-2}^k \\ v_{n-1}^k \end{pmatrix} = \frac{1}{h}\begin{pmatrix} 2v_1^k - v_2^k \\ -v_1^k + 2v_2^k - v_3^k \\ \vdots \\ -v_{n-3}^k + 2v_{n-2}^k - v_{n-1}^k \\ -v_{n-2}^k + 2v_{n-1}^k \end{pmatrix}$$

und wegen $v_0^k = v_n^k = 0$ genügt für $\ell = 1, \ldots, n-1$ die Auswertung von

$$-v_{\ell-1}^k + 2v_\ell^k - v_{\ell+1}^k = -\sin\frac{k(\ell-1)\pi}{n} + 2\sin\frac{k\ell\pi}{n} - \sin\frac{k(\ell+1)\pi}{n}.$$

Mit

$$\sin\alpha - \sin\beta = 2\cos\frac{\alpha+\beta}{2}\sin\frac{\alpha-\beta}{2}$$

und

$$\cos\alpha - \cos\beta = -2\sin\frac{\alpha+\beta}{2}\sin\frac{\alpha-\beta}{2}$$

folgt daraus die Behauptung

$$\begin{aligned}
-v_{\ell-1}^k + 2v_\ell^k - v_{\ell+1}^k &= 2\cos\frac{k(2\ell-1)\pi}{2n}\sin\frac{k\pi}{2n} - 2\cos\frac{k(2\ell+1)\pi}{2n}\sin\frac{k\pi}{2n} \\
&= 2\sin\frac{k\pi}{2n}\left[\cos\frac{k(2\ell-1)\pi}{2n} - \cos\frac{k(2\ell+1)\pi}{2n}\right] \\
&= 4\sin^2\frac{k\pi}{2n}\sin\frac{k\ell\pi}{n} = 4\sin^2\frac{k\pi}{2n}v_\ell^k.
\end{aligned}$$

$\blacksquare$

**Folgerung 2.2** *Die extremalen Eigenwerte der in (2.8) gegebenen Steifigkeitsmatrix $A_h$ sind*

$$\begin{aligned}
\lambda_{\min}(A_h) = \lambda_1(A_h) &= \frac{4}{h}\sin^2\frac{\pi}{2n} = \frac{4}{h}\sin^2\frac{\pi h}{2(b-a)} \\
&= \frac{4}{h}\left[\left(\frac{\pi h}{2(b-a)}\right)^2 + \mathcal{O}(h^4)\right] = \frac{\pi^2}{(b-a)^2}h + \mathcal{O}(h^3)
\end{aligned}$$

*sowie*

$$\lambda_{\max}(A_h) = \lambda_n(A_h) = \frac{4}{h}\sin^2\frac{n\pi}{2n} = \frac{4}{h}.$$

*Damit ergibt sich für die spektrale Konditionszahl von $A_h$*

$$\kappa_2(A_h) = \frac{\lambda_{\max}(A_h)}{\lambda_{\min}(A_h)} = \frac{4(b-a)^2}{\pi^2 + \mathcal{O}(h^2)}\frac{1}{h^2} = \mathcal{O}(n^2).$$

*Eine Verdoppelung der Freiheitsgrade $n$ zieht also eine Vervierfachung der spektralen Konditionszahl $\kappa_2(A_h)$ nach sich. Deren Auswirkung auf das Konvergenzverhalten von iterativen Lösungsverfahren wird später untersucht.*

**Bemerkung 2.2** *Wird anstelle von (2.7) das Zweipunktrandwertproblem*

$$-u''(x) + \beta(x)u'(x) + u(x) = f(x) \quad \text{für } x \in (a,b), \quad u(a) = u(b) = 0 \quad (2.9)$$

*mit einer gegebenen Funktion $\beta(x)$ betrachtet, so ergibt ein zu (2.7) analoges Vorgehen ein lineares Gleichungssystem $\tilde{A}_h \underline{u} = \underline{f}$ mit der durch*

$$\tilde{A}_h[\ell, k] = \int_a^b [\varphi_k'(x)\varphi_\ell'(x) + \beta(x)\varphi_k'(x)\varphi_\ell(x) + \varphi_k(x)\varphi_\ell(x)]dx$$

*für $k, \ell = 1, \ldots, n-1$ erklärten* **nichtsymmetrischen** *Steifigkeitsmatrix $\tilde{A}_h$. Gilt*

$$\max_{x \in [a,b]} |\beta(x)| \leq \beta_0 < 2,$$

*so kann die* **positive Definitheit** *von $\tilde{A}_h$ nachgewiesen werden. Andernfalls ist die Steifigkeitsmatrix $\tilde{A}_h$ im allgemeinen als* **indefinit** *anzunehmen.*

**Beispiel 2.3** *Die Lösung des Randwertproblems*

$$-u''(x) + u'(x) = 3 - 2x^2 \quad \text{für } x \in (0,1), \quad u(0) = u(1) = 0$$

*ist wieder durch $u(x) = x(1-x)$ gegeben. Analog zu (2.8) ergibt sich für die Steifigkeitsmatrix $\tilde{A}_h$ bei einer Approximation mit stückweise linearen Basisfunktionen bezüglich einer gleichmäßigen Diskretisierung von $(0,1)$*

$$\tilde{A}_h = \frac{1}{2h}\begin{pmatrix} 4 & -1 & & & & \\ -3 & 4 & -1 & & & \\ & -3 & \ddots & \ddots & & \\ & & \ddots & \ddots & -1 & \\ & & & -3 & 4 & -1 \\ & & & & -3 & 4 \end{pmatrix} \in I\!R^{(n-1)\times(n-1)}. \quad (2.10)$$

## 2.4 Randelementmethoden

Die Lösung des zwei–dimensionalen Dirichlet–Randwertproblems

$$-\Delta u(x) = 0 \quad \text{für } x \in \Omega \subset I\!R^2, \quad u(x) = g(x) \quad \text{für } x \in \Gamma = \partial\Omega$$

in einem beschränkten Gebiet $\Omega \subset I\!R^2$ mit einer hinreichend glatten Randkurve $\Gamma = \partial\Omega$ kann durch das **Einfachschichtpotential**

$$u(x) = -\frac{1}{2\pi} \int_\Gamma \log|x - y| w(y) ds_y \quad \text{für } x \in \Omega$$

dargestellt werden. Die unbekannte Dichtefunktion $w(y)$, $y \in \Gamma$, ergibt sich dabei als Lösung der Randintegralgleichung

$$-\frac{1}{2\pi} \int_\Gamma \log|x - y| w(y) ds_y = g(x) \quad \text{für } x \in \Gamma. \tag{2.11}$$

Zur Definition einer Näherungslösung der Randintegralgleichung (2.11) sei die Randkurve $\Gamma = \partial\Omega$ zunächst dargestellt als Vereinigung von $n$ Randelementen $\Gamma_k$,

$$\Gamma = \bigcup_{k=1}^n \overline{\Gamma}_k.$$

Durch

$$\psi_k(x) = \begin{cases} 1 & \text{für } x \in \Gamma_k, \\ 0 & \text{sonst} \end{cases}$$

seien zugehörige stückweise konstante Ansatzfunktionen $\psi_k(x)$ für $k = 1, \ldots, n$ definiert. Die Näherungslösung

$$w_h(x) = \sum_{k=1}^n w_k \psi_k(x)$$

ergibt sich dann als Lösung der **Galerkin–Variationsformulierung**

$$-\frac{1}{2\pi} \int_\Gamma \psi_\ell(x) \int_\Gamma \log|x - y| w_h(y) ds_y ds_x = \int_\Gamma \psi_\ell(x) g(x) ds_x \tag{2.12}$$

für alle $\ell = 1, \ldots, n$ beziehungsweise als Lösung des linearen Gleichungssystems $V_h \underline{w} = \underline{g}$ mit der **symmetrischen** und **positiv definiten** (hierfür sei $\operatorname{diam} \Omega < 1$ vorausgesetzt) Steifigkeitsmatrix $V_h$ mit den Einträgen

$$V_h[\ell, k] = -\frac{1}{2\pi} \int_\Gamma \psi_\ell(x) \int_\Gamma \log|x - y| \psi_k(y) ds_y ds_x = -\frac{1}{2\pi} \int_{\Gamma_\ell} \int_{\Gamma_k} \log|x - y| ds_y ds_x$$

für $k, \ell = 1, \ldots, n$ und der rechten Seite $g$ gegeben durch

$$g_\ell = \int\limits_\Gamma \psi_\ell(x) g(x) ds_x = \int\limits_{\Gamma_\ell} g(x) ds_x \quad \text{für } \ell = 1, \ldots, n.$$

Offenbar ist die Matrix $V_h$ **vollbesetzt** mit $n^2$ Nichtnullelementen $V_h[\ell, k]$.
Wird in den Galerkin–Gleichungen (2.12) die Integration nach $x$ durch eine **Mittelpunktformel** ersetzt, so ergibt dies die **gewichteten Kollokationsgleichungen**

$$-\frac{|\Gamma_\ell|}{2\pi} \int\limits_\Gamma \log|x_\ell^* - y| w_h(y) ds_y = |\Gamma_\ell|\, g(x_\ell^*) \tag{2.13}$$

in den Elementmittelpunkten $x_\ell^* \in \Gamma_\ell$ für $\ell = 1, \ldots, n$. Diese sind äquivalent zu dem linearen Gleichungssystem $\widetilde{V}_h \underline{w} = \underline{g}$ mit der durch

$$\widetilde{V}_h[\ell, k] = -\frac{|\Gamma_\ell|}{2\pi} \int\limits_\Gamma \log|x_\ell^* - y| \psi_k(y) ds_y = -\frac{|\Gamma_\ell|}{2\pi} \int\limits_{\Gamma_k} \log|x_\ell^* - y| ds_y$$

für $k, \ell = 1, \ldots, n$ erklärten, im allgemeinen **nichtsymmetrischen**, aber **positiv definiten** und **vollbesetzten** Steifigkeitsmatrix $\widetilde{V}_h$. Schließlich ist $g_\ell = |\Gamma_\ell| g(x_\ell^*)$ für $\ell = 1, \ldots, n$.

Für eine ausführliche Einführung in **Randelementmethoden** sei hier auf die Lehrbücher [47, 51] sowie [48] verwiesen.

# Kapitel 3

# Strukturierte Matrizen

Strukturierte Matrizen zeichnen sich durch spezielle Eigenschaften aus, die sich insbesondere für die Lösung von linearer Gleichungssystemen mit strukturierten Matrizen ausnutzen lassen. Einfache Beispiele hierfür sind **Diagonalmatrizen** oder obere beziehungsweise untere **Dreiecksmatrizen**, die eine optimale Invertierung ermöglichen. Gegenstand dieses Kapitels ist die Behandlung **vollbesetzter**, aber **strukturierter** Matrizen wie zum Beispiel **zirkulante Matrizen** und **Toeplitz–Matrizen**. Eine andere wichtige Klasse bilden die **Niedrig–Rang–Störungen** regulärer Matrizen. Eine blockweise Anwendung dieser Idee führt später auf **Hierarchische Matrizen**, vergleiche hierzu Kapitel 7.

## 3.1 Schnelle Fouriertransformation

In diesem Abschnitt sollen effiziente Verfahren zur Realisierung der diskreten **Kosinus–Transformation**

$$a_k = \sum_{j=0}^{n-1} f_j \cos \frac{2\pi k j}{n} \quad \text{für } k = 0, \dots, n \tag{3.1}$$

beziehungsweise der diskreten **Sinus–Transformation**

$$b_k = \sum_{j=1}^{n-1} f_j \sin \frac{2\pi k j}{n} \quad \text{für } k = 1, \dots, n-1 \tag{3.2}$$

betrachtet werden. Durch Übergang ins Komplexe sind diese gleichbedeutend mit der **komplexen Fouriertransformation**

$$c_k = \sum_{j=0}^{n-1} f_j e^{-i2\pi k j/n} \quad \text{für } k = 0, \dots, n-1. \tag{3.3}$$

Anwendungen dieser Art ergeben sich beispielsweise bei der Interpolation mit Tschebyscheff–Polynomen oder bei der Beschreibung zirkulanter Matrizen.

Eine direkte Auswertung der Koeffizienten $c_k$ in (3.3) erfordert $n^2$ komplexe Multiplikationen. Ziel ist deshalb die Herleitung eines schnelleren Berechnungsverfahrens. Die Idee dafür besteht in der Rückführung der ursprünglichen Aufgabe auf eine Folge ähnlicher Probleme kleinerer Dimension.

Sei $n = 2m$. Dann ergibt sich für die Koeffizienten $c_k$ mit geradzahligem Index $k = 2\ell$ für $\ell = 0, \ldots, m - 1$ durch Aufspalten der Summe

$$
\begin{aligned}
c_{2\ell} &= \sum_{j=0}^{n-1} f_j e^{-i2\pi 2\ell j/n} \\
&= \sum_{j=0}^{m-1} \left[ f_j e^{-i2\pi 2\ell j/n} + f_{m+j} e^{-i2\pi 2\ell(m+j)/n} \right] \\
&= \sum_{j=0}^{m-1} \left[ f_j + f_{m+j} e^{-i2\pi 2\ell m/n} \right] e^{-i2\pi 2\ell j/n} \\
&= \sum_{j=0}^{m-1} \left[ f_j + f_{m+j} \right] e^{-i2\pi \ell j/m}.
\end{aligned}
$$

Für die Koeffizienten $c_k$ mit ungeradem Index $k = 2\ell + 1$ und $\ell = 0, \ldots, m - 1$ ergibt sich analog

$$
\begin{aligned}
c_{2\ell+1} &= \sum_{j=0}^{n-1} f_j e^{-i2\pi(2\ell+1)j/n} \\
&= \sum_{j=0}^{m-1} \left[ f_j e^{-i2\pi(2\ell+1)j/n} + f_{m+j} e^{-i2\pi(2\ell+1)(m+j)/n} \right] \\
&= \sum_{j=0}^{m-1} \left[ f_j + f_{m+j} e^{-i2\pi(2\ell+1)m/n} \right] e^{-i2\pi(2\ell+1)j/n} \\
&= \sum_{j=0}^{m-1} \left[ f_j - f_{m+j} \right] e^{-i2\pi j/n}\, e^{-i2\pi \ell/m}.
\end{aligned}
$$

Damit kann die Fourier–Transformation (3.3) für $n$ Koeffizienten realisiert werden durch zwei Fourier–Transformation für $m = n/2$ Koeffizienten, wobei die modifizierten Koeffizienten

$$
\hat{f}_j = f_j + f_{m+j}, \quad \hat{f}_{m+j} = \left[ f_j - f_{m+j} \right] e^{-i2\pi j/n} \tag{3.4}
$$

für $j = 0, \ldots, m - 1$ zu berechnen sind. Für $n = 2^p$ ist dieses Vorgehen rekursiv anwendbar, und nach $p$ Reduktionsschritten sind $n$ Fourier–Transformationen für jeweils einen Koeffizienten durchzuführen. Bei der Berechnung der Koeffizienten mit ungeradem Index sind dabei jeweils $m = n/2$ komplexe Multiplikationen zu realisieren. Damit ergeben sich insgesamt

$$
p\frac{n}{2} = \frac{1}{2} n \log n
$$

komplexe Multiplikationen.

**Beispiel 3.1** *Betrachtet wird die komplexe Fourier–Transformation (3.3) für die Berechnung von $n = 2^3 = 8$ Koeffizienten,*

$$c_k = \sum_{j=0}^{7} f_j e^{-i2\pi kj/8} \quad \text{für } k = 0, \dots, n-1.$$

*Die rekursive Anwendung der Vorschrift (3.4) für die Berechnung der Koeffizienten $c_k$ ergibt das folgende Schema:*

$$
\begin{array}{lllll}
c_0 & f_0^1 = f_0 + f_4 & c_0 & f_0^2 = f_0^1 + f_2^1 & c_0 \quad f_0^3 = f_0^2 + f_1^2 \\
c_2 & f_1^1 = f_1 + f_5 & c_4 & f_1^2 = f_1^1 + f_3^1 & c_4 \quad f_1^3 = f_0^2 - f_1^2 \\
c_4 & f_2^1 = f_2 + f_6 & c_2 & f_2^2 = (f_0^1 - f_2^1)\omega_4^0 & c_2 \quad f_2^3 = f_2^2 + f_3^2 \\
c_6 & f_3^1 = f_3 + f_7 & c_6 & f_3^2 = (f_1^1 - f_3^1)\omega_4^1 & c_6 \quad f_3^3 = f_2^2 - f_3^2 \\
c_1 & f_4^1 = (f_0 - f_4)\omega_8^0 & c_1 & f_4^2 = f_4^1 + f_6^1 & c_1 \quad f_4^3 = f_4^2 + f_5^2 \\
c_3 & f_5^1 = (f_1 - f_5)\omega_8^1 & c_5 & f_5^2 = f_5^1 + f_7^1 & c_5 \quad f_5^3 = f_4^2 - f_5^2 \\
c_5 & f_6^1 = (f_2 - f_6)\omega_8^2 & c_3 & f_6^2 = (f_4^1 - f_6^1)\omega_4^0 & c_3 \quad f_6^3 = f_6^2 + f_7^2 \\
c_7 & f_7^1 = (f_3 - f_7)\omega_8^3 & c_7 & f_7^2 = (f_5^1 - f_7^1)\omega_4^1 & c_7 \quad f_7^3 = f_6^2 - f_7^2 \\
\end{array}
$$

*Dabei sind*

$$\omega_m^k = e^{i2\pi k/m} \quad \text{für } k = 0, \dots, m-1$$

*die komplexen Einheitswurzeln.*

*Nach der dreifachen Anwendung der Vorschrift (3.4) sind schließlich die erhaltenen Werte $f_j^3$ den Koeffizienten $c_k$ zuzuordnen. Dabei sind die durch die Umnummerierungen erfolgten Permuationen der Indizes der Koeffizienten $c_k$ zu berücksichtigen. Dies kann durch eine Spiegelung der Binärdarstellung der Indizes erfolgen:*

| Zuordnung | Index von $f_j^3$ | binär | Index von $c_k$ | binär |
|---|---|---|---|---|
| $c_0 = f_0^3$ | 0 | 0 0 0 | 0 | 0 0 0 |
| $c_4 = f_1^3$ | 1 | 0 0 1 | 4 | 1 0 0 |
| $c_2 = f_2^3$ | 2 | 0 1 0 | 2 | 0 1 0 |
| $c_6 = f_3^3$ | 3 | 0 1 1 | 6 | 1 1 0 |
| $c_1 = f_4^3$ | 4 | 1 0 0 | 1 | 0 0 1 |
| $c_5 = f_5^3$ | 5 | 1 0 1 | 5 | 1 0 1 |
| $c_3 = f_6^3$ | 6 | 1 1 0 | 3 | 0 1 1 |
| $c_7 = f_7^3$ | 7 | 1 1 1 | 7 | 1 1 1 |

Für eine weitergehende Diskussion der schnellen Fouriertransformation sei hier auf [35] verwiesen, siehe auch [56] für eine Implementierung für allgemeines $n \in \mathbb{N}$.

## 3.2  Zirkulante Matrizen

Eine Matrix $A \in {I\!R}^{n \times n}$ mit Elementen $a_{k,\ell}$ heißt **Zirkulant**, falls gilt

$$
\begin{aligned}
a_{k+1,\ell+1} &= a_{k,\ell} && \text{für } k,\ell = 1,\ldots,n-1, \\
a_{k+1,1} &= a_{k,n} && \text{für } k = 1,\ldots,n-1.
\end{aligned}
$$

Damit gilt für eine zirkulante Matrix die Darstellung

$$
A = \begin{pmatrix}
a_0 & a_1 & a_2 & \cdots & \cdots & a_{n-1} \\
a_{n-1} & a_0 & a_1 & a_2 & \cdots & \cdots \\
\cdots & a_{n-1} & a_0 & a_1 & a_2 & \cdots \\
 & & \ddots & \ddots & \ddots & \\
a_2 & \cdots & \cdots & a_{n-1} & a_0 & a_1 \\
a_1 & a_2 & \cdots & \cdots & a_{n-1} & a_0
\end{pmatrix},
$$

das heißt eine zirkulante Matrix $A$ wird allein durch die $n$ Elemente der ersten Zeile beziehungsweise der ersten Spalte vollständig beschrieben. Das Rechnen mit zirkulanten Matrizen, das heißt die Multiplikation eines gegebenen Vektors mit einer zirkulanten Matrix beziehungsweise die Invertierung einer zirkulanten Matrix kann bei Kenntnis ihrer Eigenwerte und Eigenvektoren auf die Faktorisierung der Matrix $A$ zurückgeführt werden. Mit der Matrix

$$
J = \begin{pmatrix}
0 & 1 & 0 & \cdots & \cdots & 0 \\
0 & 0 & 1 & 0 & \cdots & 0 \\
 & & 0 & 1 & 0 & \\
 & & & \ddots & \ddots & \\
0 & \cdots & \cdots & \cdots & 0 & 1 \\
1 & 0 & \cdots & \cdots & 0 & 0
\end{pmatrix}
$$

und der Vereinbarung $J^0 = I$ erhält man für die zirkulante Matrix $A$ eine Darstellung als Matrixpolynom,

$$
A = \sum_{\ell=0}^{n-1} a_\ell J^\ell. \tag{3.5}
$$

Damit können die Eigenwerte und die zugehörigen Eigenvektoren der Matrix $A$ aus denen der Matrix $J$ berechnet werden. Die Eigenwerte der Matrix $J$ ergeben sich aus der Eigenwertgleichung

$$
0 = \det(J - \lambda I) = \det \begin{pmatrix}
-\lambda & 1 & & & \\
 & -\lambda & 1 & & \\
 & & \ddots & \ddots & \\
 & & & \ddots & 1 \\
1 & & & & -\lambda
\end{pmatrix}
$$

durch Entwicklung nach der ersten Spalte,

$$0 = (-\lambda)\det\begin{pmatrix} -\lambda & 1 & & & \\ & -\lambda & 1 & & \\ & & \ddots & 1 \\ & & & -\lambda \end{pmatrix} + (-1)^{n+1}\det\begin{pmatrix} 1 & & & \\ -\lambda & 1 & & \\ & \ddots & \ddots & \\ & & -\lambda & 1 \end{pmatrix}$$

$$= (-\lambda)^n + (-1)^{n+1} = (-1)^n\,[\lambda^n - 1].$$

Damit sind die Eigenwerte der Matrix $J$ gerade die Einheitswurzeln

$$\lambda_k(J) = e^{i2\pi k/n} \quad \text{für } k = 0, 1, \dots, n-1, \tag{3.6}$$

und für die Eigenwerte der Matrix $A$ folgt aus der Polynomdarstellung (3.5)

$$\lambda_k(A) = \sum_{\ell=0}^{n-1} a_\ell[\lambda_k(J)]^\ell = \sum_{\ell=0}^{n-1} a_\ell e^{i2\pi k\ell/n} \quad \text{für } k = 0, \dots, n-1. \tag{3.7}$$

Für den zum Eigenwert $\lambda_k(J)$ gehörenden Eigenvektor $\underline{v}^k$ folgen aus der Eigenwertgleichung

$$J\underline{v}^k = \lambda_k(J)\underline{v}^k$$

und der Struktur der zirkulanten Matrix $J$ für die Komponenten $v_\ell^k$ des Eigenvektors $\underline{v}^k$ die Beziehungen

$$v_{\ell+1}^k = \lambda_k(J)v_\ell^k \quad \text{für } \ell = 0, \dots, n-2, \quad v_0^k = \lambda_k(J)v_{n-1}^k.$$

Insbesondere gilt also

$$v_\ell^k = [\lambda_k(J)]^\ell v_0^k \quad \text{für } \ell = 0, 1, \dots, n-1.$$

Ohne Einschränkung der Allgemeinheit kann $v_0^k = 1$ gewählt werden, so daß folgt

$$v_\ell^k = [\lambda_k(J)]^\ell = e^{i2\pi k\ell/n} \quad \text{für } k, \ell = 0, \dots, n-1. \tag{3.8}$$

Die aus den Eigenvektoren $\underline{v}^k$ von $J$ gebildete Matrix

$$F = \left(\underline{v}^0, \dots, \underline{v}^{n-1}\right)$$

ist gerade die konjugiert komplexe **Matrix der diskreten Fouriertransformation** (3.3) und es gilt

$$F^*F = FF^* = n\,I.$$

Mit $V = \dfrac{1}{\sqrt{n}}F$ ergibt sich dann die Faktorisierung (1.14),

$$J = \frac{1}{n}\,F\,\mathrm{diag}(\lambda_k(J))_{k=0}^{n-1}\,F^*.$$

Aufgrund der Polynomdarstellung (3.5) sind die Eigenvektoren von $J$ auch die Eigenvektoren der zirkulanten Matrix $A$. Für diese folgt somit die Faktorisierung

$$A = \frac{1}{n} F \Lambda F^* \tag{3.9}$$

mit der durch die Eigenwerte von $A$ gegebenen Digonalmatrix

$$\Lambda = \operatorname{diag}\left(\lambda_k(A)\right)_{k=0}^{n-1}.$$

**Beispiel 3.2** *Die $L_2$-Projektion mit stückweise linearen Basisfunktionen führt bei der Approximation periodischer Funktionen auf ein lineares Gleichungssystem $\widetilde{M}_h \widetilde{\underline{u}} = \widetilde{\underline{g}}$ mit der modifizierten Massematrix (2.6),*

$$\widetilde{M}_h = \frac{h}{6}\begin{pmatrix} 4 & 1 & & & & & 1 \\ 1 & 4 & 1 & & & & \\ & 1 & \ddots & \ddots & & & \\ & & & \ddots & \ddots & 1 & \\ & & & & 1 & 4 & 1 \\ 1 & & & & & 1 & 4 \end{pmatrix} \in \mathbb{R}^{n\times n}.$$

*Damit gilt*

$$\widetilde{M}_h = \frac{h}{6}\left[4J^0 + J^1 + J^{n-1}\right]$$

*und für die Eigenwerte von $\widetilde{M}_h$ folgt*

$$\lambda_k(\widetilde{M}_h) = \frac{h}{6}\left[4 + e^{i2\pi k/n} + e^{i2\pi k(n-1)/n}\right] = \frac{h}{3}\left[2 + \cos\frac{2\pi k}{n}\right], \quad k = 1,\dots,n.$$

*Dann ist*

$$\lambda_{\max}(\widetilde{M}_h) = \lambda_n(\widetilde{M}_h) = h, \quad \lambda_{\min}(\widetilde{M}_h) = \lambda_{n/2}(\widetilde{M}_h) = \frac{h}{3}$$

*und für die spektrale Konditionszahl von $\widetilde{M}_h$ ergibt sich*

$$\kappa_2(\widetilde{M}_h) = \frac{\lambda_{\max}(\widetilde{M}_h)}{\lambda_{\min}(\widetilde{M}_h)} = 3$$

*unabhängig von $n \in \mathbb{N}$, das heißt die Familie von Matrizen $\widetilde{M}_h$ ist gut konditioniert.*

**Beispiel 3.3** *Betrachtet werde das Randwertproblem*

$$-\Delta u(x) = 0 \quad \textit{für } x \in \Omega = B_r(0) \subset \mathbb{R}^2, \quad u(x) = g(x) \quad \textit{für } x \in \partial\Omega,$$

*wobei $B_r(0)$ ein Kreis mit Radius $r$ um den Ursprung ist. Die Darstellung der Lösung als Einfachschichtpotential erfordert dann die Lösung der Randintegralgleichung* (2.11),

$$-\frac{1}{2\pi} \int_\Gamma \log|x - y| w(y) ds_y = g(x) \quad \textit{für } x \in \Gamma.$$

*Die Verwendung von Polarkoordinaten*

$$x_1(s) = r\cos 2\pi s, \ x_2(s) = r\sin 2\pi s, \quad y_1(t) = r\cos 2\pi t, \ y_2(t) = r\sin 2\pi t$$

*mit $s, t \in [0,1)$ sowohl für den Beobachtungspunkt $x \in \Gamma$ als auch für den Integrationspunkt $y \in \Gamma$ ergibt die Integralgleichung*

$$-r \int_0^1 \log 2r |\sin \pi(s - t)| w(y(t)) dt = g(x(s)) \quad \textit{für } s \in [0,1)$$

*Bezüglich dem Intervall $[0,1)$ und für $n \in \mathbb{N}$ werden die Knoten $t_k = kh$ für $k = 0, \ldots, n$ und $h = 1/n$ erklärt und zugehörige stückweise konstante Ansatzfunktionen*

$$\psi_k(t) = \begin{cases} 1 & \textit{für } t \in (t_{k-1}, t_k), \\ 0 & \textit{sonst} \end{cases}$$

*für $k = 1, \ldots, n$ definiert. Werden die Kollokationsknoten als Elementmittelpunkte $s_\ell^* = \frac{1}{2}(t_{\ell-1} + t_\ell)$ gewählt, so ergibt sich die Näherungslösung $w_h$ aus den Kollokationsgleichungen*

$$-r \int_{t_{k-1}}^{t_k} \log 2r |\sin \pi(s_\ell^* - t)| dt = g(s_\ell^*) \quad \textit{für } \ell = 1, \ldots, n.$$

*Dies entspricht einem linearen Gleichungssystem $\widetilde{V}_h \underline{w} = \underline{g}$ mit der durch die Einträge*

$$\widetilde{V}_h[\ell, k] = -r \int_{t_{k-1}}^{t_k} \log 2r |\sin \pi(s_\ell^* - t)| dt$$

*für $k, \ell = 1, \ldots, n$ erklärten Steifigkeitsmatrix $\widetilde{V}_h$.*

*Diese ist symmetrisch und* **zirkulant.** *Für $k, \ell = 1, \ldots, n-1$ folgt dies mit der Transformation $\tau = t - h$ aus $s_{\ell+1}^{*} = s_{\ell}^{*} + h$,*

$$
\begin{aligned}
\tilde{V}_h[\ell+1, k+1] &= -r \int_{t_k}^{t_{k+1}} \log 2r |\sin \pi(s_{\ell+1}^{*} - t)| dt \\
&= -r \int_{t_k}^{t_{k+1}} \log 2r |\sin \pi(s_{\ell}^{*} + h - t)| dt \\
&= -r \int_{t_{k-1}}^{t_k} \log 2r |\sin \pi(s_{\ell}^{*} - \tau)| \, d\tau = \tilde{V}_h[\ell, k].
\end{aligned}
$$

*Weiterhin ist mit der Periodizität der Sinusfunktion und der Transformation $\tau = t + 1 - h$*

$$
\begin{aligned}
\tilde{V}_h[\ell+1, 1] &= -r \int_{0}^{h} \log 2r |\sin \pi(s_{\ell+1}^{*} - t)| \, dt \\
&= -r \int_{0}^{h} \log 2r |\sin \pi(s_{\ell}^{*} + h - t)| \, dt \\
&= -r \int_{0}^{h} \log 2r |\sin \pi(s_{\ell}^{*} + h - 1 - t)| \, dt \\
&= -r \int_{1-h}^{1} \log 2r |\sin \pi(s_{\ell}^{*} - \tau)| \, d\tau = \tilde{V}_h[\ell, n].
\end{aligned}
$$

**Beispiel 3.4** *Für eine beliebig gegebene Matrix $A \in \mathbb{R}^{n \times n}$ mit Matrix–Einträgen $a_{k\ell}$ kann eine zirkulante Approximation $C$ durch Lösung der Minimierungsaufgabe*

$$
C = \mathrm{argmin} \|A - C\|_F
$$

*bestimmt werden. Dabei ist*

$$
\|A - C\|_F^2 = \sum_{j=0}^{n-1} \sum_{\ell=1}^{n} \left[ a_{\ell, \ell+j|\mathrm{mod}\, n} - c_j \right]^2,
$$

*woraus für die Definition der optimalen zirkulanten Approximation*

$$
c_j = \frac{1}{n} \sum_{\ell=1}^{n} a_{\ell, \ell+j|\mathrm{mod}\, n} \quad \textit{für } j = 0, \ldots, n-1
$$

*folgt. Für die Frobenius–Norm der durch diese Einträge definierten zirkulanten Matrix $C$ gilt mit der Cauchy–Schwarz–Ungleichung (1.1)*

$$\|C\|_F^2 = n \sum_{j=0}^{n-1} c_j^2 = \frac{1}{n} \sum_{j=0}^{n-1} \left[ \sum_{\ell=1}^{n} a_{\ell,\ell+j|\mathrm{mod}\, n} \right]^2$$

$$\leq \frac{1}{n} \sum_{j=0}^{n-1} \sum_{\ell=1}^{n} 1^2 \sum_{\ell=1}^{n} a_{\ell,\ell+j|\mathrm{mod}\, n}^2 = \sum_{k=1}^{n} \sum_{\ell=1}^{n} a_{k\ell}^2 = \|A\|_F^2.$$

*Ist $c_A \geq 0$ diejenige* **berechenbare** *Schranke, für welche die Fehlerabschätzung*

$$|a_{\ell,\ell+j|\mathrm{mod}\, n} - c_j| \leq c_A\, |c_j|$$

*für alle $\ell = 1, \ldots, n$ und $j = 0, \ldots, n-1$ gilt, dann folgt*

$$\|A - C\|_F^2 = \sum_{j=0}^{n-1} \sum_{\ell=1}^{n} \left[ a_{\ell,\ell+j|\mathrm{mod}\, n} - c_j \right]^2 \leq n\, c_A^2 \sum_{j=0}^{n-1} c_j^2 = n\, c_A^2\, \|C\|_F^2$$

*sowie mit der Dreiecksungleichung*

$$\|A\|_F \leq \|A - C\|_F + \|C\|_F \leq (1 + \sqrt{n}\, c_A)\, \|C\|_F.$$

*Insgesamt gelten also die Äquivalenzungleichungen*

$$\|C\|_F \leq \|A\|_F \leq (1 + \sqrt{n}\, c_A)\, \|C\|_F.$$

## 3.3  Toeplitz Matrizen

Eine Matrix $A \in I\!\!R^{n \times n}$ mit Elementen $a_{k,\ell}$ heißt **Toeplitz–Matrix**, falls

$$a_{k,\ell} = r_{\ell-k} \quad \text{für alle } k, \ell = 1, \ldots, n$$

erfüllt ist. Damit gilt für eine Toeplitz–Matrix die Darstellung

$$A = \begin{pmatrix} r_0 & r_1 & \cdots & \cdots & r_{n-1} \\ r_{-1} & r_0 & r_1 & & \vdots \\ \vdots & \ddots & \ddots & \ddots & \vdots \\ \vdots & & r_{-1} & r_0 & r_1 \\ r_{1-n} & \cdots & \cdots & r_{-1} & r_0 \end{pmatrix},$$

das heißt eine Toeplitz–Matrix ist allein durch die $2n - 1$ Elemente der ersten Zeile und der ersten Spalte vollständig beschrieben. Insbesondere können auch zirkulante Matrizen als Toeplitz–Matrizen interpretiert werden. Mit

$$E = \begin{pmatrix} & & & & 1 \\ & & & 1 & \\ & & \cdot & & \\ & 1 & & & \\ 1 & & & & \end{pmatrix} \in I\!\!R^{n \times n}$$

wird die **Gegenidentität** bezeichnet und es gilt $E = E^\top$ und $E^2 = I$.

Eine Toeplitz–Matrix $A$ ist **persymmetrisch**, das heißt es gilt

$$A^\top = EAE.$$

Im folgenden sollen hier nur symmetrische und invertierbare Toeplitz–Matrizen betrachtet werden, ohne Einschränkung der Allgemeinheit sei dabei $r_0 = 1$ vorausgesetzt, das heißt

$$A = \begin{pmatrix} 1 & r_1 & \cdots & \cdots & r_{n-1} \\ r_1 & 1 & r_1 & & \vdots \\ \vdots & \ddots & \ddots & \ddots & \vdots \\ \vdots & & r_1 & 1 & r_1 \\ r_{n-1} & \cdots & \cdots & r_1 & 1 \end{pmatrix}. \tag{3.10}$$

Gesucht ist ein Algorithmus für eine effiziente Berechnung der Lösung des linearen Gleichungssystems

$$A\underline{x} = \underline{f}, \tag{3.11}$$

wobei die Matrix $A$ durch (3.10) gegeben ist und $\underline{f}$ einen beliebigen gegebenen Vektor bezeichnet. Die Lösung des allgemeinen linearen Gleichungssystems (3.11) wird dabei zurückgeführt auf die Lösung eines Gleichungssystems mit spezieller rechter Seite (**Yule–Walker–System**),

$$A\underline{z} = -\underline{r} := - \begin{pmatrix} r_1 \\ r_2 \\ \vdots \\ r_{n-1} \\ r_n \end{pmatrix}. \tag{3.12}$$

Die Lösung des linearen Gleichungssystems (3.12) erfolgt rekursiv durch das Zurückführen auf Gleichungssysteme kleinerer Dimension. Für $k = 1, \ldots, n$ seien

$$A_k = \begin{pmatrix} 1 & r_1 & & & r_{k-1} \\ r_1 & 1 & r_1 & & r_{k-2} \\ \vdots & \ddots & \ddots & \ddots & \vdots \\ r_{k-2} & & r_1 & 1 & r_1 \\ r_{k-1} & & & r_1 & 1 \end{pmatrix} \in \mathbb{R}^{k\times k}, \quad \underline{r}^k = \begin{pmatrix} r_1 \\ r_2 \\ \vdots \\ r_{k-1} \\ r_k \end{pmatrix} \in \mathbb{R}^k$$

und es wird eine Folge von linearen Gleichungssystemen betrachtet,

$$A_k \underline{z}^k = -\underline{r}^k, \quad k = 1, \ldots, n.$$

Insbesondere für $k = 1$ ergibt sich als Lösung

$$\underline{z}^1 = z_1^1 = -r_1.$$

Sei also mit $\underline{z}^k \in I\!\!R^k$ die Lösung des linearen Gleichungssystems

$$A_k \underline{z}^k = -\underline{r}^k$$

gegeben, gesucht ist dann die Lösung $\underline{z}^{k+1} \in I\!\!R^{k+1}$ des linearen Gleichungssystems

$$A_{k+1} \underline{z}^{k+1} = -\underline{r}^{k+1}. \tag{3.13}$$

Mit

$$\underline{z}^{k+1} = \begin{pmatrix} \underline{v}^k \\ \alpha \end{pmatrix}, \quad \underline{v}^k \in I\!\!R^k$$

lautet das lineare Gleichungssystem (3.13)

$$\begin{pmatrix} A_k & E_k \underline{r}^k \\ \underline{r}^{k,\top} E_k & 1 \end{pmatrix} \begin{pmatrix} \underline{v}^k \\ \alpha \end{pmatrix} = - \begin{pmatrix} \underline{r}^k \\ r_{k+1} \end{pmatrix}, \tag{3.14}$$

wobei $E_k \in I\!\!R^{k \times k}$ die jeweilige Gegenidentität bezeichnet. Aus der ersten Gleichung,

$$A_k \underline{v}^k + \alpha E_k \underline{r}^k = -\underline{r}^k,$$

folgt zunächst

$$\underline{v}^k = -A_k^{-1} \underline{r}^k - \alpha A_k^{-1} E_k \underline{r}^k .$$

Für die symmetrische und persymmetrische Toeplitz–Matrix $A_k$ ist

$$A_k = A_k^{\top} = E_k A_k E_k$$

und somit

$$A_k^{-1} E_k = E_k A_k^{-1} .$$

Mit der Lösung $\underline{z}^k$ des linearen Gleichungssystems $A_k \underline{z}^k = -\underline{r}^k$ ist dann

$$\underline{v}^k = -A_k^{-1} \underline{r}^k - \alpha E_k A_k^{-1} \underline{r}^k = \underline{z}^k + \alpha E_k \underline{z}^k .$$

Einsetzen von $\underline{v}^k$ in die zweite Gleichung von (3.14) ergibt wegen $E_k^2 = I_k$ das Schur–Komplement–System

$$\underline{r}^{k,\top} E_k \underline{z}^k + (1 + \underline{r}^{k,\top} \underline{z}^k)\alpha = -r_{k+1}$$

und somit

$$\alpha = -\frac{r_{k+1} + \underline{r}^{k,\top} E_k \underline{z}^k}{1 + \underline{r}^{k,\top} \underline{z}^k} .$$

Das resultierende Verfahren ist der **Algorithmus von Durbin** (1960):

Setze
$$z_1^1 := -r_1.$$
Für $k = 1, \ldots, n-1$ berechne
$$\beta_k := 1 + \underline{r}^{k,\top}\underline{z}^k = 1 + \sum_{\ell=1}^{k} r_\ell z_\ell^k,$$
$$\alpha_k := -\frac{r_{k+1} + \underline{r}^{k,\top}E_k\underline{z}^k}{1 + \underline{r}^{k,\top}\underline{z}^k} = -\frac{1}{\beta_k}\left[r_{k+1} + \sum_{\ell=1}^{k} r_\ell z_{k+1-\ell}^k\right],$$
$$\underline{v}^k := \underline{z}^k + \alpha_k E_k\underline{z}^k, \quad \text{d.h. } v_\ell^k := z_\ell^k + \alpha_k z_{k+1-\ell}^k \quad \text{für } \ell = 1, \ldots, k,$$
$$\underline{z}^{k+1} := \begin{pmatrix} \underline{v}^k \\ \alpha_k \end{pmatrix}.$$

Algorithmus 3.1: Algorithmus von Durbin.

Pro Iterationsschritt sind dabei

$$k + (k+1) + k = 3k + 1$$

Multiplikationen und Divisionen durchzuführen, insgesamt also

$$\sum_{k=1}^{n-1} (3k+1) = \frac{1}{2}(3n^2 - n - 2) = \frac{3}{2}n^2 + \mathcal{O}(n)$$

wesentliche Operationen.

Für die Lösung des linearen Gleichungssystems (3.11), $A\underline{x} = \underline{f}$, mit der durch (3.10) gegebenen Toeplitz–Matrix $A$ wird entsprechend eine Folge von linearen Gleichungssytemen betrachtet,

$$A_k\underline{x}^k = \underline{f}^k \quad \text{für } k = 1, \ldots, n.$$

Insbesondere für $k = 1$ ergibt sich als Lösung

$$\underline{x}^1 = x_1^1 = f_1.$$

Sei also mit $\underline{x}^k \in I\!\!R^k$ die Lösung von $A_k\underline{x}^k = \underline{f}^k$ gegeben, ferner sei $\underline{z}^k \in I\!\!R^k$ die oben berechnete Lösung von $A_k\underline{z}^k = -\underline{r}^k$. Gesucht ist die Lösung $\underline{x}^{k+1} \in I\!\!R^{k+1}$ von $A_{k+1}\underline{x}^{k+1} = \underline{f}^{k+1}$. Mit

$$\underline{x}^{k+1} = \begin{pmatrix} \underline{w}^k \\ \gamma \end{pmatrix}, \quad \underline{w}^k \in I\!\!R^k$$

ist also das lineare Gleichungssystem

$$\begin{pmatrix} A_k & E_k\underline{r}^k \\ \underline{r}^{k,\top}E_k & 1 \end{pmatrix} \begin{pmatrix} \underline{w}^k \\ \gamma \end{pmatrix} = \begin{pmatrix} \underline{f}^k \\ f_{k+1} \end{pmatrix}$$

zu lösen. Aus der ersten Gleichung,

$$A_k \underline{w}^k + \gamma E_k \underline{r}^k = \underline{f}^k,$$

folgt zunächst

$$\underline{w}^k = A_k^{-1} \underline{f}^k - \gamma A_k^{-1} E_k \underline{r}^k = \underline{x}^k - \gamma E_k A_k^{-1} \underline{r}^k = \underline{x}^k + \gamma E_k \underline{z}^k.$$

Einsetzen in die zweite Gleichung ergibt das Schur–Komplement–System

$$\underline{r}^{k,\top} E_k \underline{x}^k + \left(1 + \underline{r}^{k,\top} \underline{z}^k\right) \gamma = f_{k+1}$$

mit der Lösung

$$\gamma = \frac{f_{k+1} - \underline{r}^{k,\top} E_k \underline{x}^k}{1 + \underline{r}^{k,\top} \underline{z}^k}.$$

Das resultierende Lösungsverfahren ist der **Levinson–Algorithmus** (1947):

$$
\boxed{
\begin{array}{l}
\text{Setze} \\
\quad z_1^1 := -r_1, \quad x_1^1 := f_1. \\
\text{Für } k = 1, \ldots, n-1 \text{ berechne} \\
\quad \beta_k := 1 + \underline{r}^{k,\top} \underline{z}^k = 1 + \sum_{\ell=1}^{k} r_\ell z_\ell^k, \\[2mm]
\quad \alpha_k := -\dfrac{r_{k+1} + \underline{r}^{k,\top} E_k \underline{z}^k}{1 + \underline{r}^{k,\top} \underline{z}^k} = -\dfrac{1}{\beta_k}\left[ r_{k+1} + \sum_{\ell=1}^{k} r_\ell z_{k+1-\ell}^k \right], \\[2mm]
\quad \gamma_k := \dfrac{f_{k+1} - \underline{r}^{k,\top} E_k \underline{x}^k}{1 + \underline{r}^{k,\top} \underline{z}^k} = \dfrac{1}{\beta_k}\left[ f_{k+1} - \sum_{\ell=1}^{k} r_\ell x_{k+1-\ell}^k \right], \\[2mm]
\quad \underline{v}^k := \underline{z}^k + \alpha_k E_k \underline{z}^k, \text{ d.h. } v_\ell^k := z_\ell^k + \alpha_k z_{k+1-\ell}^k \quad \text{für } \ell = 1, \ldots, k, \\[1mm]
\quad \underline{w}^k := \underline{x}^k + \gamma_k E_k \underline{z}^k, \text{ d.h. } w_\ell^k := x_\ell^k + \gamma_k z_{k+1-\ell}^k \quad \text{für } \ell = 1, \ldots, k, \\[2mm]
\quad \underline{z}^{k+1} := \begin{pmatrix} \underline{v}^k \\ \alpha_k \end{pmatrix}, \quad \underline{x}^{k+1} := \begin{pmatrix} \underline{w}^k \\ \gamma_k \end{pmatrix}.
\end{array}
}
$$

Algorithmus 3.2: Algorithmus von Levinson.

Pro Iterationsschritt $k$ sind dabei

$$k + 2(k+1) + 2k = 5k + 2$$

Multiplikationen beziehungsweise Divisionen durchzuführen, insgesamt also

$$\sum_{k=1}^{n-1} (5k+2) = \frac{5}{2}(n-1)n + 2(n-1) = \frac{5}{2}n^2 + \mathcal{O}(n)$$

wesentliche Operationen.

**Beispiel 3.5** *Betrachtet wird jetzt die Randintegralgleichung (2.11) bezüglich dem Intervall $(0,1)$ (Screen–Problem),*

$$-\frac{1}{2\pi}\int_0^1 \log|x-y|w(y)dy = g(x) \quad \textit{für } x \in (0,1).$$

*Für eine gleichmässige Unterteilung des Intervalles $(0,1)$ in $n$ Elemente $(x_{k-1}, x_k)$ mit Knoten $x_k = kh$ für $k = 0, \ldots, n$ und mit der Schrittweite $h = 1/n$ werden stückweise konstante Ansatzfunktionen*

$$\psi_k(x) = \begin{cases} 1 & \textit{für } x \in (x_{k-1}, x_k), \\ 0 & \textit{sonst} \end{cases}$$

*für $k = 1, \ldots, n$ definiert. Werden die Kollokationsknoten als Elementmittelpunkte $x_k^* = \frac{1}{2}(x_{k-1} + x_k)$ gewählt, so ergibt sich die Näherungslösung $w_h$ aus den Kollokationsgleichungen*

$$-\frac{1}{2\pi}\int_0^1 \log|y - x_\ell^*|w_h(y)ds_y = g(x_\ell^*) \quad \textit{für } \ell = 1, \ldots, n.$$

*Diese entsprechen einem linearen Gleichungssystem $\tilde{V}_h \underline{w} = \underline{g}$ mit der durch die Einträge*

$$\tilde{V}_h[\ell, k] = -\frac{1}{2\pi}\int_{x_{k-1}}^{x_k} \log|y - x_\ell^*|ds_y$$

*für $k, \ell = 1, \ldots, n$ erklärten Steifigkeitsmatrix $\tilde{V}_h$. Wegen*

$$\begin{aligned}
\tilde{V}_h[\ell+1, k+1] &= -\frac{1}{2\pi}\int_{x_k}^{x_{k+1}} \log|y - x_{\ell+1}^*|ds_y \\
&= -\frac{1}{2\pi}\int_{x_k}^{x_{k+1}} \log|y - h - (x_{\ell+1}^* - h)|ds_y \\
&= -\frac{1}{2\pi}\int_{x_{k-1}}^{x_k} \log|\bar{y} - x_\ell^*|ds_{\bar{y}} = V_h[\ell, k]
\end{aligned}$$

*ist $\tilde{V}_h$ eine* **Toeplitz–Matrix**.

## 3.4  Niedrig–Rang–Störung regulärer Matrizen

Für eine gegebene reguläre Matrix $A \in \mathbb{R}^{n \times n}$ existiere die inverse Matrix $A^{-1}$. Seien $\underline{a}^k, \underline{b}^k \in \mathbb{R}^n$ für $k = 1, \ldots, r$ gegebene Vektoren. Untersucht werden soll die

Lösung des linearen Gleichungssystems

$$M\underline{x} = \left(A + \sum_{k=1}^{r} \underline{a}^k \underline{b}^{k,\mathsf{T}}\right)\underline{x} = \underline{f}. \tag{3.15}$$

Die Matrix $M$ ergibt sich allgemein als Rang $r$–Störung der regulären Matrix $A$. Da der Parameter $r$ im Vergleich zur Dimension $n$ als klein angenommen wird, spricht man auch von einer **Niedrig–Rang–Störung** der Matrix $A$. Untersucht werden soll nun, wann die inverse Matrix $M^{-1}$ existiert und wie diese dargestellt werden kann, das heißt wie der Lösungsvektor $\underline{x}$ des linearen Gleichungssystems (3.15) effizient aus der Kenntnis der inversen Matrix $A^{-1}$ berechnet werden kann. Betrachtet wird zunächst der Fall $r = 1$, das heißt

$$M = A + \underline{a}\,\underline{b}^{\mathsf{T}}. \tag{3.16}$$

Für die inverse Matrix $M^{-1}$ wird der Ansatz

$$M^{-1} = A^{-1} + \alpha A^{-1}\underline{a}\,\underline{b}^{\mathsf{T}}A^{-1}$$

mit einem noch zu wählendem reellen Parameter $\alpha \in I\!\!R$ betrachtet. Dann ergibt sich durch Ausmultiplizieren und Ausklammern des Skalars $\underline{b}^{\mathsf{T}}A^{-1}\underline{a}$

$$\begin{aligned}
M^{-1}M &= \left[A^{-1} + \alpha A^{-1}\underline{a}\,\underline{b}^{\mathsf{T}}A^{-1}\right]\left[A + \underline{a}\,\underline{b}^{\mathsf{T}}\right] \\
&= I + A^{-1}\underline{a}\,\underline{b}^{\mathsf{T}} + \alpha A^{-1}\underline{a}\,\underline{b}^{\mathsf{T}} + \alpha A^{-1}\underline{a}\,\underline{b}^{\mathsf{T}}A^{-1}\underline{a}\,\underline{b}^{\mathsf{T}} \\
&= I + \left[1 + \alpha + \alpha\,\underline{b}^{\mathsf{T}}A^{-1}\underline{a}\right]A^{-1}\underline{a}\,\underline{b}^{\mathsf{T}} = I,
\end{aligned}$$

falls

$$\alpha = -\frac{1}{1 + \underline{b}^{\mathsf{T}}A^{-1}\underline{a}}$$

gewählt wird. Dabei ist offenbar

$$\underline{b}^{\mathsf{T}}A^{-1}\underline{a} \neq -1$$

vorauszusetzen. Dann ist die inverse Matrix der durch (3.16) gegebenen Matrix $M$ gegeben durch

$$M^{-1} = A^{-1} - \frac{1}{1 + \underline{b}^{\mathsf{T}}A^{-1}\underline{a}}A^{-1}\underline{a}\,\underline{b}^{\mathsf{T}}A^{-1}. \tag{3.17}$$

Diese Darstellung der inversen Matrix $M^{-1}$ ist als **Sherman–Morrison–Formel** bekannt. Für $r = 1$ ergibt sich also die Lösung des linearen Gleichungssystems (3.15) aus

$$\underline{x} = \left[I - \frac{1}{1 + \underline{b}^{\mathsf{T}}A^{-1}\underline{a}}A^{-1}\underline{a}\,\underline{b}^{\mathsf{T}}\right]A^{-1}\underline{f} = \left[I - \frac{1}{1 + \underline{b}^{\mathsf{T}}\underline{v}}\underline{v}\,\underline{b}^{\mathsf{T}}\right]A^{-1}\underline{f}, \quad \underline{v} = A^{-1}\underline{a},$$

insbesondere ist die inverse Matrix $A^{-1}$ zweimal anzuwenden.

Im allgemeinen Fall $r > 1$ lautet der Ansatz für die inverse Matrix $M^{-1}$

$$M^{-1} = A^{-1} + \sum_{k=1}^{r} \sum_{\ell=1}^{r} \alpha_{k\ell} A^{-1} \underline{a}^k \underline{b}^{\ell,\top} A^{-1}.$$

Einsetzen ergibt, bei geeigneter Umbezeichnung der Indizes und unter Verwendung des Kronecker–Symbols $\delta_{k\ell} = 1$ für $k = \ell$ beziehungsweise $\delta_{k\ell} = 0$ für $k \neq \ell$,

$$
\begin{aligned}
M^{-1}M &= \left[ A^{-1} + \sum_{k=1}^{r} \sum_{\ell=1}^{r} \alpha_{k\ell} A^{-1} \underline{a}^k \underline{b}^{\ell,\top} A^{-1} \right] \left[ A + \sum_{i=1}^{r} \underline{a}^i \underline{b}^{i,\top} \right] \\
&= I + \sum_{i=1}^{r} A^{-1} \underline{a}^i \underline{b}^{i,\top} + \sum_{k=1}^{r} \sum_{\ell=1}^{r} \alpha_{k\ell} A^{-1} \underline{a}^k \underline{b}^{\ell,\top} + \sum_{k=1}^{r} \sum_{\ell=1}^{r} \sum_{i=1}^{r} \alpha_{k\ell} A^{-1} \underline{a}^k \underline{b}^{\ell,\top} A^{-1} \underline{a}^i \underline{b}^{i,\top} \\
&= I + \sum_{k=1}^{r} \sum_{\ell=1}^{r} \left[ \delta_{k\ell} + \alpha_{k\ell} + \sum_{i=1}^{r} \alpha_{ki} \underline{b}^{i,\top} A^{-1} \underline{a}^\ell \right] A^{-1} \underline{a}^k \underline{b}^{\ell,\top} = I,
\end{aligned}
$$

falls

$$\delta_{k\ell} + \alpha_{k\ell} + \sum_{i=1}^{r} \alpha_{ki} \underline{b}^{i,\top} A^{-1} \underline{a}^\ell = 0 \quad \text{für alle } k, \ell = 1, \dots, r \tag{3.18}$$

erfüllt ist. Ist das lineare Gleichungssystem (3.18) eindeutig lösbar, so ergeben sich daraus die $r^2$ Koeffizienten $\alpha_{k\ell}$ und somit die Darstellung der inversen Matrix $M^{-1}$. Diese ist allgemein als **Sherman–Morrison–Woodbury–Formel** bekannt.

# Kapitel 4

# Klassische Iterationsverfahren

In diesem Kapitel werden klassische Iterationsverfahren zur Lösung des linearen Gleichungssystems

$$A\underline{x} = \underline{f} \tag{4.1}$$

mit einer regulären reellen Matrix $A \in I\!\!R^{n \times n}$ betrachtet.

## 4.1  Stationäre Iterationsverfahren

Für eine reguläre Matrix $B \in I\!\!R^{n \times n}$ und einen positiven reellen Parameter $\alpha \in I\!\!R$ ist die Lösung des linearen Gleichungssystems (4.1) äquivalent zur Lösung der Fixpunktgleichung

$$\underline{x} = \underline{x} - \alpha B^{-1}(A\underline{x} - \underline{f}) \,. \tag{4.2}$$

Diese Darstellung motiviert für eine beliebig gewählte Startnäherung $\underline{x}^0 \in I\!\!R^n$ das Iterationsverfahren

$$\underline{x}^{k+1} := \underline{x}^k - \alpha B^{-1}(A\underline{x}^k - \underline{f}) = (I - \alpha B^{-1}A)\underline{x}^k + \alpha B^{-1}\underline{f} \tag{4.3}$$

für $k = 0, 1, 2, \ldots$. Die Konvergenz des Verfahrens (4.3) der sukzessiven Approximation folgt aus dem Banachschen Fixpunktsatz:

**Satz 4.1** *Die Iterationsmatrix des Iterationsverfahrens (4.3) sei eine Kontraktion, das heißt es gilt*

$$\|I - \alpha B^{-1}A\|_M \leq q < 1 \tag{4.4}$$

*in einer zu einer Vektornorm $\|\cdot\|_V$ verträglichen Matrixnorm $\|\cdot\|_M$. Dann konvergiert das Iterationsverfahren (4.3) der sukzessiven Approximation gegen die eindeutig bestimmte Lösung $\underline{x} = A^{-1}\underline{f}$ des linearen Gleichungssystems (4.1) und es gelten die a priori Fehlerabschätzung*

$$\|\underline{x}^{k+1} - \underline{x}\|_V \leq \frac{q^{k+1}}{1 - q}\|\underline{x}^1 - \underline{x}^0\|_V \tag{4.5}$$

*sowie die a posteriori Fehlerabschätzung*

$$\|\underline{x}^{k+1} - \underline{x}\|_V \leq \frac{q}{1-q} \|\underline{x}^{k+1} - \underline{x}^k\|_V. \tag{4.6}$$

**Beweis:** Die Lösung $\underline{x} = A^{-1}\underline{f}$ des linearen Gleichungssystems (4.1) ist Lösung der Fixpunktgleichung (4.2). Dann folgt

$$\begin{aligned}
\|\underline{x}^{k+1} - \underline{x}\|_V &= \|(I - \alpha B^{-1}A)(\underline{x}^k - \underline{x})\|_V \\
&\leq \|I - \alpha B^{-1}A\|_M \|\underline{x}^k - \underline{x}\|_V \leq q \|\underline{x}^k - \underline{x}\|_V
\end{aligned}$$

und durch wiederholtes Anwenden ergibt sich

$$\|\underline{x}^{k+1} - \underline{x}\|_V \leq q^{k+1} \|\underline{x}^0 - \underline{x}\|_V \to 0 \quad \text{für } k \to \infty$$

wegen $q < 1$ für jede beliebige Startnäherung $\underline{x}^0 \in \mathbb{R}^n$.
Mit der Dreiecksungleichung

$$\|\underline{x}^{k+1} - \underline{x}\|_V \leq q \|\underline{x}^k - \underline{x}\|_V \leq q \left( \|\underline{x}^k - \underline{x}^{k+1}\|_V + \|\underline{x}^{k+1} - \underline{x}\|_V \right)$$

folgt die a posteriori Fehlerabschätzung (4.6). Aus

$$\|\underline{x}^{k+1} - \underline{x}\|_V \leq q^k \|\underline{x}^1 - \underline{x}\|_V$$

und der a posteriori Fehlerabschätzung für $k = 0$,

$$\|\underline{x}^1 - \underline{x}\|_V \leq \frac{q}{1-q} \|\underline{x}^1 - \underline{x}^0\|_V,$$

ergibt sich schließlich die a priori Fehlerabschätzung (4.5). ∎
Eine beliebige reguläre Matrix $A \in \mathbb{R}^{n \times n}$ gestattet die Darstellung

$$A = L + D + R \tag{4.7}$$

mit einer unteren Dreiecksmatrix $L$ und einer oberen Dreiecksmatrix $R$,

$$L = \begin{pmatrix} 0 & & & & \\ a_{21} & 0 & & & \\ a_{31} & a_{32} & 0 & & \\ \vdots & & \ddots & \ddots & \\ a_{n1} & \cdots & \cdots & a_{nn-1} & 0 \end{pmatrix}, \quad R = \begin{pmatrix} 0 & a_{12} & a_{13} & \cdots & a_{1n} \\ & 0 & a_{23} & & a_{2n} \\ & & \ddots & \ddots & \vdots \\ & & & 0 & a_{n-1n} \\ & & & & 0 \end{pmatrix},$$

sowie einer Diagonalmatrix

$$D = \begin{pmatrix} a_{11} & & & \\ & a_{22} & & \\ & & \ddots & \\ & & & a_{nn} \end{pmatrix}.$$

Wegen der Invertierbarkeit von $A$ kann ohne Einschränkung der Allgemeinheit die Invertierbarkeit der Diagonalmatrix $D$ vorausgesetzt werden. Dann ist das lineare Gleichungssystem (4.1) äquivalent zu der Fixpunktgleichung

$$Dx = f - (L + R)x,$$

woraus das **Jacobi–Verfahren (Gesamtschrittverfahren)**

$$x^{k+1} = D^{-1}[f - (L + R)x^k] = x^k - D^{-1}(Ax^k - f) \qquad (4.8)$$

folgt.

---

Sei $x^0 \in I\!R^n$ eine beliebig gegebene Startnäherung.

Für $k = 0, 1, 2, \ldots$ berechne

$$r^k = Ax^k - f, \quad \varrho_k = (r^k, r^k) = \|r^k\|_2^2.$$

Stoppe, wenn $\varrho_k \leq \varepsilon^2 \varrho_0$ mit einer vorgegebenen Fehlergenauigkeit $\varepsilon$ erreicht ist. Andernfalls berechne die neue Näherungslösung

$$x_i^{k+1} = \frac{1}{a_{ii}} \left[ f_i - \sum_{j=1}^{i-1} a_{ij}x_j^k - \sum_{j=i+1}^{n} a_{ij}x_j^k \right] \quad \text{für } i = 1, \ldots, n.$$

---

Algorithmus 4.1: Jacobi–Verfahren (Gesamtschrittverfahren).

**Satz 4.2** *Für die Matrix $A$ sei das* **strenge Zeilensummenkriterium**

$$\max_{i=1,\ldots,n} \sum_{j=1, j \neq i}^{n} \frac{|a_{ij}|}{|a_{ii}|} \leq q < 1$$

*erfüllt. Dann konvergiert das Jacobi–Verfahren (4.8) für jede beliebige Startnäherung $x^0$.*

**Beweis:** In der zur Maximumnorm $\| \cdot \|_V = \| \cdot \|_\infty$ verträglichen Zeilensummennorm $\| \cdot \|_M = \| \cdot \|_\infty$ (vergleiche Lemma 1.2) folgt aus dem strengen Zeilensummenkriterium für die Iterationsmatrix

$$\|I - D^{-1}A\|_\infty = \max_{i=1,\ldots,n} \sum_{j=1, j \neq i}^{n} \frac{|a_{ij}|}{|a_{ii}|} \leq q < 1$$

und somit nach Satz 4.1 die Konvergenz des Jacobi–Verfahrens (4.8). ∎

Ausgehend von der Zerlegung (4.7) ist das lineare Gleichungssystem (4.1) auch äquivalent zu der Fixpunktgleichung

$$(D + L)x = f - Rx,$$

woraus das **(vorwärtige) Gauß–Seidel–Verfahren (Einzelschrittverfahren)**

$$x^{k+1} = (D + L)^{-1}[f - Rx^k] = x^k - (D + L)^{-1}[Ax^k - f] \qquad (4.9)$$

abgeleitet werden kann.

> Sei $\underline{x}^0 \in I\!R^n$ eine beliebig gegebene Startnäherung.
>
> Für $k = 0, 1, 2, \ldots$ berechne
> $$\underline{r}^k = A\underline{x}^k - \underline{f}, \quad \varrho_k = (\underline{r}^k, \underline{r}^k) = \|\underline{r}^k\|_2^2.$$
> Stoppe, wenn $\varrho_k \leq \varepsilon^2 \varrho_0$ mit einer vorgegebenen Fehlergenauigkeit $\varepsilon$ erreicht ist. Andernfalls berechne die neue Näherungslösung
> $$x_i^{k+1} = \frac{1}{a_{ii}} \left[ f_i - \sum_{j=1}^{i-1} a_{ij} x_j^{k+1} - \sum_{j=i+1}^{n} a_{ij} x_j^k \right] \quad \text{für } i = 1, \ldots, n.$$

Algorithmus 4.2: vorwärtiges Gauß–Seidel–Verfahren (Einzelschrittverfahren).

**Satz 4.3** *Für die Matrix A sei das* **strenge Zeilensummenkriterium** *wie in Satz 4.2 erfüllt. Dann konvergiert das Gauß–Seidel–Verfahren* (4.9) *für jede beliebige Startnäherung* $\underline{x}^0$.

**Beweis:** Für einen beliebigen Vektor $\underline{y} \in I\!R^n$ entspricht die Berechnung von $\underline{z} = (D + L)^{-1} R\underline{y}$ der Lösung des linearen Gleichungssystems

$$(D + L)\underline{z} = R\underline{y}.$$

Dann ist

$$z_1 = \frac{1}{a_{11}} \sum_{j=2}^{n} a_{1j} y_j$$

und somit

$$|z_1| \leq \sum_{j=2}^{n} \frac{|a_{1j}|}{|a_{11}|} |y_j| \leq \max_{j=2,n} |y_j| \sum_{j=2}^{n} \frac{|a_{1j}|}{|a_{11}|} \leq q \|\underline{y}\|_\infty.$$

Es gelte also

$$|z_\ell| \leq q \|\underline{y}\|_\infty \leq \|\underline{y}\|_\infty \quad \text{für } \ell = 1, \ldots, k-1.$$

Dann folgt

$$\begin{aligned} |z_k| &= \frac{1}{|a_{kk}|} \left| -\sum_{\ell=1}^{k-1} a_{k\ell} z_\ell + \sum_{\ell=k+1}^{n} a_{k\ell} y_\ell \right| \\ &\leq \frac{1}{|a_{kk}|} \left[ \max_{\ell=1,\ldots,k-1} |z_\ell| \sum_{\ell=1}^{k-1} |a_{k\ell}| + \max_{\ell=k+1,\ldots,n} |y_\ell| \sum_{\ell=k+1}^{n} |a_{k\ell}| \right] \\ &\leq \|\underline{y}\|_\infty \sum_{\ell=1,\ell\neq k}^{n} \frac{|a_{k\ell}|}{|a_{kk}|} \leq q \|\underline{y}\|_\infty \end{aligned}$$

für alle $k = 2, \ldots, n$, und somit gilt

$$\|(D + L)^{-1} R\underline{y}\|_\infty = \|\underline{z}\|_\infty \leq q \|\underline{y}\|_\infty.$$

Da die Zeilensummennorm durch die Maximumnorm induziert wird, folgt

$$\|(D+L)^{-1}R\|_\infty = \sup_{\underline{0}\neq\underline{y}\in I\!\!R^n} \frac{\|(D+L)^{-1}R\underline{y}\|_\infty}{\|\underline{y}\|_\infty} \leq q < 1,$$

und nach Satz 4.1 ergibt sich die Konvergenz des Gauß–Seidel–Verfahrens. ∎

Analog zu (4.9) kann das **rückwärtige Gauß–Seidel–Verfahren**

$$\underline{x}^{k+1} = (D+R)^{-1}[\underline{f} - L\underline{x}^k] = \underline{x}^k - (D+R)^{-1}[A\underline{x}^k - \underline{f}]$$

hergeleitet und analysiert werden.

---

Sei $\underline{x}^0 \in I\!\!R^n$ eine beliebig gegebene Startnäherung.

Für $k = 0, 1, 2, \ldots$ berechne

$$\underline{r}^k = A\underline{x}^k - \underline{f}, \quad \varrho_k = (\underline{r}^k, \underline{r}^k) = \|\underline{r}^k\|_2^2.$$

Stoppe, wenn $\varrho_k \leq \varepsilon^2\varrho_0$ mit einer vorgegebenen Fehlergenauigkeit $\varepsilon$ erreicht ist. Andernfalls berechne die neue Näherungslösung

$$x_i^{k+1} = \frac{1}{a_{ii}}\left[f_i - \sum_{j=1}^{i-1} a_{ij}x_j^k - \sum_{j=i+1}^{n} a_{ij}x_j^{k+1}\right] \quad \text{für } i = n, n-1, \ldots, 2, 1.$$

---

Algorithmus 4.3: rückwärtiges Gauß–Seidel–Verfahren (Einzelschrittverfahren).

Das Gauß–Seidel–Verfahren (Algorithmus 4.2) konvergiert auch für jede symmetrische und positiv definite Matrix $A$, siehe hierzu Satz 4.4 und Bemerkung 4.1.

Durch Einfügen eines **Relaxationsparameters** $\omega \in I\!\!R_+$ können die bisher betrachteten Iterationsverfahren abgeändert werden. Für $\omega > 1$ werden diese als Überrelaxationsverfahren, für $\omega < 1$ als Unterrelaxationsverfahren bezeichnet. Für $\underline{x}^k \in I\!\!R^n$ sei zunächst $\hat{\underline{x}}^{k+1} \in I\!\!R^n$ die durch das Jacobi–Verfahren (4.8) erhaltene Näherungslösung mit

$$\hat{x}_i^{k+1} = \frac{1}{a_{ii}}\left[f_i - \sum_{j=1,j\neq i}^{n} a_{ij}x_j^k\right] \quad \text{für } i = 1, \ldots, n.$$

Dann kann eine neue Näherungslösung $\underline{x}^{k+1}$ erklärt werden als Konvexkombination zwischen alter Näherungslösung $\underline{x}^k$, und der durch das klassische Jacobi–Verfahren berechneten Näherung $\hat{\underline{x}}^{k+1}$,

$$\begin{aligned}
x_i^{k+1} &= (1-\omega)x_i^k + \omega\hat{x}_i^{k+1} \\
&= (1-\omega)x_i^k + \frac{\omega}{a_{ii}}\left[f_i - \sum_{j=1,j\neq i}^{n} a_{ij}x_j^k\right] \\
&= x_i^k - \frac{\omega}{a_{ii}}\left[\sum_{j=1}^{n} a_{ij}x_j^k - f_i\right].
\end{aligned}$$

Somit ergibt sich die Iterationsvorschrift des **$\omega$–Jacobi–Verfahren**,

$$\underline{x}^{k+1} = \underline{x}^k - \omega D^{-1}[A\underline{x}^k - \underline{f}]. \tag{4.10}$$

Wird für $\underline{x}^k$ die neue Näherungslösung $\hat{\underline{x}}^{k+1}$ durch das vorwärtige Gauß–Seidel–Verfahren (4.9) berechnet und die Konvexkombination mit der alten Näherungslösung $\underline{x}^k$ gebildet,

$$\hat{x}_i^{k+1} = \frac{1}{a_{ii}}\left[f_i - \sum_{j=1}^{i-1} a_{ij}x_j^{k+1} - \sum_{j=i+1}^{n} a_{ij}a_j^k\right], \quad x_i^{k+1} = (1-\omega)x_i^k + \omega\hat{x}_i^{k+1},$$

dann ergibt sich

$$\begin{aligned}
x_i^{k+1} &= (1-\omega)x_i^k + \omega\hat{x}_i^{k+1} \\
&= (1-\omega)x_i^k + \frac{\omega}{a_{ii}}\left[f_i - \sum_{j=1}^{i-1} a_{ij}x_j^{k+1} - \sum_{j=i+1}^{n} a_{ij}x_j^k\right] \\
&= x_i^k + \frac{\omega}{a_{ii}}\left[f_i - \sum_{j=1}^{i-1} a_{ij}x_j^{k+1} - \sum_{j=i}^{n} a_{ij}x_j^k\right].
\end{aligned}$$

In Vektorschreibweise ist dies gleichbedeutend mit

$$\underline{x}^{k+1} = \underline{x}^k + \omega D^{-1}[\underline{f} - L\underline{x}^{k+1} - (D+R)\underline{x}^k]$$

beziehungsweise mit

$$(I + \omega D^{-1}L)\underline{x}^{k+1} = \underline{x}^k + \omega D^{-1}[\underline{f} - (D+R)\underline{x}^k].$$

Durch weiteres Umformen erhält man daraus mit

$$\underline{x}^{k+1} = \underline{x}^k - \omega(D+\omega L)^{-1}[A\underline{x}^k - \underline{f}] \tag{4.11}$$

die Iterationsvorschrift des (vorwärtigen) **sukzessiven Überrelaxationsverfahrens (SOR Verfahren)**.

**Satz 4.4** *Sei $A$ eine symmetrische und positiv definite Matrix. Dann konvergiert das SOR–Verfahren (4.11) genau dann, wenn $0 < \omega < 2$ erfüllt ist.*

**Beweis:** Für eine symmetrische Matrix $A$ kann die Spektralnorm $\|A\|_2$ mit dem Spektralradius $\varrho(A)$ identifiziert werden,

$$\|A\|_2 = \varrho(A) = \max_{k=1,\ldots,n} |\lambda_k(A)|.$$

Zu untersuchen sind deshalb die Eigenwerte der Iterationsmatrix

$$M = I - \omega(D+\omega L)^{-1}A.$$

Sei $\lambda \in I\!R$ ein beliebiger Eigenwert von $M$ und $\underline{z} \in I\!R^n$ der zugehörige Eigenvektor, das heißt es gilt

$$M\underline{z} = [I - \omega(D+\omega L)^{-1}A]\underline{z} = \lambda\,\underline{z}$$

beziehungsweise

$$[(D+\omega L) - \omega A]\,\underline{z} = \lambda\,(D+\omega L)\underline{z}\,.$$

Mit der Zerlegung $A = D + L + L^\mathsf{T}$ der symmetrischen Matrix $A$ folgt daraus

$$[(1-\omega)D - \omega L^\mathsf{T}]\underline{z} = \lambda(D+\omega L)\underline{z}\,.$$

Durch Bilden des Euklidischen Skalarproduktes dieser Gleichheit mit $\underline{z}$ ergibt sich

$$(1-\omega)(D\underline{z},\underline{z}) - \omega(L^\mathsf{T}\underline{z},\underline{z}) = \lambda\,[(D\underline{z},\underline{z}) + \omega(L\underline{z},\underline{z})]\,.$$

Mit

$$(L^\mathsf{T}\underline{z},\underline{z}) = (L\underline{z},\underline{z}) = \frac{1}{2}\left[(L\underline{z},\underline{z}) + (L^\mathsf{T}\underline{z},\underline{z})\right] = \frac{1}{2}\left[(A\underline{z},\underline{z}) - (D\underline{z},\underline{z})\right]$$

und durch Multiplikation mit 2 folgt dann die Gleichheit

$$(2-\omega)(D\underline{z},\underline{z}) - \omega(A\underline{z},\underline{z}) = \lambda\,[(2-\omega)(D\underline{z},\underline{z}) + \omega(A\underline{z},\underline{z})]$$

und somit die Darstellung

$$\lambda = \frac{(2-\omega)(D\underline{z},\underline{z}) - \omega(A\underline{z},\underline{z})}{(2-\omega)(D\underline{z},\underline{z}) + \omega(A\underline{z},\underline{z})}\,.$$

Aus der positiven Definitheit von $A$ folgt dabei

$$d := (D\underline{z},\underline{z}) > 0, \quad a := (A\underline{z},\underline{z}) > 0$$

und die Forderung $|\lambda| < 1$ ist genau dann erfüllt, wenn $\omega \in (0,2)$ gilt.    ∎

**Bemerkung 4.1** *Aus der Konvergenz des SOR–Verfahrens folgt insbesondere die Konvergenz des Gauß–Seidel–Verfahrens (4.9) für symmetrische und positiv definite Matrizen $A$.*

Analog zum vorwärtigen SOR–Verfahren lautet die Iterationsvorschrift des rückwärtigen SOR–Verfahrens

$$\underline{x}^{k+1} := \underline{x}^k - \omega(D+\omega R)^{-1}[A\underline{x}^k - \underline{f}]. \tag{4.12}$$

Man bemerkt, daß beim SOR–Verfahren selbst für symmetrische Matrizen $A$ eine im allgemeinen nichtsymmetrische Matrix $B = (D+\omega L)$ entsteht. Durch Verknüpfung des vorwärtigen SOR–Verfahrens (4.11) mit der rückwärtigen Variante (4.12),

$$\begin{aligned}
\underline{x}^{k+1/2} &= \underline{x}^k - \omega(D+\omega L)^{-1}[A\underline{x}^k - \underline{f}], \\
\underline{x}^{k+1} &= \underline{x}^{k+1/2} - \omega(D+\omega R)^{-1}[A\underline{x}^{k+1/2} - \underline{f}]
\end{aligned}$$

entsteht die Iterationsvorschrift des **symmetrischen sukzessiven Überrelaxationsverfahrens** (SSOR Verfahren),

$$\underline{x}^{k+1} = \underline{x}^k - \omega(2-\omega)(D+\omega R)^{-1}D(D+\omega L)^{-1}[A\underline{x}^k - \underline{f}].\qquad(4.13)$$

Für eine allgemeinere Konvergenzuntersuchung des stationären Iterationsverfahrens (4.3) der sukzessiven Approximation wird nun zunächst der Fall $B = I$ betrachtet,

$$\underline{x}^{k+1} = \underline{x}^k - \alpha[A\underline{x}^k - \underline{f}].\qquad(4.14)$$

Die Matrix $A$ sei dabei positiv definit,

$$(A\underline{x},\underline{x}) \geq c_1^A \|\underline{x}\|_2^2 \quad \text{für alle } \underline{x} \in \mathbb{R}^n,\qquad(4.15)$$

und beschränkt,

$$\|A\underline{x}\|_2 \leq c_2^A \|\underline{x}\|_2 \quad \text{für alle } \underline{x} \in \mathbb{R}^n.\qquad(4.16)$$

**Satz 4.5** *Sei $A$ eine beschränkte und positiv definite Matrix, das heißt es gelten die Ungleichungen (4.16) und (4.15). Dann konvergiert das Iterationsverfahren (4.14) für den Relaxationsparameter*

$$0 < \alpha < 2\,\frac{c_1^A}{[c_2^A]^2}$$

*und die optimale Konvergenzrate wird angenommen für*

$$\alpha^* = \frac{c_1^A}{[c_2^A]^2}.$$

*Dann gilt die Fehlerabschätzung*

$$\|\underline{x}^{k+1} - \underline{x}\|_2^2 \leq \left[1 - \left(\frac{c_1^A}{c_2^A}\right)^2\right]^{k+1} \|\underline{x}^0 - \underline{x}\|_2^2.$$

**Beweis:** Durch Übergang zum Euklidischen Skalarprodukt folgt mit den Voraussetzungen (4.15) und (4.16) für die Iterationsvorschrift (4.14)

$$\begin{aligned}
\|\underline{x}^{k+1} - \underline{x}\|_2^2 &= \|(I - \alpha A)(\underline{x}^k - \underline{x})\|_2^2\\
&= \left((I - \alpha A)(\underline{x}^k - \underline{x}), (I - \alpha A)(\underline{x}^k - \underline{x})\right)\\
&= \left(\underline{x}^k - \underline{x}, \underline{x}^k - \underline{x}\right) - 2\alpha\left(A(\underline{x}^k - \underline{x}), \underline{x}^k - \underline{x}\right) + \alpha^2\left(A(\underline{x}^k - \underline{x}), A(\underline{x}^k - \underline{x})\right)\\
&= \|\underline{x}^k - \underline{x}\|_2^2 - 2\alpha\left(A(\underline{x}^k - \underline{x}), \underline{x}^k - \underline{x}\right) + \alpha^2\|A(\underline{x}^k - \underline{x})\|_2^2\\
&\leq \left(1 - 2\alpha c_1^A + \alpha^2[c_2^A]^2\right)\|\underline{x}^k - \underline{x}\|_2^2.
\end{aligned}$$

Damit ergibt sich Konvergenz für

$$1 - 2\alpha c_1^A + \alpha^2 [c_2^A]^2 < 1$$

und somit für

$$0 < \alpha < 2\,\frac{c_1^A}{[c_2^A]^2}\,.$$

Insbesondere für

$$\alpha^* = \frac{c_1^A}{[c_2^A]^2}$$

ergibt sich mit

$$\|\underline{x}^{k+1} - \underline{x}\|_2^2 \leq \left[1 - \left(\frac{c_1^A}{c_2^A}\right)^2\right] \|\underline{x}^k - \underline{x}\|_2^2$$

die optimale Konvergenzrate. ∎

In vielen Anwendungen ist das Verhältnis $c_1^A/c_2^A$ abhängig von der Dimension $n$ der Systemmatrix $A \in I\!R^{n\times n}$. Insbesondere bei numerischen Näherungsverfahren für partielle Differentialgleichungen gilt oft $c_1^A/c_2^A \to 0$ für $n \to \infty$, siehe hierzu auch Folgerung 2.2, und somit ergibt sich eine schlechtere Konvergenzrate für großdimensionierte Gleichungssysteme. Durch eine geeignet gewählte Transformation des linearen Gleichungssystems $A\underline{x} = \underline{f}$ soll ein Verfahren hergeleitet werden, dessen Konvergenzverhalten möglichst unabhängig von der betrachteten Problemgröße, das heißt unabhängig von der Dimension $n$ ist.

Sei $B = B^\top \in I\!R^{n\times n}$ eine zunächst beliebige symmetrische und positiv definite Matrix mit positiven Eigenwerten $\lambda_k(B)$. Für $B$ gilt dann die Faktorisierung (1.14),

$$B = VDV^\top, \quad D = \operatorname{diag}(\lambda_k(B))_{k=1}^n,$$

mit einer orthogonalen Matrix $V$, welche durch die zueinander orthogonalen Eigenvektoren von $B$ gebildet wird. Dann ist

$$B^{1/2} = VD^{1/2}V^\top, \quad D^{1/2} = \operatorname{diag}(\sqrt{\lambda_k(B)})_{k=1}^n,$$

und es gilt $B = B^{1/2}B^{1/2}$. Weiter bezeichne $B^{-1/2}$ die inverse Matrix von $B^{1/2}$. Anstelle des linearen Gleichungssystems $A\underline{x} = \underline{f}$ wird jetzt das dazu äquivalente System

$$B^{-1/2}AB^{-1/2}B^{1/2}\underline{x} = B^{-1/2}\underline{f}$$

betrachtet. Mit

$$\tilde{A} = B^{-1/2}AB^{-1/2}, \quad \tilde{\underline{x}} = B^{1/2}\underline{x}, \quad \tilde{\underline{f}} = B^{-1/2}\underline{f} \qquad (4.17)$$

kann zur Lösung des transformierten Systems $\tilde{A}\tilde{\underline{x}} = \tilde{\underline{f}}$ das Iterationsverfahren (4.14) verwendet werden,

$$\tilde{\underline{x}}^{k+1} = \tilde{\underline{x}}^k - \alpha[\tilde{A}\tilde{\underline{x}}^k - \tilde{\underline{f}}].$$

Einsetzen der Transformationen (4.17) und Multiplikation mit $B^{-1/2}$ liefert das **vorkonditionierte Iterationsverfahren der sukzessiven Approximation**,

$$\underline{x}^{k+1} = \underline{x}^k - \alpha B^{-1}[A\underline{x}^k - \underline{f}]. \tag{4.18}$$

Die Konvergenz des vorkonditionierten Iterationsverfahrens (4.18) folgt nach Satz 4.5 für $\alpha \in (0, 2c_1^{\widetilde{A}}/[c_2^{\widetilde{A}}]^2)$ mit

$$(\widetilde{A}\underline{\tilde{x}}, \underline{\tilde{x}}) \geq c_1^{\widetilde{A}} \|\underline{\tilde{x}}\|_2^2, \quad \|\widetilde{A}\underline{\tilde{x}}\|_2 \leq c_2^{\widetilde{A}} \|\underline{\tilde{x}}\|_2 \quad \text{für alle } \underline{\tilde{x}} \in \mathbb{R}^n.$$

Aus Satz 4.5 ergibt sich die Konvergenzabschätzung

$$\|\underline{\tilde{x}}^{k+1} - \underline{\tilde{x}}\|_2^2 \leq \left[1 - \left(\frac{c_1^{\widetilde{A}}}{c_2^{\widetilde{A}}}\right)^2\right]^{k+1} \|\underline{\tilde{x}}^0 - \underline{\tilde{x}}\|_2^2.$$

Einsetzen der Transformationen (4.17) liefert unter Berücksichtigung von

$$\|\underline{\tilde{x}}\|_2^2 = (\underline{\tilde{x}}, \underline{\tilde{x}}) = (B^{1/2}\underline{x}, B^{1/2}\underline{x}) = (B\underline{x}, \underline{x})$$

und

$$\|\widetilde{A}\underline{\tilde{x}}\|_2^2 = \|B^{-1/2}A\underline{x}\|_2^2 = (B^{-1/2}A\underline{x}, B^{-1/2}A\underline{x}) = (B^{-1}A\underline{x}, A\underline{x})$$

die Fehlerabschätzung

$$\|\underline{x}^{k+1} - \underline{x}\|_B^2 \leq \left[1 - \left(\frac{c_1^{\widetilde{A}}}{c_2^{\widetilde{A}}}\right)^2\right]^{k+1} \|\underline{x}^0 - \underline{x}\|_B^2$$

sowie die Ungleichungen

$$(A\underline{x}, \underline{x}) \geq c_1^{\widetilde{A}} (B\underline{x}, \underline{x}), \quad (B^{-1}A\underline{x}, A\underline{x}) \leq [c_2^{\widetilde{A}}]^2 (B\underline{x}, \underline{x}) \tag{4.19}$$

für alle $\underline{x} \in \mathbb{R}^n$. Die Matrix $B$ wird als **Vorkonditionierung** zu $A$ bezeichnet, falls die Ungleichungen (4.19) mit Konstanten $c_i^{\widetilde{A}}$ unabhängig von der Dimension $n$ erfüllt sind, und falls die Anwendung der inversen Matrix $B^{-1}$ effizient realisiert werden kann.

Für eine positiv definite Matrix $A$ ergibt sich mit $B = \mathrm{diag}A$ gerade das $\omega$–Jacobi–Verfahren (4.10), wobei mit den Ungleichungen (4.19) die Konstanten $c_i^{\widetilde{A}}$ und somit die zulässigen Relaxationsparameter fixiert werden können.

**Beispiel 4.1** *Für das aus einer FEM–Approximation resultierende lineare Gleichungssystem $A_h\underline{u} = \underline{f}$ mit der in (2.8) gegebenen Steifigkeitsmatrix $A_h$ wird das $\omega$–Jacobi–Verfahren betrachtet,*

$$\underline{u}^{k+1} = \underline{u}^k - \omega D_h^{-1}(A_h\underline{u}^k - \underline{f}).$$

*Dabei ist $D_h = \text{diag}\, A_h = 2h^{-1} I_{n-1}$. Für den zugehörigen Fehler ergibt sich*

$$\underline{u}^{k+1} - \underline{u} = (I - \omega\frac{h}{2}A_h)(\underline{u}^k - \underline{u}) = (I - \omega\frac{h}{2}A_h)^{k+1}(\underline{u}^0 - \underline{u}).$$

*Wird der Anfangsfehler $\underline{e}^0 = \underline{u}^0 - \underline{u}$ in die in Lemma 2.2 angegebenen Eigenvektoren $\underline{v}^k$ der Steifigkeitsmatrix $A_h$ entwickelt,*

$$\underline{e}^0 = \sum_{\ell=1}^{n-1} \alpha_\ell \underline{v}^\ell,$$

*dann folgt*

$$\begin{aligned}
\underline{e}^{k+1} &= \sum_{\ell=1}^{n-1} \alpha_\ell (I - \omega\frac{h}{2}A_h)^{k+1}\underline{v}^\ell = \sum_{\ell=1}^{n-1} \alpha_\ell [1 - \omega\frac{h}{2}\lambda_\ell(A_h)]^{k+1}\underline{v}^\ell \\
&= \sum_{\ell=1}^{n-1} \alpha_\ell \left[1 - 2\omega\sin^2\frac{\ell\pi}{2n}\right]^{k+1} \underline{v}^\ell.
\end{aligned}$$

*In diesem Fall konvergiert das $\omega$–Jacobi–Verfahren für alle $\omega \in (0,1]$, wobei die Konvergenzrate durch den zu $\ell = 1$ gehörenden Eigenwert*

$$1 - 2\omega\sin^2\frac{\pi}{2n} = 1 - 2\omega\sin^2\frac{\pi h}{2(b-a)} = 1 - \mathcal{O}(h^2)$$

*dominiert wird. Andererseits ist für $\ell = n - 1$*

$$1 - 2\omega\sin^2\frac{\ell\pi}{2n} = 1 - 2\omega\sin^2\frac{(n-1)\pi}{2n} = 1 - 2\omega - \mathcal{O}(h^2)$$

*beziehungsweise für $\ell = n/2$*

$$1 - 2\omega\sin^2\frac{\ell\pi}{2n} = 1 - 2\omega\sin^2\frac{\pi}{4} = 1 - 2\omega\left(\frac{\sqrt{2}}{2}\right)^2 = 1 - \omega.$$

*Für*

$$\omega = \frac{2}{3}$$

*folgt dann*

$$\left|1 - 2\omega\sin^2\frac{\ell\pi}{2n}\right| \leq \frac{1}{3} \quad \text{für } \ell = \frac{n}{2}, \ldots, n-1.$$

*In diesem Fall werden bei der Anwendung des $\omega$–Jacobi–Verfahrens mit $\omega = 2/3$ die Koeffizienten $\alpha_\ell$ des Anfangsfehlers $\underline{e}^0$ mit $\ell = n/2, \ldots, n - 1$ besonders stark gedämpft. Diese entsprechen den* **hochfrequenten** *Eigenvektoren der Steifigkeitsmatrix $A_h$, vergleiche Lemma 2.2. Die verbleibenden Koeffizienten $a_\ell$ für $\ell = 1, \ldots, n/2 - 1$, das heißt für die* **niedrigfrequenten** *Eigenvektoren, entsprechen aber gerade wieder dem Ausgangsproblem für eine Diskretisierung mit doppelter Schrittweite. Mit anderen Worten, der verbleibende Fehler nach einigen Schritten des $\omega$–Jacobi–Verfahrens kann auf einem gröberen Gitter dargestellt werden. Die rekursive Anwendung führt dann auf* **Mehrgitterverfahren** *[23, 31].*

Die Wahl der zulässigen und optimalen Relaxationsparameter $\alpha$ des vorkonditionierten Iterationsverfahrens (4.18) hängt gemäß Satz 4.1 wesentlich von den Konstanten $c_i^{\widetilde{A}}$ der Ungleichungen (4.19) ab. Diese sind aber im allgemeinen unbekannt beziehungsweise können nur näherungsweise bestimmt werden. Deshalb sollen nun Verfahren betrachtet werden, die die Berechnung eines optimalen Relaxationsparameters $\alpha$ in jedem Iterationsschritt beinhalten.

## 4.2   Gradientenverfahren

Für eine reguläre Matrix $A \in I\!\!R^{n \times n}$ und die Lösung $\underline{x} = A^{-1}\underline{f}$ des linearen Gleichungssystems (4.1) definiert

$$F(\underline{z}) = \|\underline{z} - \underline{x}\|^2_{A^\top A} = \|A(\underline{z} - \underline{x})\|^2_2 = \|A\underline{z} - \underline{f}\|^2_2$$

ein nichtnegatives Funktional $F : I\!\!R^n \to I\!\!R$. Für die Lösung $\underline{x} = A^{-1}\underline{f}$ des linearen Gleichungssystems (4.1) gilt offenbar

$$0 = F(\underline{x}) = \min_{\underline{z} \in I\!\!R^n} F(\underline{z}). \tag{4.20}$$

Damit ist die Lösung des linearen Gleichungssystems (4.1) zurückgeführt auf die Lösung des Minimierungsproblems (4.20). Sei $\underline{x}^k$ eine gegebene Näherungslösung mit dem zugehörigen Residuum $\underline{r}^k = A\underline{x}^k - \underline{f}$. Zur Bestimmung einer neuen Näherungslösung $\underline{x}^{k+1}$ wird der Ansatz

$$\underline{x}^{k+1} = \underline{x}^k + \alpha_k \underline{p}^k$$

mit einer noch zu bestimmenden Suchrichtung $\underline{p}^k$ und einem Relaxationsparameter $\alpha_k \in I\!\!R$ betrachtet. Die Suchrichtung $\underline{p}^k$ ergibt sich dabei als Richtung des negativen Gradienten von $F(\underline{z})$ in $\underline{x}^k$,

$$\underline{p}^k = -\nabla F(\underline{z})_{|\underline{z} = \underline{x}^k}.$$

Dabei ist

$$\frac{\partial}{\partial z_j} F(\underline{z}) = \frac{\partial}{\partial z_j} \left( A\underline{z} - \underline{f}, A\underline{z} - \underline{f} \right)$$

$$= \frac{\partial}{\partial z_j} \left[ (A^\top A\underline{z}, \underline{z}) - 2(\underline{z}, A^\top \underline{f}) + (\underline{f}, \underline{f}) \right] = 2 \left( A^\top A\underline{z} - A^\top \underline{f} \right)_j$$

und bei Vernachlässigung des Faktors 2 folgt für die Suchrichtung

$$\underline{p}^k = -A^\top [A\underline{x}^k - \underline{f}] = -A^\top \underline{r}^k$$

und somit für die neue Näherungslösung

$$\underline{x}^{k+1} = \underline{x}^k - \alpha_k A^\top \underline{r}^k. \tag{4.21}$$

Der skalare Relaxationsparameter $\alpha_k \in I\!R$ ergibt sich dann aus

$$F(\underline{x}^{k+1}) = F(\underline{x}^k - \alpha_k A^\top \underline{r}^k) = \min_{\alpha \in I\!R} F(\underline{x}^k - \alpha A^\top \underline{r}^k)$$

mit

$$\begin{aligned} F(\underline{x}^k - \alpha A^\top \underline{r}^k) &= \|A\underline{x}^k - \alpha AA^\top \underline{r}^k - \underline{f}\|_2^2 = \|\underline{r}^k - \alpha AA^\top \underline{r}^k\|_2^2 \\ &= (\underline{r}^k, \underline{r}^k) - 2\alpha(A^\top \underline{r}^k, A^\top \underline{r}^k) + \alpha^2(AA^\top \underline{r}^k, AA^\top \underline{r}^k), \end{aligned}$$

woraus

$$\alpha_k = \frac{(A^\top \underline{r}^k, A^\top \underline{r}^k)}{(AA^\top \underline{r}^k, AA^\top \underline{r}^k)}$$

folgt. Damit ist die Iterationsvorschrift (4.21) wohldefiniert. Jedoch verlangt diese die Multiplikation mit der transponierten Systemmatrix $A^\top$. Im folgenden sollen deshalb Verfahren hergeleitet werden, die allein auf der Anwendung der Systemmatrix $A$ beruhen.

Ein Vergleich mit der Iterationsvorschrift (4.14) motiviert die Betrachtung des Iterationsverfahrens

$$\underline{x}^{k+1} = \underline{x}^k - \alpha_k[A\underline{x}^k - \underline{f}] = \underline{x}^k - \alpha_k \underline{r}^k,$$

wobei der Relaxationsparameter $\alpha_k$ wie oben aus dem Minimierungsproblem

$$F(\underline{x}^{k+1}) = F(\underline{x}^k - \alpha_k \underline{r}^k) = \min_{\alpha \in I\!R} \|\underline{x}^k - \alpha \underline{r}^k\|_2^2$$

mit dem Funktional

$$F(\underline{z}) = \|A\underline{z} - \underline{f}\|_2^2$$

gewonnen werden kann. Daraus ergibt sich

$$\begin{aligned} F(\underline{x}^k - \alpha \underline{r}^k) &= \|A(\underline{x}^k - \alpha \underline{r}^k) - \underline{f}\|_2^2 = \|\underline{r}^k - \alpha A\underline{r}^k\|_2^2 \\ &= (\underline{r}^k, \underline{r}^k) - 2\alpha(A\underline{r}^k, \underline{r}^k) + \alpha^2(A\underline{r}^k, \underline{r}^k) \end{aligned}$$

und somit

$$\alpha_k = \frac{(A\underline{r}^k, \underline{r}^k)}{(A\underline{r}^k, A\underline{r}^k)}.$$

Das resultierende Iterationsverfahren ist das **Gradientenverfahren des minimalen Defekts**.

---

Für eine beliebig gegebene Startnäherung $\underline{x}^0 \in I\!R^n$ sei $\underline{r}^0 = A\underline{x}^0 - \underline{f}$.
Für $k = 0, 1, 2, \ldots$ berechne

$$\varrho_k = (\underline{r}^k, \underline{r}^k) = \|\underline{r}^k\|_2^2.$$

Stoppe, wenn $\varrho_k \leq \varepsilon^2 \varrho_0$ mit einer vorgegebenen Fehlergenauigkeit $\varepsilon$ erreicht ist. Andernfalls bestimme die neue Näherungslösung:

$$\underline{v}^k = A\underline{r}^k, \quad \alpha_k = \frac{(\underline{v}^k, \underline{r}^k)}{(\underline{v}^k, \underline{v}^k)},$$

$$\underline{x}^{k+1} = \underline{x}^k - \alpha_k \underline{r}^k, \quad \underline{r}^{k+1} = \underline{r}^k - \alpha_k \underline{v}^k.$$

---

Algorithmus 4.4: Gradientenverfahren des minimalen Defekts.

**Satz 4.6** *Für alle $\underline{x} \in I\!\!R^n$ gelte*

$$(A\underline{x}, \underline{x}) \geq c_1^A \|\underline{x}\|_2^2, \quad \|A\underline{x}\|_2 \leq c_2^A \|\underline{x}\|_2$$

*Dann konvergiert das Gradientenverfahren des minimalen Defekts mit*

$$\|\underline{x}^{k+1} - \underline{x}\|_{A^\top A}^2 \leq \left[ 1 - \left( \frac{c_1^A}{c_2^A} \right)^2 \right]^{k+1} \|\underline{x}^0 - \underline{x}\|_{A^\top A}^2.$$

**Beweis:** Mit

$$
\begin{aligned}
(\underline{r}^k, \underline{x}^k - \underline{x})_{A^\top A} &= (A\underline{r}^k, A(\underline{x}^k - \underline{x})) = (A\underline{r}^k, \underline{r}^k) \\
&\geq c_1^A \|\underline{r}^k\|_2^2 = \|A(\underline{x}^k - \underline{x})\|_2^2 = \|\underline{x}^k - \underline{x}\|_{A^\top A}^2
\end{aligned}
$$

und

$$\|\underline{r}^k\|_{A^\top A} = \|A\underline{r}^k\|_2 \leq c_2^A \|\underline{r}^k\|_2 = c_2^A \|A(\underline{x}^k - \underline{x})\|_2 = c_2^A \|\underline{x}^k - \underline{x}\|_{A^\top A}$$

folgt

$$
\begin{aligned}
\|\underline{x}^k - \alpha\underline{r}^k - \underline{x}\|_{A^\top A}^2 &= \|\underline{x}^k - \underline{x}\|_{A^\top A}^2 - 2\alpha(\underline{r}^k, \underline{x}^k - \underline{x})_{A^\top A} + \alpha^2 \|\underline{r}^k\|_{A^\top A}^2 \\
&\leq \left[ 1 - 2\alpha c_1^A + \alpha^2 (c_2^A)^2 \right] \|\underline{x}^k - \underline{x}\|_{A^\top A}^2.
\end{aligned}
$$

Für

$$\hat{\underline{x}}^{k+1} = \underline{x}^k - \hat{\alpha}_k \underline{r}^k, \quad \hat{\alpha}_k = \frac{c_1^A}{[c_2^A]^2}$$

gilt dann

$$\|\hat{\underline{x}}^{k+1} - \underline{x}\|_{A^\top A}^2 \leq \left[ 1 - \left( \frac{c_1^A}{c_2^A} \right)^2 \right] \|\underline{x}^k - \underline{x}\|_{A^\top A}^2.$$

Die Behauptung folgt schließlich aus

$$\|\underline{x}^{k+1} - \underline{x}\|_{A^\top A}^2 = \min_{\alpha \in I\!\!R} \|\underline{x}^k - \alpha\underline{r}^k - \underline{x}\|_{A^\top A}^2 \leq \|\hat{\underline{x}}^{k+1} - \underline{x}\|_{A^\top A}^2. \qquad \blacksquare$$

Ist die Matrix $A$ symmetrisch und positiv definit, so kann das Funktional

$$F(\underline{z}) = \|\underline{z} - \underline{x}\|_A^2 = (A(\underline{z} - \underline{x}), \underline{z} - \underline{x})_2$$

mit der durch $A$ induzierten Vektornorm $\| \cdot \|_A$ eingeführt werden. Wegen

$$F(\underline{z}) = \|\underline{z} - \underline{x}\|_A^2 = (A\underline{z}, \underline{z}) - 2(\underline{f}, \underline{z}) + \|\underline{x}\|_A^2$$

ergibt sich für die Auswertung des Gradienten von $F$ für eine gegebene Näherungslösung $\underline{x}^k$ zur Minimierung des Funktionals

$$\nabla F(\underline{z})_{|\underline{z} = \underline{x}^k} = 2(A\underline{z} - \underline{f})_{|\underline{z} = \underline{x}^k} = 2(A\underline{x}^k - \underline{f}) = 2\underline{r}^k.$$

Zur Bestimmung der neuen Näherungslösung

$$\underline{x}^{k+1} = \underline{x}^k - \alpha_k \underline{r}^k$$

bleibt das Funktional $F(\underline{x}^{k+1})$ bezüglich dem reellen Parameter $\alpha_k$ zu minimieren,

$$F(\underline{x}^{k+1}) = F(\underline{x}^k - \alpha_k \underline{r}^k) = \min_{\alpha \in I\!R} F(\underline{x}^k - \alpha \underline{r}^k).$$

Wegen

$$\begin{aligned} F(\underline{x}^k - \alpha \underline{r}^k) &= \|\underline{x}^k - \alpha \underline{r}^k - \underline{x}\|_A^2 \\ &= (A(\underline{x}^k - \underline{x} - \alpha \underline{r}^k), \underline{x}^k - \underline{x} - \alpha \underline{r}^k) \\ &= (A(\underline{x}^k - \underline{x}), \underline{x}^k - \underline{x}) - 2\alpha(A(\underline{x}^k - \underline{x}), \underline{r}^k) + \alpha^2 (A\underline{r}^k, \underline{r}^k) \\ &= F(\underline{x}^k) - 2\alpha(\underline{r}^k, \underline{r}^k) + \alpha^2 (A\underline{r}^k, \underline{r}^k) \end{aligned}$$

wird das Minimum angenommen für

$$\alpha_k = \frac{(\underline{r}^k, \underline{r}^k)}{(A\underline{r}^k, \underline{r}^k)}.$$

Das resultierende Verfahren ist das **Gradientenverfahren des steilsten Abstiegs**.

---

Für eine beliebig gegebene Startnäherung $\underline{x}^0 \in I\!R^n$ sei $\underline{r}^0 = A\underline{x}^0 - \underline{f}$.
Für $k = 0, 1, 2, \ldots$ berechne
$$\varrho_k = (\underline{r}^k, \underline{r}^k) = \|\underline{r}^k\|_2^2.$$
Stoppe, wenn $\varrho_k \leq \varepsilon^2 \varrho_0$ mit einer vorgegebenen Fehlergenauigkeit $\varepsilon$ erreicht ist. Andernfalls bestimme die neue Näherungslösung:
$$\underline{v}^k = A\underline{r}^k, \quad \alpha_k = \frac{(\underline{r}^k, \underline{r}^k)}{(\underline{v}^k, \underline{r}^k)},$$
$$\underline{x}^{k+1} = \underline{x}^k - \alpha_k \underline{r}^k, \quad \underline{r}^{k+1} = \underline{r}^k - \alpha_k \underline{v}^k.$$

---

Algorithmus 4.5: Gradientenverfahren des steilsten Abstiegs.

**Satz 4.7** *Sei $A$ symmetrisch und positiv definit und gelte*

$$(A\underline{x}, \underline{x}) \geq c_1^A \|\underline{x}\|_2^2, \quad \|A\underline{x}\|_2 \leq c_2^A \|\underline{x}\|_2$$

*für alle $\underline{x} \in I\!R^n$. Dann konvergiert das Gradientenverfahren des steilsten Abstiegs mit*

$$\|\underline{x}^{k+1} - \underline{x}\|_A^2 \leq \left[ 1 - \left( \frac{c_1^A}{c_2^A} \right)^2 \right]^{k+1} \|\underline{x}^0 - \underline{x}\|_A^2.$$

**Beweis:** Für die symmetrische und positiv definite Matrix $A$ gilt die Faktorisierung $A = VDV^\top$ mit der durch die orthogonalen Eigenvektoren von $A$ gebildeten Matrix $V$ und mit der Diagonalmatrix $D = \operatorname{diag}(\lambda_k(A))_{k=1}^n$ mit den positiven Eigenwerten $\lambda_k(A)$ von $A$. Dann ist $A = A^{1/2}A^{1/2}$ mit der symmetrischen und positiv definiten Matrix $A^{1/2} = VD^{1/2}V^\top$, $D^{1/2} = \operatorname{diag}(\sqrt{\lambda_k(A)})_{k=1}^n$.

Aus den Voraussetzungen an die symmetrische und positiv definite Matrix $A$ folgt dann

$$
\begin{aligned}
(\underline{r}^k, \underline{x}^k - \underline{x})_A &= (\underline{r}^k, A(\underline{x}^k - \underline{x})) = (A(\underline{x}^k - \underline{x}), A(\underline{x}^k - \underline{x})) \\
&= (AA^{1/2}(\underline{x}^k - \underline{x}), A^{1/2}(\underline{x}^k - \underline{x})) \\
&\geq c_1^A \, \|A^{1/2}(\underline{x}^k - \underline{x})\|_2^2 = c_1^A \, \|\underline{x}^k - \underline{x}\|_A^2
\end{aligned}
$$

sowie

$$
\begin{aligned}
\|\underline{r}^k\|_A^2 &= (A\underline{r}^k, \underline{r}^k) = (AA(\underline{x}^k - \underline{x}), A(\underline{x}^k - \underline{x})) \\
&= (AA^{1/2}(\underline{x}^k - \underline{x}), AA^{1/2}(\underline{x}^k - \underline{x})) \\
&= \|AA^{1/2}(\underline{x}^k - \underline{x})\|_2^2 \leq (c_2^A)^2 \, \|A^{1/2}(\underline{x}^k - \underline{x})\|_2^2 = (c_2^A)^2 \, \|\underline{x}^k - \underline{x}\|_A^2.
\end{aligned}
$$

Dann ist

$$
\begin{aligned}
\|\underline{x}^k - \alpha\underline{r}^k - \underline{x}\|_A^2 &= \|\underline{x}^k - \underline{x}\|_A^2 - 2\alpha(\underline{r}^k, \underline{x}^k - \underline{x})_A + \alpha^2\|\underline{r}^k\|_A^2 \\
&\leq \left[1 - 2\alpha c_1^A + \alpha^2(c_2^A)^2\right] \|\underline{x}^k - \underline{x}\|_A^2.
\end{aligned}
$$

Für

$$
\hat{\underline{x}}^{k+1} = \underline{x}^k - \hat{\alpha}_k\underline{r}^k, \quad \hat{\alpha}_k = \frac{c_1^A}{[c_2^A]^2}
$$

gilt dann

$$
\|\hat{\underline{x}}^{k+1} - \underline{x}\|_A^2 \leq \left[1 - \left(\frac{c_1^A}{c_2^A}\right)^2\right] \|\underline{x}^k - \underline{x}\|_A^2.
$$

Die Behauptung folgt schließlich aus

$$
\|\underline{x}^{k+1} - \underline{x}\|_A^2 = \min_{\alpha \in \mathbb{R}} \|\underline{x}^k - \alpha\underline{r}^k - \underline{x}\|_A^2 \leq \|\hat{\underline{x}}^{k+1} - \underline{x}\|_A^2.
$$

$\blacksquare$

**Beispiel 4.2** *Die Anwendung des* **Gradientenverfahrens des steilsten Abstiegs** *soll am Beispiel der iterativen Lösung des linearen Gleichungssystems*

$$
\begin{pmatrix} 2 & 1 \\ 1 & 2 \end{pmatrix} \begin{pmatrix} x_1 \\ x_2 \end{pmatrix} = \begin{pmatrix} 5 \\ 4 \end{pmatrix}
$$

*mit der exakten Lösung $x_1 = 2$ und $x_2 = 1$ veranschaulicht werden. Für das zu minimierende Funktional ergibt sich dann*

$$F(\underline{z}) = \|\underline{z} - \underline{x}\|_A^2 = \left( \begin{pmatrix} 2 & 1 \\ 1 & 2 \end{pmatrix} \begin{pmatrix} z_1 - 2 \\ z_2 - 1 \end{pmatrix}, \begin{pmatrix} z_1 - 2 \\ z_2 - 1 \end{pmatrix} \right).$$

*In Tabelle 4.1 sind die Näherungslösungen $\underline{x}^k$ und die zugehörigen Werte des Funktionals $F(\underline{x}^k)$ angegeben.*

| $k$ | $x_1^k$ | $x_2^k$ | $F(\underline{x}^k)$ |
|---|---|---|---|
| 0 | 0.000 | 0.000 | 14 |
| 1 | 1.680 | 1.344 | 2.213 −1 |
| 2 | 1.968 | 0.984 | 3.499 −3 |
| 3 | 1.995 | 1.005 | 5.530 −5 |

Tabelle 4.1: Näherungslösungen $\underline{x}^k$.

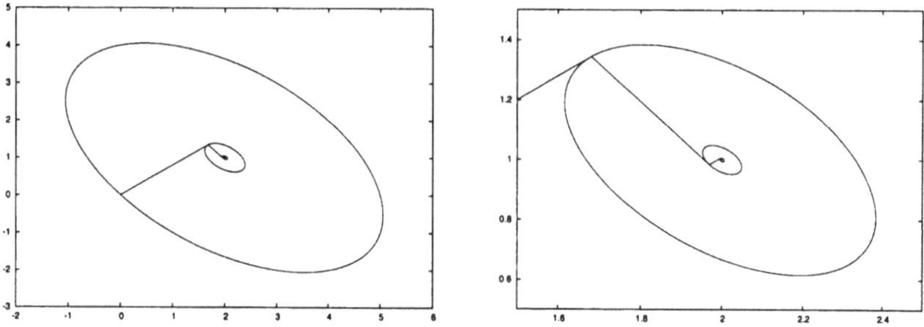

Abbildung 4.1:
Konvergenzverhalten des Gradientenverfahrens des steilsten Abstiegs.

*Die Näherungslösungen $\underline{x}^k$ und die dadurch beschriebenen Äquipotentiallinien des Funktionals $F(\underline{z}) = F(\underline{x}^k)$ veranschaulichen in Abbildung 4.1 einen Nachteil von Gradientenverfahren: Zueinander parallele oder fast parallele Suchrichtungen können während der Iteration mehrmals durchlaufen werden. Dies motiviert die **Orthogonalisierung** von Suchrichtungen.*

# Kapitel 5

# Verfahren orthogonaler Richtungen

Für die Lösung des linearen Gleichungssystems

$$A\underline{x} = \underline{f} \tag{5.1}$$

sollen in diesem Kapitel verschiedene Verfahren hergeleitet werden, die alle auf der Konstruktion orthogonaler Vektorsysteme basieren. Eine symmetrische und positiv definite Matrix $A$ induziert ein Skalarprodukt, bezüglich dem ein System $A$–orthogonaler Vektoren erzeugt werden kann. Dieser Zugang führt auf das Verfahren konjugierter Gradienten. Für nichtsymmetrische sowie indefinite Matrizen $A$ sind andere Zugänge erforderlich. Neben der Minimierung des Residuums in der Euklidischen Vektornorm können biorthogonale Vektorsysteme zur Lösung des linearen Gleichungssystems (5.1) konstruiert werden.

## 5.1 Verfahren konjugierter Gradienten

Gegeben sei eine symmetrische und positiv definite Matrix $A \in I\!\!R^{n\times n}$. Ein System $\{\underline{p}^\ell\}_{\ell=0}^{n-1}$ von linear unabhängigen Vektoren heißt **A–orthogonal** beziehungsweise **konjugiert**, falls

$$(A\underline{p}^k, \underline{p}^\ell) = 0 \quad \text{für alle } k \neq \ell \tag{5.2}$$

und, als Folge der positiven Definitheit von $A$,

$$(A\underline{p}^k, \underline{p}^k) > 0$$

erfüllt ist. Für ein gegebenes System $\{\underline{w}\}_{\ell=0}^{n-1}$ linear unabhängiger Vektoren kann durch das **Gram–Schmidt–Orthogonalisierungsverfahren** stets ein System $A$–orthogonaler Vektoren bestimmt werden:

$$\boxed{\begin{array}{l} \text{Setze} \\[4pt] \quad \underline{p}^0 := \underline{w}^0 \\[4pt] \text{Für } k = 0, \ldots, n-2 \text{ berechne} \\[4pt] \quad \underline{p}^{k+1} := \underline{w}^{k+1} - \sum_{\ell=0}^{k} \beta_{k,\ell}\underline{p}^\ell, \quad \beta_{k,\ell} = \dfrac{(A\underline{w}^{k+1}, \underline{p}^\ell)}{(A\underline{p}^\ell, \underline{p}^\ell)} \end{array}}$$

Algorithmus 5.1: Konstruktion $A$–orthogonaler Vektoren.

Das durch Algorithmus 5.1 konstruierte Vektorsystem $A$-orthogonaler Vektoren bildet eine Basis des $I\!\!R^n$, das heißt die Lösung des linearen Gleichungssystems $A\underline{x} = \underline{f}$ erlaubt die Darstellung

$$\underline{x} = \underline{x}^0 - \sum_{\ell=0}^{n-1} \alpha_\ell \underline{p}^\ell \tag{5.3}$$

mit einem beliebig gegebenen Vektor $\underline{x}^0 \in I\!\!R^n$; zu bestimmen bleiben die Zerlegungskoeffizienten $\alpha_\ell$ für $\ell = 0, \ldots, n-1$. Einsetzen des Lösungsansatzes (5.3) in das lineare Gleichungssystem (5.1) ergibt

$$A\underline{x} = A\underline{x}^0 - \sum_{\ell=0}^{n-1} \alpha_\ell A\underline{p}^\ell = \underline{f},$$

und durch Bilden des Euklidischen Skalarproduktes mit $\underline{p}^k$ ergibt sich

$$(A\underline{x}^0, \underline{p}^k) - \sum_{\ell=0}^{n-1} \alpha_\ell (A\underline{p}^\ell, \underline{p}^k) = (\underline{f}, \underline{p}^k) \quad \text{für } k = 0, \ldots, n-1.$$

Mit der Orthogonalität (5.2) folgt daraus

$$(A\underline{x}^0, \underline{p}^k) - \alpha_k (A\underline{p}^k, \underline{p}^k) = (\underline{f}, \underline{p}^k) \quad \text{für } k = 0, \ldots, n-1$$

beziehungsweise

$$\alpha_k = \frac{(A\underline{x}^0 - \underline{f}, \underline{p}^k)}{(A\underline{p}^k, \underline{p}^k)} \quad \text{für } k = 0, \ldots, n-1.$$

Für $k = 0, 1, \ldots, n-1$ wird nun eine Folge von Näherungslösungen

$$\underline{x}^{k+1} = \underline{x}^0 - \sum_{\ell=0}^{k} \alpha_\ell \underline{p}^\ell = \underline{x}^0 - \sum_{\ell=0}^{k-1} \alpha_\ell \underline{p}^\ell - \alpha_k \underline{p}^k = \underline{x}^k - \alpha_k \underline{p}^k$$

mit dem zugehörigen Residuum

$$\underline{r}^{k+1} = A\underline{x}^{k+1} - \underline{f} = A\underline{x}^k - \alpha_k A\underline{p}^k - \underline{f} = \underline{r}^k - \alpha_k A\underline{p}^k \tag{5.4}$$

definiert. Für den Zähler des Koeffizienten $\alpha_k$ folgt dann aus der $A$–Orthogonalität (5.2) der Vektoren $\underline{p}^k$

$$(A\underline{x}^0 - \underline{f}, \underline{p}^k) = (A\underline{x}^0 - \sum_{\ell=0}^{k-1} \alpha_\ell A\underline{p}^\ell - \underline{f}, \underline{p}^k) = (A\underline{x}^k - \underline{f}, \underline{p}^k) = (\underline{r}^k, \underline{p}^k)$$

und somit

$$\alpha_k = \frac{(\underline{r}^k, \underline{p}^k)}{(A\underline{p}^k, \underline{p}^k)} \quad \text{für } k = 0, \ldots, n-1. \tag{5.5}$$

Bevor die konkrete Wahl der Ausgangsvektoren $\{\underline{w}^\ell\}_{\ell=0}^{n-1}$ und somit der $A$–orthogonalen Vektoren $\{\underline{p}^\ell\}_{\ell=}^{n-1}$ diskutiert werden kann, sollen zunächst einige Eigenschaften der Näherungslösungen $\underline{x}^{k+1}$ beziehungsweise der zugehörigen Residuen $\underline{r}^{k+1}$ abgeleitet werden.

**Lemma 5.1** *Für $k = 0, \ldots, n-2$ gilt die Orthogonalität*

$$(\underline{r}^{k+1}, \underline{p}^\ell) = 0 \quad \text{für } \ell = 0, \ldots, k. \tag{5.6}$$

**Beweis:** Der Beweis erfolgt durch vollständige Induktion nach $k$. Sei zunächst $k = 0$, dann gilt nach (5.4)

$$(\underline{r}^1, \underline{p}^0) = (\underline{r}^0 - \alpha_0 A\underline{p}^0, \underline{p}^0) = (\underline{r}^0, \underline{p}^0) - \frac{(\underline{r}^0, \underline{p}^0)}{(A\underline{p}^0, \underline{p}^0)}(A\underline{p}^0, \underline{p}^0) = 0$$

und somit die Behauptung für $\ell = k = 0$. Sei die Behauptung für $k \geq 0$ erfüllt, das heißt es gelte die Induktionsvoraussetzung

$$(\underline{r}^k, \underline{p}^\ell) = 0 \quad \text{für } \ell = 0, \ldots, k-1. \tag{5.7}$$

Zu zeigen ist die Behauptung für $k + 1$. Für $\ell = k$ ist

$$(\underline{r}^{k+1}, \underline{p}^k) = (\underline{r}^k, \underline{p}^k) - \alpha_k(A\underline{p}^k, \underline{p}^k) = (\underline{r}^k, \underline{p}^k) - \frac{(\underline{r}^k, \underline{p}^k)}{(A\underline{p}^k, \underline{p}^k)}(A\underline{p}^k, \underline{p}^k) = 0.$$

Für $\ell < k$ ist

$$(\underline{r}^{k+1}, \underline{p}^\ell) = (\underline{r}^k, \underline{p}^\ell) - \alpha_k(A\underline{p}^k, \underline{p}^\ell),$$

und die Behauptung folgt nun aus der Induktionsvorausetzung (5.7) und der $A$–Orthogonalität (5.2).    ■

Die Orthogonalität zwischen dem Residuum $\underline{r}^{k+1}$ und den $A$–orthogonalen Suchrichtungen $\underline{p}^\ell$ kann auch auf die Ausgangsvektoren $\underline{w}^\ell$ übertragen werden:

**Lemma 5.2** *Für $k = 0, \ldots, n-2$ gilt die Orthogonalität*

$$(\underline{r}^{k+1}, \underline{w}^\ell) = 0 \quad \text{für alle } \ell = 0, \ldots, k. \tag{5.8}$$

**Beweis:** Aus der Konstruktion der Suchrichtungen $\underline{p}^{k+1}$ nach Algorithmus 5.1 folgt die Darstellung

$$\underline{w}^{\ell} = \underline{p}^{\ell} + \sum_{j=0}^{\ell-1} \beta_{\ell-1,j}\underline{p}^{j}\,.$$

Dann ist

$$(\underline{r}^{k+1},\underline{w}^{\ell}) = (\underline{r}^{k+1},\underline{p}^{\ell}) + \sum_{j=0}^{\ell-1} \beta_{\ell-1,j}(\underline{r}^{k+1},\underline{p}^{j}) = 0$$

durch Anwendung von Lemma 5.1. $\qquad\blacksquare$

Wegen der Orthogonalität des Residuums $\underline{r}^{k+1}$ auf allen vorherigen Suchrichtungen $\underline{w}^{\ell}$ für $\ell = 0,\dots,k$ folgt insbesondere die lineare Unabhängigkeit des Vektorsystems

$$\left\{\underline{w}^{0},\underline{w}^{1},\dots,\underline{w}^{k},\underline{r}^{k+1}\right\}.$$

Für die Berechnung von $\underline{r}^{k+1}$ werden jedoch nur die orthogonalen Vektoren $\underline{p}^{\ell}$ für $\ell = 0,\dots,k$ und somit nur die Ausgangsvektoren $\underline{w}^{\ell}$ für $\ell = 0,\dots,k$ benötigt. Damit kann als neuer Ausgangsvektor

$$\underline{w}^{k+1} = \underline{r}^{k+1} \quad \text{für alle } k = 0,\dots,n-2$$

beziehungsweise $\underline{w}^{0} = \underline{r}^{0}$ gewählt werden. Aus der Orthogonalität (5.8) folgt dann

$$(\underline{r}^{k+1},\underline{w}^{\ell}) = (\underline{r}^{k+1},\underline{r}^{\ell}) = 0 \quad \text{für alle } \ell = 0,\dots,k. \tag{5.9}$$

Für den Zähler der in (5.5) erklärten Zerlegungskoeffizienten $\alpha_k$ ergibt sich dann unter Ausnutzung von Lemma 5.1

$$(\underline{r}^{k},\underline{p}^{k}) = (\underline{r}^{k},\underline{r}^{k} - \sum_{\ell=0}^{k-1} \beta_{k-1,\ell}\underline{p}^{\ell}) = (\underline{r}^{k},\underline{r}^{k}) =: \varrho_k \geq 0. \tag{5.10}$$

Für $\varrho_k = 0$ folgt $\underline{r}^{k} = \underline{0}$ und somit ist $\underline{x}^{k} = \underline{x}$ die exakte Lösung des linearen Gleichungssystems $A\underline{x} = \underline{f}$. Deshalb sei $\varrho_\ell > 0$ und somit $\alpha_\ell > 0$ für alle $\ell \leq k$ vorausgesetzt.

Für die spezielle Wahl der Ausgangsvektoren $\underline{w}^{k} = \underline{r}^{k}$ kann Algorithmus 5.1 zur Erzeugung des $A$–orthogonalen Vektorsystems $\{\underline{p}^{\ell}\}_{\ell=0}^{n-1}$ umformuliert werden: Mit der Symmetrie von $A = A^{\mathsf{T}}$ und der Rekursionsvorschrift (5.4) ist zunächst für den Zähler von $\beta_{k\ell}$

$$(A\underline{w}^{k+1},\underline{p}^{\ell}) = (\underline{r}^{k+1},A\underline{p}^{\ell}) = \frac{1}{\alpha_\ell}(\underline{r}^{k+1},\underline{r}^{\ell} - \underline{r}^{\ell+1}) \quad \text{für } \ell = 0,\dots,k$$

und mit der Orthogonalität (5.9) folgt

$$(A\underline{r}^{k+1},\underline{p}^{\ell}) = 0 \quad \text{für } \ell = 0,\dots,k-1$$

und somit $\beta_{k\ell} = 0$ für $\ell = 0, \ldots, k-1$ sowie

$$(A\underline{r}^{k+1}, \underline{p}^k) = -\frac{1}{\alpha_k}(\underline{r}^{k+1}, \underline{r}^{k+1}) = -\frac{\varrho_{k+1}}{\alpha_k} \quad \text{für } \ell = k.$$

Damit ergibt sich die neue Suchrichtung $\underline{p}^{k+1}$ in Algorithmus 5.1 aus

$$\underline{p}^{k+1} = \underline{r}^{k+1} - \beta_{kk}\underline{p}^k, \quad \beta_{kk} = -\frac{\varrho_{k+1}}{\alpha_k(A\underline{p}^k, \underline{p}^k)}.$$

Für den Nenner von $\beta_{kk}$ ergibt sich wiederum aus der Rekursionsvorschrift (5.4), der Orthogonalität (5.9) und (5.10)

$$\alpha_k(A\underline{p}^k, \underline{p}^k) = (\underline{r}^k - \underline{r}^{k+1}, \underline{p}^k) = (\underline{r}^k, \underline{p}^k) = \varrho_k.$$

Somit folgt für die Berechnung des $A$-orthogonalen Vektorsystems $\{\underline{p}^\ell\}_{\ell=0}^{n-1}$ in Algorithmus 5.1 die Vorschrift

$$\underline{p}^0 := \underline{r}^0, \quad \underline{p}^{k+1} := \underline{r}^{k+1} + \beta_k\underline{p}^k \quad \text{mit } \beta_k := \frac{\varrho_{k+1}}{\varrho_k} \quad \text{für } k = 0, \ldots, n-2.$$

Die resultierende Methode ist das **Verfahren konjugierter Gradienten (CG)**, welches auf Hestenes und Stiefel [29] zurückgeht.

---

Für eine beliebig gegebene Startnäherung $\underline{x}^0 \in I\!R^n$ sei $\underline{r}^0 = A\underline{x}^0 - \underline{f}$. Setze $\underline{p}^0 := \underline{r}^0$ und berechne $\varrho_0 = (\underline{r}^0, \underline{r}^0)$. Stoppe, falls $\varrho_0 < \varepsilon^2$ mit einer vorgegebenen Fehlergenauigkeit $\varepsilon$ erreicht ist.

Berechne für $k = 0, 1, \ldots, n-2$:

$$\underline{s}^k = A\underline{p}^k, \ \sigma_k = (\underline{s}^k, \underline{p}^k), \ \alpha_k = \frac{\varrho_k}{\sigma_k}$$

$$\underline{x}^{k+1} := \underline{x}^k - \alpha_k\underline{p}^k$$

$$\underline{r}^{k+1} := \underline{r}^k - \alpha_k\underline{s}^k$$

$$\varrho_{k+1} := (\underline{r}^{k+1}, \underline{r}^{k+1})$$

Stoppe, falls $\varrho_{k+1} < \varepsilon^2\varrho_0$ mit einer vorgegebenen Fehlergenauigkeit $\varepsilon$ erreicht ist. Berechne andernfalls die neue Suchrichtung

$$\underline{p}^{k+1} := \underline{r}^{k+1} + \beta_k\underline{p}^k, \ \beta_k := \frac{\varrho_{k+1}}{\varrho_k}$$

---

Algorithmus 5.2: Iterationsvorschrift des konjugierten Gradientenverfahrens.

Sowohl für die Konvergenzanalyse des Verfahrens konjugierter Gradienten wie auch für die Herleitung entsprechender Verfahren für Gleichungssysteme mit nichtsymmetrischen Matrizen bietet sich eine Darstellung der auftretenden Vektoren durch Matrix-Polynome in Abhängigkeit des Anfangsresiduums $\underline{r}^0$ an.

Ausgehend von der Initialisierung

$$\underline{r}^0 = \varphi_0(A)\underline{r}^0, \quad \underline{p}^0 = \psi_0(A)\underline{r}^0 \quad \text{mit } \varphi_0(A) = \psi_0(A) = I \in I\!R^{n \times n}$$

können die Rekursionsvorschriften für das Residuum $\underline{r}^{k+1}$ beziehungsweise für die Suchrichtung $\underline{p}^{k+1}$ durch Matrixpolynome $\varphi_{k+1}(A)$ beziehungsweise $\psi_{k+1}(A)$ ausgedrückt werden,

$$\varphi_{k+1}(A)\underline{r}^0 = \underline{r}^{k+1} = \underline{r}^k - \alpha_k A\underline{p}^k = \varphi_k(A)\underline{r}^0 - \alpha_k A\psi_k(A)\underline{r}^0,$$

beziehungsweise

$$\psi_{k+1}(A)\underline{r}^0 = \underline{p}^{k+1} = \underline{r}^{k+1} + \beta_k \underline{p}^k = \varphi_{k+1}(A)\underline{r}^0 + \beta_k \psi_k(A)\underline{r}^0,$$

und somit

$$\varphi_{k+1}(A) = \varphi_k(A) - \alpha_k A\psi_k(A), \quad \psi_{k+1}(A) = \varphi_{k+1}(A) + \beta_k \psi_k(A).$$

Durch vollständige Induktion folgt dann $\varphi_k, \psi_k \in \Pi_k$, d.h. $\varphi_k(A)$ und $\psi_k(A)$ sind Matrixpolynome in $A$ mit Polynomgrad $k$. Insbesondere gilt dann

$$\underline{r}^k = \varphi_k(A)\underline{r}^0 \in \text{span}\{\underline{r}^0, A\underline{r}^0, A^2\underline{r}^0, \ldots, A^k\underline{r}^0\} = S_k(A, \underline{r}^0).$$

Hierbei bezeichnet $S_k(A, \underline{r}^0)$ den $k$–ten **Krylov–Raum** der Matrix $A$ zum Anfangsresiduum $\underline{r}^0$. Nach Konstruktion ist

$$S_k(A, \underline{r}^0) = \text{span}\{\underline{p}^0, \underline{p}^1, \ldots, \underline{p}^k\}$$

eine $A$–orthogonale Basis von $S_k(A, \underline{r}^0)$.

**Folgerung 5.1** *Mit Lemma 5.1 ist zunächst*

$$(\underline{r}^{k+1}, \underline{v}) = 0 \quad \textit{für alle } \underline{v} \in S_k(A, \underline{r}^0).$$

*Für ein beliebiges $\underline{v} \in S_k(A, \underline{r}^0)$ gilt andererseits die Darstellung*

$$\underline{v} = \sum_{\ell=0}^{k} v_\ell \underline{p}^\ell = \sum_{\ell=0}^{k} \tilde{v}_\ell A^\ell \underline{r}^0 = \phi_k(A)\underline{r}^0$$

*mit einem durch die Koeffizienten $\tilde{v}_\ell$ definierten Polynom $\phi_k \in \Pi_k$ und somit*

$$(\underline{r}^{k+1}, \phi_k(A)\underline{r}^0) = 0 \quad \textit{für alle } \phi_k \in \Pi_k.$$

**Satz 5.1** *Für eine symmetrische und positiv definite Matrix $A = A^\top > 0$ konvergiert das konjugierte Gradientenverfahren mit der Konvergenzabschätzung*

$$\|\underline{x}^{k+1} - \underline{x}\|_A \leq \frac{2q^k}{1 + q^{2k}} \|\underline{e}^0\|_A$$

*und*

$$q = \frac{\sqrt{\kappa_2(A)} + 1}{\sqrt{\kappa_2(A)} - 1}, \quad \kappa_2(A) = \|A\|_2 \|A^{-1}\|_2 = \frac{\lambda_{\max}(A)}{\lambda_{\min}(A)}.$$

**Beweis:** Für die durch das konjugierte Gradientenverfahren konstruierte Näherungslösung

$$\underline{x}^k = \underline{x}^0 - \sum_{\ell=0}^{k-1} \alpha_\ell \underline{p}^\ell$$

folgt aus der $A$–Orthogonalität der Suchrichtungen $\underline{p}^\ell$ für die durch die symmetrische und positiv definite Matrix $A$ induzierte Norm des Fehlers

$$\|\underline{x}^k - \underline{x}\|_A^2 = \|\sum_{\ell=k}^{n-1} \alpha_\ell \underline{p}^\ell\|_A^2 = \sum_{\ell=k}^{n-1}\sum_{j=k}^{n-1} \alpha_\ell \alpha_j (A\underline{p}^\ell, \underline{p}^j) = \sum_{\ell=k}^{n-1} \alpha_\ell^2 \|\underline{p}^\ell\|_A^2.$$

Für eine beliebige Linearkombination

$$\underline{w} = \sum_{\ell=0}^{k-1} w_\ell \underline{p}^\ell$$

mit beliebigen Koeffizienten $w_0, \ldots, w_{k-1}$ folgt analog

$$\|\underline{x}^0 - \underline{w} - \underline{x}\|_A^2 = \sum_{\ell=0}^{k-1} [w_\ell - \alpha_\ell]^2 \|\underline{p}^\ell\|_A^2 + \sum_{\ell=k}^{n-1} \alpha_\ell^2 \|\underline{p}^\ell\|_A^2,$$

und somit

$$\|\underline{x}^k - \underline{x}\|_A \leq \|\underline{x}^0 - \underline{w} - \underline{x}\|_A \quad \text{für alle } \underline{w} \in S_{k-1}(A, \underline{r}^0).$$

Die Näherungslösung $\underline{x}^k$ ist also Lösung des Minimierungsproblems

$$\|\underline{x}^k - \underline{x}\|_A = \min_{\underline{w} \in S_{k-1}(A, \underline{r}^0)} \|\underline{x}^0 - \underline{w} - \underline{x}\|_A.$$

Mit

$$\underline{r}^0 = A\underline{x}^0 - \underline{f} = A(\underline{x}^0 - \underline{x}) = A\underline{e}^0, \quad \underline{e}^0 = \underline{x}^0 - \underline{x}$$

ergibt sich

$$\underline{x}^0 - \underline{w} - \underline{x} = \underline{e}^0 - \sum_{\ell=0}^{k-1} w_\ell A^\ell \underline{r}^0 = \underline{e}^0 - \sum_{\ell=0}^{k-1} w_\ell A^{\ell+1} \underline{e}^0 = \sum_{\ell=0}^{k} \widetilde{w}_\ell A^\ell \underline{e}^0,$$

wobei $\widetilde{w}_0 = 1$ gesetzt wird. Damit gilt

$$\underline{x}^0 - \underline{w} - \underline{x} = p_k(A)\underline{e}^0$$

mit einem Matrix–Polynom $p_k \in \Pi_k^1$, das heißt $\underline{x}^k$ ist Lösung des Minimierungsproblems

$$\|\underline{x}^k - \underline{x}\|_A = \min_{p_k \in \Pi_k^1} \|p_k(A)\underline{e}^0\|_A.$$

Die Eigenvektoren $\{\underline{v}^j\}_{j=1}^n$ der symmetrischen und positiv definiten Matrix $A$ bilden ein Orthonormalsystem. Die zugehörigen Eigenwerte von $A$ seien $\lambda_j(A)$. Dann ergibt sich für den Anfangsfehler

$$\underline{e}^0 = \sum_{j=1}^n (\underline{e}^0, \underline{v}^j)\underline{v}^j$$

und in der Folge

$$p_k(A)\underline{e}^0 = p_k(A)\sum_{j=1}^n (\underline{e}^0, \underline{v}^j)\underline{v}^j = \sum_{j=1}^n (\underline{e}^0, \underline{v}^j)p_k(A)\underline{v}^j = \sum_{j=1}^n (\underline{e}^0, \underline{v}^j)p_k(\lambda_j(A))\underline{v}^j.$$

Aus der Orthonormalität der Eigenvektoren $\underline{v}^j$ ergibt sich weiterhin

$$
\begin{aligned}
\|p_k(A)\underline{e}^0\|_A^2 &= (Ap_k(A)\underline{e}^0, p_k(A)\underline{e}^0)\\
&= (A\sum_{j=1}^n (\underline{e}^0, \underline{v}^j)p_k(\lambda_j(A))\underline{v}^j, \sum_{i=1}^n (\underline{e}^0, \underline{v}^i)p_k(\lambda_i(A))\underline{v}^i)\\
&= (\sum_{j=1}^n (\underline{e}^0, \underline{v}^j)p_k(\lambda_j(A))\lambda_j(A)\underline{v}^j, \sum_{i=1}^n (\underline{e}^0, \underline{v}^i)p_k(\lambda_i(A))\underline{v}^i)\\
&= \sum_{i=1}^n \sum_{j=1}^n (\underline{e}^0, \underline{v}^i)(\underline{e}^0, \underline{v}^j)p_k(\lambda_i(A))p_k(\lambda_j(A))\lambda_j(A)(\underline{v}^j, \underline{v}^i)\\
&= \sum_{j=1}^n (\underline{e}^0, \underline{v}^j)^2[p_k(\lambda_j(A))]^2\lambda_j(A)\\
&\le \max_{j=1,\ldots,n}[p_k(\lambda_j(A))]^2 \sum_{j=1}^n (\underline{e}^0, \underline{v}^j)^2\lambda_j(A)\\
&= \max_{j=1,\ldots,n}[p_k(\lambda_j(A))]^2 \|e^0\|_A^2
\end{aligned}
$$

und somit

$$
\begin{aligned}
\|\underline{x}^k - \underline{x}\|_A &\le \min_{p_k\in\Pi_k^1} \max_{j=1,\ldots,n} |p_k(\lambda_j(A))| \, \|\underline{e}^0\|_A\\
&\le \min_{p_k\in\Pi_k^1} \max_{\lambda\in[\lambda_{\min}(A),\lambda_{\max}(A)]} |p_k(\lambda)| \, \|\underline{e}^0\|_A.
\end{aligned}
$$

Mit Satz 1.1 ist

$$\max_{\lambda\in[\lambda_{\min},\lambda_{\max}]} |p_k(\lambda)| = \frac{2q^k}{1+q^{2k}}, \quad q = \frac{\sqrt{\lambda_{\max}(A)} + \sqrt{\lambda_{\min}(A)}}{\sqrt{\lambda_{\max}(A)} - \sqrt{\lambda_{\min}(A)}} = \frac{\sqrt{\kappa_2(A)} + 1}{\sqrt{\kappa_2(A)} - 1}.$$

$\blacksquare$

Die Konvergenzgeschwindigkeit des konjugierten Gradientenverfahrens wird maßgeblich durch die extremalen Eigenwerte der Matrix $A$ bestimmt. Aus der Charakterisierung der extremalen Eigenwerte mittels des Rayleigh-Quotienten,

$$\lambda_{\min}(A) = \min_{\underline{0}\ne\underline{x}\in I\!\!R^n} \frac{(A\underline{x}, \underline{x})}{(\underline{x}, \underline{x})} \le \max_{\underline{0}\ne\underline{x}\in I\!\!R^n} \frac{(A\underline{x}, \underline{x})}{(\underline{x}, \underline{x})} = \lambda_{\max}(A),$$

folgt

$$\lambda_{\min}(A)\,(\underline{x},\underline{x}) \;\leq\; (A\underline{x},\underline{x}) \;\leq\; \lambda_{\max}(A)\,(\underline{x},\underline{x}) \quad \text{für alle } \underline{x} \in I\!\!R^n.$$

Aus den **Spektraläquivalenzungleichungen**

$$c_1^A\,(\underline{x},\underline{x}) \;\leq\; (A\underline{x},\underline{x}) \;\leq\; c_2^A\,(\underline{x},\underline{x}) \quad \text{für alle } \underline{x} \in I\!\!R^n$$

folgt deshalb für die Abschätzung der spektralen Konditionszahl

$$\kappa_2(A) \;=\; \frac{\lambda_{\max}(A)}{\lambda_{\min}(A)} \;\leq\; \frac{c_2^A}{c_1^A}\,.$$

Bei der näherungsweisen Lösung partieller Differentialgleichungen mit finiten Elementen strebt die spektrale Konditionszahl $\kappa_2(A_h)$ der Steifigkeitsmatrix $A_h$ gegen unendlich für $n \to \infty$, siehe zum Beispiel Folgerung 2.2. Ziel ist deshalb die Herleitung eines Verfahrens, welches eine beschränkte Anzahl notwendiger Iterationsschritte zum Erreichen einer vorgegebenen relativen Genauigkeit unabhängig von der Dimension $n$ gewährleistet.

Eine symmetrische und positiv definite Matrix $B \in I\!\!R^{n\times n}$ gestattet die Faktorisierung (1.14),

$$B \;=\; V\mathrm{diag}(\lambda_k(B))V^\top$$

mir der durch die orthonormalen Eigenvektoren von $B$ gebildeten orthonormalen Matrix $V$. Die Positivität der Eigenwerte $\lambda_k(B)$ ermöglicht die Definition der symmetrischen und positiv definiten Matrix

$$B^{1/2} \;=\; V\mathrm{diag}(\sqrt{\lambda_k(B)})V^\top$$

mit $B^{1/2}B^{1/2} = B$ und der inversen Matrix $B^{-1/2} = (B^{1/2})^{-1}$.

Anstelle des linearen Gleichungssystems $A\underline{x} = \underline{f}$ wird jetzt das transformierte System

$$B^{-1/2}AB^{-1/2}B^{1/2}\underline{x} \;=\; B^{-1/2}\underline{f}$$

beziehungsweise $\widetilde{A}\underline{\widetilde{x}} = \underline{\widetilde{f}}$ mit

$$\widetilde{A} = B^{-1/2}AB^{-1/2}, \quad \underline{\widetilde{x}} = B^{1/2}\underline{x}, \quad \underline{\widetilde{f}} = B^{-1/2}\underline{f}. \tag{5.11}$$

betrachtet. Für die symmetrisch und positiv definite Matrix $\widetilde{A}$ kann das in Algorithmus 5.2 angegebene konjugierte Gradientenverfahren angewendet werden. Dessen Konvergenzgeschwindigkeit ergibt sich aus der Abschätzung der spektralen Konditionszahl $\kappa_2(\widetilde{A})$, welche unmittelbar aus den Spektraläquivalenzungleichungen

$$c_1^{\widetilde{A}}\,(\underline{\widetilde{x}},\underline{\widetilde{x}}) \;\leq\; (\widetilde{A}\underline{\widetilde{x}},\underline{\widetilde{x}}) \;\leq\; c_2^{\widetilde{A}}\,(\underline{\widetilde{x}},\underline{\widetilde{x}}) \quad \text{für alle } \underline{\widetilde{x}} \in I\!\!R^n$$

folgt. Einsetzen der Transformationen (5.11) ergibt die dazu äquivalenten Spektraläquivalenzungleichungen

$$c_1^{\widetilde{A}}\,(B\underline{x},\underline{x}) \;\leq\; (A\underline{x},\underline{x}) \;\leq\; c_2^{\widetilde{A}}\,(B\underline{x},\underline{x}) \quad \text{für alle } \underline{x} \in I\!\!R^n. \tag{5.12}$$

Aus

$$\frac{1}{c_2^{\tilde{A}}}(\underline{z},\underline{z}) \leq (\tilde{A}^{-1}\underline{z},\underline{z}) \leq \frac{1}{c_1^{\tilde{A}}}(\underline{z},\underline{z}) \quad \text{für alle } \underline{z} \in I\!\!R^n$$

folgen entsprechend die Spektraläquivalenzungleichungen

$$\frac{1}{c_2^{\tilde{A}}}(B^{-1}\underline{x},\underline{x}) \leq (A^{-1}\underline{x},\underline{x}) \leq \frac{1}{c_1^{\tilde{A}}}(B^{-1}\underline{x},\underline{x}) \quad \text{für alle } \underline{x} \in I\!\!R^n. \tag{5.13}$$

Für die Lösung des linearen Gleichungssystems $\tilde{A}\underline{\tilde{x}} = \underline{\tilde{f}}$ mit der symmetrischen und positiv definiten Matrix $\tilde{A}$ kann die in Algorithmus 5.2 angegebene Iterationsvorschrift angewendet werden. Mit den Transformationen (5.11) ergibt sich für die Näherungslösung $\underline{\tilde{x}}^k$ sowie für das zugehörige Residuum $\underline{\tilde{r}}^k$

$$\underline{\tilde{x}}^k = B^{1/2}\underline{x}^k, \quad \underline{\tilde{r}}^k = \tilde{A}\underline{\tilde{x}}^k - \underline{\tilde{f}} = B^{-1/2}(A\underline{x}^k - \underline{f}) = B^{-1/2}\underline{r}^k.$$

Aus dem Ansatz

$$\underline{\tilde{x}} = \underline{\tilde{x}}^0 - \sum_{\ell=0}^{n-1} \tilde{\alpha}_\ell \underline{\tilde{p}}^\ell, \quad \tilde{\alpha}_\ell = \frac{(\underline{\tilde{r}}^k,\underline{\tilde{r}}^k)}{(\tilde{A}\underline{\tilde{p}}^k,\underline{\tilde{p}}^k)}$$

für die Lösung $\underline{\tilde{x}}$ des transformierten linearen Gleichungssystems $\tilde{A}\underline{\tilde{x}} = \underline{\tilde{f}}$ folgt durch Multiplikation mit $B^{-1/2}$

$$\underline{x} = \underline{x}^0 - \sum_{\ell=0}^{n-1} \tilde{\alpha}_\ell B^{-1/2}\underline{\tilde{p}}^\ell = \underline{x}^0 - \sum_{\ell=0}^{n-1} \tilde{\alpha}_\ell \underline{p}^\ell$$

mit $\underline{p}^\ell = B^{-1/2}\underline{\tilde{p}}^\ell$ beziehungsweise $\underline{\tilde{p}}^\ell = B^{1/2}\underline{p}^\ell$. Weiter ist

$$\tilde{\varrho}_k = (\underline{\tilde{r}}^k,\underline{\tilde{r}}^k) = (B^{-1}\underline{r}^k,\underline{r}^k), \quad \tilde{\sigma}_k = (\tilde{A}\underline{\tilde{p}}^k,\underline{\tilde{p}}^k) = (A\underline{p}^k,\underline{p}^k).$$

Für die Konstruktion der transformierten Suchrichtungen $\underline{\tilde{p}}^{k+1}$ ergibt sich schließlich

$$\underline{\tilde{p}}^{k+1} = \underline{\tilde{r}}^{k+1} + \tilde{\beta}_k\underline{\tilde{p}}^k$$

beziehungsweise durch Multiplikation mit $B^{-1/2}$

$$\underline{p}^{k+1} = B^{-1}\underline{r}^{k+1} + \tilde{\beta}_k\underline{p}^k.$$

Die resultierende Iterationsvorschrift des vorkonditionierten konjugierten Gradientenverfahrens ist in Algorithmus 5.3 angegeben.

> Für eine beliebig gegebene Startnäherung $\underline{x}^0 \in I\!\!R^n$ sei $\underline{r}^0 = A\underline{x}^0 - \underline{f}$.
> Berechne $\underline{v}^0 = B^{-1}\underline{r}^0$, $\underline{p}^0 := \underline{v}^0$, $\varrho_0 = (\underline{v}^0, \underline{r}^0)$. Stoppe, falls $\varrho_0 < \varepsilon^2$ mit einer vorgegebenen Fehlergenauigkeit $\varepsilon$ erreicht ist.
>
> Berechne für $k = 0, 1, \ldots, n - 2$ :
>
> $$\underline{s}^k = A\underline{p}^k, \quad \sigma_k = (\underline{s}^k, \underline{p}^k), \quad \alpha_k = \frac{\varrho_k}{\sigma_k}$$
>
> $$\underline{x}^{k+1} := \underline{x}^k - \alpha_k \underline{p}^k$$
>
> $$\underline{r}^{k+1} := \underline{r}^k - \alpha_k \underline{s}^k$$
>
> $$\underline{v}^{k+1} = B^{-1}\underline{r}^{k+1}$$
>
> $$\varrho_{k+1} := (\underline{v}^{k+1}, \underline{r}^{k+1})$$
>
> Stoppe, falls $\varrho_{k+1} < \varepsilon^2 \varrho_0$ mit einer vorgegebenen Fehlergenauigkeit $\varepsilon$ erreicht ist. Berechne andernfalls die neue Suchrichtung
>
> $$\underline{p}^{k+1} := \underline{v}^{k+1} + \beta_k \underline{p}^k, \quad \beta_k := \frac{\varrho_{k+1}}{\varrho_k}$$

Algorithmus 5.3: Konjugiertes Gradientenverfahrens mit Vorkonditionierung.

**Beispiel 5.1** *Für die in Abschnitt 2.2 bezüglich stückweise linearer Basisfunktionen (2.4) erklärte Massematrix $M_h$ mit den Einträgen*

$$M_h[j, k] = \int_a^b \varphi_k(x)\varphi_j(x)dx \quad \text{für } j, k = 0, \ldots, n$$

*und beliebige Vektoren $\underline{u} \in I\!\!R^{n+1}$ gilt*

$$
\begin{aligned}
(M_h\underline{u}, \underline{u}) &= \sum_{j=0}^{n}\sum_{k=0}^{n} M_h[j, k] u_k u_j \\
&= \sum_{j=0}^{n}\sum_{k=0}^{n} u_k u_j \int_a^b \varphi_k(x)\varphi_j(x)dx \\
&= \int_a^b \sum_{k=0}^{n} u_k \varphi_k(x) \sum_{j=0}^{n} u_j \varphi_j(x) dx \\
&= \int_a^b [u_h(x)]^2 dx
\end{aligned}
$$

*mit der durch den Vektor $\underline{u} \in I\!\!R^{n+1}$ erklärten Funktion*

$$u_h(x) = \sum_{k=0}^{n} u_k \varphi_k(x).$$

*Daraus folgt*

$$
\begin{aligned}
(M_h \underline{u}, \underline{u}) &= \int\limits_a^b [u_h(x)]^2 dx = \sum_{i=1}^n \int\limits_{x_{i-1}}^{x_i} [u_h(x)]^2 dx \\
&= \sum_{i=1}^n \int\limits_{x_{i-1}}^{x_i} [u_{i-1}\varphi_{i-1}(x) + u_i\varphi_i(x)]^2 dx \\
&= \sum_{i=1}^n \left[ u_{i-1}^2 \int\limits_{x_{i-1}}^{x_i} \varphi_{i-1}^2(x)dx + 2u_{i-1}u_i \int\limits_{x_{i-1}}^{x_i} \varphi_i(x)\varphi_{i-1}(x)dx + u_i^2 \int\limits_{x_{i-1}}^{x_i} \varphi_i^2(x)dx \right] \\
&= \sum_{i=1}^n (M_h^i \underline{u}^i, \underline{u}^i)
\end{aligned}
$$

*mit den lokalen Vektoren* $\underline{u}^i = (u_{i-1}, u_i)^\top \in I\!\!R^2$ *und mit den durch*

$$
M_h^i[1,1] = \int\limits_{x_{i-1}}^{x_i} \left[ \frac{x_i - x}{x_i - x_{i-1}} \right]^2 dx = \frac{1}{3} h_i,
$$

$$
M_h^i[2,2] = \int\limits_{x_{i-1}}^{x_i} \left[ \frac{x - x_{i-1}}{x_i - x_{i-1}} \right]^2 dx = \frac{1}{3} h_i,
$$

$$
M_h^i[1,2] = M_h^i[2,1] = \int\limits_{x_{i-1}}^{x_i} \frac{x_i - x}{x_i - x_{i-1}} \frac{x - x_{i-1}}{x_i - x_{i-1}} dx = \frac{1}{6} h_i
$$

*erklärten lokalen Massematrizen*

$$
M_h^i = \frac{h_i}{6} \begin{pmatrix} 2 & 1 \\ 1 & 2 \end{pmatrix}.
$$

*Aus den Eigenwerten von* $M_h^i$, $\lambda_1^i = \frac{1}{6} h_i$ *und* $\lambda_2^i = \frac{1}{2} h_i$, *folgt*

$$
\begin{aligned}
(M_h \underline{u}, \underline{u}) &= \sum_{i=1}^n (M_h^i \underline{u}^i, \underline{u}^i) \leq \frac{1}{2} \sum_{i=1}^n h_i(\underline{u}^i, \underline{u}^i) = \frac{1}{2} \sum_{i=1}^n h_i[u_{i-1}^2 + u_i^2] \\
&= \frac{1}{2} \left( h_1 u_0^2 + \sum_{k=1}^{n-1} [h_k + h_{k+1}] u_k^2 + h_n u_n^2 \right) = \frac{1}{2} (D_h \underline{u}, \underline{u})
\end{aligned}
$$

*und analog*

$$
(M_h \underline{u}, \underline{u}) \geq \frac{1}{6} (D_h \underline{u}, \underline{u})
$$

*mit der Diagonalmatrix*

$$
D_h[k,k] = \begin{cases} h_1 & \text{für } k = 0, \\ h_k + h_{k+1} & \text{für } k = 1, \ldots, n-1, \\ h_n & \text{für } k = n. \end{cases}
$$

*Somit gelten die Spektraläquivalenungleichungen*

$$\frac{1}{6}\,(D_h u, u) \;<\; (M_h u, u) \;<\; \frac{1}{2}\,(D_h u, u)$$

*für alle $u \in {I\!\!R}^{n+1}$. Die leicht invertierbare Diagonalmatrix $D_h$ ergibt also eine optimale Vorkonditionierungsmatrix für die Massematrix $M_h$ im Fall einer nicht gleichmässigen Diskretisierung.*

*Im Fall einer gleichmässigen Diskretisierung mit $h_i = h$ für $i = 1, \ldots, n$ ist*

$$D_h[k,k] \;=\; h \begin{cases} 1 & \text{für } k = 0, \\ 2 & \text{für } k = 1, \ldots, n-1, \\ 1 & \text{für } k = n, \end{cases}$$

*so daß die Diagonalmatrix $D_h$ durch die skalierte Einheitsmatrix $h\,I$ ersetzt werden kann, wobei sich die Konstanten in den zugehörigen Spektraläquivalenzungleichungen von den oben angegebenen geringfügig unterscheiden. Da die Güte einer Vorkonditionierungsmatrix unabhängig von der Multipikation mit einem skalaren Faktor ist, erfordert die iterative Invertierung der Massematrix bei einer global gleichmässigen Diskretisierung* **keine** *Vorkonditionierung.*

**Beispiel 5.2** *Am Beispiel der Bestimmung der stückweise linearen Approximation einer gegebenen Funktion in Beispiel 2.1 sollen das Jacobi–Verfahren (Algorithmus 4.1), das Gauß–Seidel–Verfahren (Algorithmus 4.2), das Gradientenverfahren des steilsten Abstiegs (Algorithmus 4.5) und das konjugierte Gradientenverfahren (Algorithmus 5.2) miteinander verglichen werden. Als Abbruchkriterium wurde eine relative Fehlerreduktion von $\varepsilon = 10^{-8}$ gewählt. Bei allen Rechnungen konnten die in Tabelle 2.1 angegeben Fehler gewährleistet werden.*

| $n$ | Jacobi | Gauß–Seidel | Gradienten | CG |
|---|---|---|---|---|
| 4 | 27 | 12 | 28 | 3 |
| 8 | 27 | 13 | 27 | 5 |
| 16 | 27 | 12 | 25 | 9 |
| 32 | 27 | 12 | 24 | 12 |
| 64 | 27 | 12 | 23 | 11 |
| 128 | 27 | 12 | 21 | 10 |
| 256 | 27 | 12 | 19 | 9 |
| 512 | 27 | 12 | 17 | 9 |
| 1024 | 27 | 12 | 15 | 8 |

Tabelle 5.1: Iterationszahlen für Beispiel 2.1.

*Nach Beispiel 5.1 ist die Massematrix $M_h$ symmetrisch, positiv definit und gut konditioniert. Damit ergibt sich für alle verwendeten Iterationsverfahren eine beschränkte Anzahl notwendiger Iterationen zum Erreichen der vorgegebenen relativen Fehlerreduktion.*

**Beispiel 5.3** *Am Beispiel der näherungsweisen Lösung des Randwertproblems in Beispiel 2.2 sollen das Jacobi-Verfahren (Algorithmus 4.1), das Gauß–Seidel-Verfahren (Algorithmus 4.2), das Gradientenverfahren des steilsten Abstiegs (Algorithmus 4.5) und das konjugierte Gradientenverfahren (Algorithmus 5.2) miteinander verglichen werden. Als Abbruchkriterium wurde eine relative Fehlerreduktion von $\varepsilon = 10^{-8}$ gewählt. Bei allen Rechnungen konnten die in Tabelle 2.2 angegeben Fehler gewährleistet werden.*

| $n$ | Jacobi | Gauß–Seidel | Gradienten | CG |
|---|---|---|---|---|
| 4 | 54 | 28 | 17 | 2 |
| 8 | 233 | 117 | 228 | 4 |
| 16 | 946 | 474 | 946 | 8 |
| 32 | 3798 | 1900 | 3834 | 16 |
| 64 | 15203 | 7603 | 15422 | 32 |
| 128 | 60817 | 30410 | 61832 | 64 |

Tabelle 5.2: Iterationszahlen für Beispiel 2.2.

*Nach Folgerung 2.2 vervierfacht sich die spektrale Konditionszahl $\kappa_2(A_h)$ der FEM Steifigkeitsmatrix bei Halbierung der Schrittweite h. Daraus resultiert die Vervierfachung der benötigten Iterationszahlen der ersten drei Iterationsverfahren, während es beim CG-Verfahren nur zu einer Verdoppelung kommt, siehe hierzu Satz 5.1. Durch den Einsatz einer geeigneten Vorkondtionierung kann das Konvergenzverhalten des CG Verfahren verbessert werden, siehe zum Beispiel die BPX Vorkonditionierung in [51].*

## 5.2 Verfahren des minimalen Residuums

Betrachtet wird jetzt das lineare Gleichungsystem $A\underline{x} = \underline{f}$ mit einer invertierbaren Matrix $A$, das heißt es wird weder die Symmetrie noch die positive Definitheit der Systemmatrix $A$ vorausgesetzt. Wie beim CG-Verfahren wird für eine Anfangsnäherung $\underline{x}^0$ das zugehörige Residuum $\underline{r}^0 = A\underline{x}^0 - \underline{f}$ und der dadurch induzierte Krylov-Raum

$$S_k(A, \underline{r}^0) = \operatorname{span}\left\{\underline{r}^0, A\underline{r}^0, \ldots, A^k\underline{r}^0\right\}$$

eingeführt. Für $S_{k+1}(A, \underline{r}^0)$ soll eine Basis $\{\underline{v}^\ell\}_{\ell=0}^k$ orthonormaler Vektoren mit

$$(\underline{v}^k, \underline{v}^\ell) = \delta_{k\ell}$$

konstruiert werden. Die Anwendung des Gram–Schmidt–Orthogonalisierungsverfahrens führt bei geeigneter Wahl der Ausgangsvektoren auf die **Methode von Arnoldi:**

$$\boxed{\begin{array}{l}
\text{Sei mit } \underline{x}^0 \in I\!\!R^n \text{ eine beliebige Startnäherung gegeben.} \\[1mm]
\text{Berechne } \underline{r}^0 := A\underline{x}^0 - \underline{f} \text{ und setze} \\[2mm]
\quad \underline{v}^0 = \dfrac{\underline{r}^0}{\|\underline{r}^0\|_2}. \\[2mm]
\text{Berechne für } k = 0, 1, \ldots, n - 2 : \\[2mm]
\quad \hat{\underline{v}}^{k+1} = A\underline{v}^k - \sum_{\ell=0}^{k} \beta_{k\ell}\underline{v}^\ell \\[2mm]
\text{mit} \\[1mm]
\quad \beta_{k\ell} = (A\underline{v}^k, \underline{v}^\ell). \\[2mm]
\text{Abbruch für } \|\hat{\underline{v}}^{k+1}\|_2 = 0, \text{ setze andernfalls} \\[2mm]
\quad \underline{v}^{k+1} = \dfrac{\hat{\underline{v}}^{k+1}}{\|\hat{\underline{v}}^{k+1}\|_2}.
\end{array}}$$

Algorithmus 5.4: Methode von Arnoldi.

Der Ansatz der Näherungslösung

$$\underline{x}^{k+1} = \underline{x}^0 - \sum_{\ell=0}^{k} \alpha_\ell \underline{v}^\ell$$

ergibt für das zugehörige Residuum

$$\underline{r}^{k+1} = A\underline{x}^{k+1} - \underline{f} = \underline{r}^0 - \sum_{\ell=0}^{k} \alpha_\ell A\underline{v}^\ell, \quad \underline{r}^0 = A\underline{x}^0 - \underline{f}.$$

Zu bestimmen bleiben die Zerlegungskoeffizienten $\alpha_\ell$ durch Minimierung des Residuums $\underline{r}^{k+1}$ in der Euklidischen Vektornorm,

$$\|\underline{r}^{k+1}\|_2 = \|\underline{r}^0 - \sum_{\ell=0}^{k} \alpha_\ell A\underline{v}^\ell\|_2 \to \min_{\alpha_0,\ldots,\alpha_k} .$$

Für eine alternative Darstellung des Residuenvektors $\underline{r}^{k+1}$ folgt aus der Methode von Arnoldi zunächst

$$A\underline{v}^\ell = \hat{\underline{v}}^{\ell+1} + \sum_{j=0}^{\ell} \beta_{\ell,j}\underline{v}^j = \|\hat{\underline{v}}^{\ell+1}\|_2 \underline{v}^{\ell+1} + \sum_{j=0}^{\ell} \beta_{\ell,j}\underline{v}^j = \sum_{j=0}^{\ell+1} \beta_{\ell,j}\underline{v}^j$$

mit

$$\beta_{\ell,j} = \begin{cases} (A\underline{v}^\ell, \underline{v}^j) & \text{für } j = 0, \ldots, \ell, \\[2mm] \|\hat{\underline{v}}^{\ell+1}\|_2 & \text{für } j = \ell + 1. \end{cases}$$

Dann ist

$$\underline{r}^{k+1} = \underline{r}^0 - \sum_{\ell=0}^{k} \alpha_\ell A\underline{v}^\ell = \underline{r}^0 - \sum_{\ell=0}^{k} \alpha_\ell \sum_{j=0}^{\ell+1} \beta_{\ell,j}\underline{v}^j = \underline{r}^0 - V_{k+1}H_k\underline{\alpha}$$

mit der durch die orthonormalen Vektoren $\underline{v}^j$ gebildeten Matrix

$$V_{k+1} = \left(\underline{v}^0, \underline{v}^1, \dots, \underline{v}^{k+1}\right) \in I\!\!R^{n \times (k+2)}$$

und mit der durch

$$H_k[j, \ell] = \begin{cases} \beta_{\ell,j} & \text{für } j \leq \ell + 1, \\ 0 & \text{für } j > \ell + 1 \end{cases}$$

definierten oberen **Hessenberg–Matrix** $H_k \in I\!\!R^{(k+2) \times (k+1)}$. Nach Konstruktion folgt weiterhin

$$\underline{r}^0 = \|\underline{r}^0\|_2 \underline{v}^0 = \|\underline{r}^0\|_2 V_{k+1} \underline{e}^0$$

mit dem ersten Einheitsvektor $\underline{e}^0 = (1, 0, \dots, 0)^\top \in I\!\!R^{k+2}$ und mit der Invarianz der Euklidischen Vektornorm bezüglich orthonormaler Matrizen ergibt sich

$$\|\underline{r}^{k+1}\|_2 = \|\underline{r}^0 - V_{k+1} H_k \underline{\alpha}\|_2 = \|V_{k+1} \left(\|\underline{r}^0\|_2 \underline{e}^0 - H_k \underline{\alpha}\right)\|_2 = \|\|\underline{r}^0\|_2 \underline{e}^0 - H_k \underline{\alpha}\|_2.$$

Wegen $H_k \in I\!\!R^{(k+2) \times (k+1)}$ und $\underline{\alpha} \in I\!\!R^{k+1}$ sowie $\underline{e}^0 \in I\!\!R^{k+2}$ entspricht die Forderung $H_k \underline{\alpha} = \|\underline{r}^0\|_2 \underline{e}^0$ einem überbestimmten linearen Gleichungssystem mit $k + 2$ Gleichungen für $k + 1$ Unbekannte. Zu bestimmen bleibt jener Lösungsvektor $\underline{\alpha} \in I\!\!R^{k+1}$, der das verbleibende Residuum minimiert.
Sei $Q_k \in I\!\!R^{(k+2) \times (k+2)}$ eine orthonormale Matrix mit $Q_k^\top Q_k = I_{k+2}$, so daß $R_k = Q_k H_k \in I\!\!R^{(k+2) \times (k+1)}$ obere Dreiecksgestalt besitzt. Dann gilt

$$\begin{aligned}
\|\underline{r}^{k+1}\|_2^2 &= \|\|\underline{r}^0\|_2 \underline{e}^0 - H_k \underline{\alpha}\|_2^2 = \|\|\underline{r}^0\|_2 Q_k \underline{e}^0 - Q_k H_k \underline{\alpha}\|_2^2 \\
&= \|\|\underline{r}^0\|_2 Q_k \underline{e}^0 - R_k \underline{\alpha}\|_2^2 = \sum_{\ell=0}^{k+1} (\|\underline{r}^0\|_2 Q_k \underline{e}^0 - R_k \underline{\alpha})_\ell^2 \\
&= \sum_{\ell=0}^{k} (\|\underline{r}^0\|_2 Q_k \underline{e}^0 - R_k \underline{\alpha})_\ell^2 + (\|\underline{r}^0\|_2 Q_k \underline{e}^0)_{k+1}^2 \\
&= \|\underline{r}^0\|_2^2 |(Q_k \underline{e}^0)_{k+1}|^2,
\end{aligned}$$

falls

$$(R_k \underline{\alpha})_\ell = \|\underline{r}^0\|_2 (Q_k \underline{e}^0)_\ell \quad \text{für } \ell = 0, \dots, k$$

erfüllt ist.
Zu bestimmen bleibt eine orthonormale Matrix $Q_k \in I\!\!R^{(k+2) \times (k+2)}$, welche die obere Hessenberg–Matrix

$$H_k = \begin{pmatrix} \beta_{0,0} & \beta_{1,0} & \cdots & \beta_{k,0} \\ \beta_{0,1} & \beta_{1,1} & & \vdots \\ 0 & \beta_{1,2} & \ddots & \vdots \\ & 0 & \ddots & \beta_{k,k} \\ & & & \beta_{k,k+1} \end{pmatrix} \in I\!\!R^{(k+2) \times (k+1)}$$

in eine obere Dreiecks–Matrix

$$R_k = Q_k H_k = \begin{pmatrix} r_{0,0} & r_{0,1} & \cdots & r_{0,k} \\ 0 & r_{1,1} & & \vdots \\ 0 & 0 & \ddots & \vdots \\ & & \ddots & r_{k,k} \\ & & & 0 \end{pmatrix} \in I\!R^{(k+2)\times(k+1)}$$

transformiert. Ausgehend von dem Spaltenvektor

$$\underline{h}^j = (\beta_{j,0}, \ldots, \beta_{j,j-1}, \beta_{j,j}, \beta_{j,j+1}, 0, \ldots, 0)^\top \in I\!R^{k+2}$$

ist zunächst jene orthonormale Matrix $G_j$ gesucht, so daß

$$G_j \underline{h}^j = \left(\beta_{j,0}, \ldots, \beta_{j,j-1}, \tilde{\beta}_{j,j}, 0, 0, \ldots, 0\right)^\top .$$

Offenbar ist die Betrachtung einer orthonormalen Transformationsmatrix $\tilde{G}_j \in I\!R^{2\times2}$ mit

$$\tilde{G}_j \begin{pmatrix} \beta_{j,j} \\ \beta_{j,j+1} \end{pmatrix} = \begin{pmatrix} \tilde{\beta}_{j,j} \\ 0 \end{pmatrix}$$

mit der allgemeinen Darstellung

$$\tilde{G}_j = \begin{pmatrix} a_j & b_j \\ -b_j & a_j \end{pmatrix}, \quad a_j^2 + b_j^2 = 1,$$

ausreichend. Die Koeffizienten $a_j$ und $b_j$ ergeben sich aus der Forderung

$$-b_j \beta_{j,j} + a_j \beta_{j,j+1} = 0.$$

Unter Beachtung der Normierung $a_j^2 + b_j^2 = 1$ folgt daraus

$$a_j = \frac{\beta_{j,j}}{\sqrt{\beta_{j,j}^2 + \beta_{j,j+1}^2}}, \quad b_j = \frac{\beta_{j,j+1}}{\sqrt{\beta_{j,j}^2 + \beta_{j,j+1}^2}}$$

beziehungsweise

$$\tilde{\beta}_{j,j} = a_j \beta_{j,j} + b_j \beta_{j,j+1} = \sqrt{\beta_{j,j}^2 + \beta_{j,j+1}^2} > 0, \tag{5.14}$$

wenn $\beta_{j,j+1} > 0$ vorausgesetzt wird. Für $j = 0, \ldots, k$ sind die resultierenden Transformationsmatrizen die **Givens–Rotationen**

$$G_j = \begin{pmatrix} 1 & & & & & & & \\ & \ddots & & & & & & \\ & & 1 & & & & & \\ & & & a_j & b_j & & & \\ & & & -b_j & a_j & & & \\ & & & & & 1 & & \\ & & & & & & \ddots & \\ & & & & & & & 1 \end{pmatrix} \in I\!R^{(k+2)\times(k+2)}$$

mit $G_j[j,j] = G_j[j+1, j+1] = a_j$. Deren rekursive Anwendung liefert mit

$$G_k G_{k-1}\ldots G_2 G_1 G_0 H_k = G_k G_{k-1}\ldots G_2 G_1 G_0 \begin{pmatrix} \beta_{0,0} & \beta_{1,0} & \cdots & \beta_{k,0} \\ \beta_{0,1} & \beta_{1,1} & \cdots & \beta_{k,1} \\ 0 & \beta_{1,2} & \ddots & \vdots \\ & 0 & \ddots & \beta_{k,k} \\ & & & \beta_{k,k+1} \end{pmatrix}$$

$$= G_k G_{k-1}\ldots G_2 G_1 \begin{pmatrix} \tilde\beta_{0,0} & \tilde\beta_{1,0} & \cdots & \tilde\beta_{k,0} \\ 0 & \bar\beta_{1,1} & \cdots & \bar\beta_{k,1} \\ & \beta_{1,2} & \ddots & \vdots \\ & & \ddots & \beta_{k,k} \\ & & & \beta_{k,k+1} \end{pmatrix}$$

$$= G_k G_{k-1}\ldots G_2 \begin{pmatrix} \tilde\beta_{0,0} & \tilde\beta_{1,0} & \cdots & \tilde\beta_{k,0} \\ 0 & \tilde\beta_{1,1} & \cdots & \tilde\beta_{k,1} \\ & 0 & \ddots & \vdots \\ & & \ddots & \beta_{k,k} \\ & & & \beta_{k,k+1} \end{pmatrix} = \begin{pmatrix} \tilde\beta_{0,0} & \tilde\beta_{1,0} & \cdots & \tilde\beta_{k,0} \\ 0 & \tilde\beta_{1,1} & \cdots & \tilde\beta_{k,1} \\ & 0 & \ddots & \vdots \\ & & \ddots & \tilde\beta_{k,k} \\ & & & 0 \end{pmatrix} = R_k$$

die gewünschte obere Dreiecksmatrix, deren Invertierbarkeit aus der Positivität der Diagonaleinträge (5.14) folgt. Beim Übergang von $H_k$ zu $H_{k+1}$, das heißt bei Hinzunahme eines weiteren Spaltenvektors $\underline{h}^{k+1}$ beziehungsweise einer weiteren Suchrichtung $\underline{v}^{k+2}$, und vor der Anwendung der zugehörigen orthonormalen Matrix $G_{k+1}$ sind **alle** vorherigen Transformationen $G_k, \ldots, G_0$ auf $\underline{h}^{k+1}$ anzuwenden.

Nach Konstruktion ist

$$Q_k = G_k G_{k-1}\ldots G_1 G_0 \in \mathbb{R}^{(k+2)\times(k+2)}$$

orthonormal und zu untersuchen bleibt die Auswertung von

$$Q_k \underline{e}^0 = G_k \ldots G_0 \begin{pmatrix} 1 \\ 0 \\ 0 \\ \vdots \\ 0 \\ 0 \end{pmatrix} = G_k \ldots G_1 \begin{pmatrix} a_0 \\ -b_0 \\ 0 \\ \vdots \\ 0 \\ 0 \end{pmatrix} = G_k \ldots G_2 \begin{pmatrix} a_0 \\ a_1(-b_0) \\ (-b_0)(-b_1) \\ \vdots \\ 0 \\ 0 \end{pmatrix}$$

$$= \begin{pmatrix} a_0 \\ a_1(-b_0) \\ a_2(-b_0)(-b_1) \\ \vdots \\ a_k(-b_0)\cdots(-b_{k-1}) \\ (-b_0)\cdots(-b_k) \end{pmatrix} \in \mathbb{R}^{k+2}.$$

Dies motiviert die Definition von

$$p_{k+1} = (-b_0)\cdots(-b_k) = -b_k\, p_k.$$

Während die ersten $k+1$ Komponenten von $Q_k\underline{e}^0$ die rechte Seite des linearen Gleichungssystems zur Bestimmung des Koeffizientenvektors $\underline{\alpha} \in I\!\!R^{k+1}$ bilden, beschreibt die letzte Komponente das verbleibende Residuum,

$$\varrho_{k+1} = \|\underline{e}^0\|_2\,|(Q_k\underline{e}^0)_{k+1}| = \|\underline{e}^0\|_2 \prod_{j=0}^{k} b_j\,.$$

Wegen

$$b_j = \frac{\beta_{j,j+1}}{\sqrt{\beta_{j,j+1}^2 + \beta_{j,j}^2}} = \frac{\|\hat{\underline{v}}^j\|_2}{\sqrt{\|\hat{\underline{v}}^j\|_2^2 + (A\underline{v}^j,\underline{v}^j)^2}}$$

folgt für $(A\underline{v}^j,\underline{v}^j) \neq 0$ wegen $b_j < 1$ ein monotones Abklingverhalten des Fehlers. Insbesondere für die Abbruch–Situation der Methode von Arnoldi, $\|\hat{\underline{v}}^k\|_2 = 0$, folgt $b_k = 0$ und somit $\varrho_{k+1} = \|\underline{r}^{k+1}\|_2 = 0$, das heißt $\underline{x}^{k+1} = \underline{x}$ ist die exakte Lösung des linearen Gleichungssystems $A\underline{x} = \underline{f}$.

Das resultierende Iterationsverfahren ist das in Algorithmus 5.5 angegebene **verallgemeinerte Verfahren des minimalen Residuums (GMRES)** [45].

Der **Vorteil** des GMRES–Verfahrens liegt in seiner Anwendbarkeit zur iterativen Lösung eines linearen Gleichungssystems $A\underline{x} = \underline{f}$ mit einer beliebigen invertierbaren Systemmatrix $A$. Es wird also weder die Symmetrie noch die positive Definitheit von $A$ vorausgesetzt. Kommt es zu einem Abbruch des Verfahrens, das heißt die durch den Arnoldi–Algorithmus erzeugten orthogonalen Vektoren sind linear abhängig, so kann aus bereits berechneten Vektoren die **exakte** Lösung des linearen Gleichungssystems bestimmt werden.

Das Konvergenzverhalten des GMRES–Verfahrens kann durch die Anwendung von Algorithmus 5.5 zur Lösung eines vorkonditionierten Gleichungssystems $B^{-1}A\underline{x} = B^{-1}\underline{f}$ verbessert werden.

Ein **Nachteil** des GMRES–Verfahrens liegt in der Notwendigkeit, **alle** berechneten Suchrichtungen $\underline{v}^{\ell}$ der bisherigen Iterierten zu speichern. Damit steigt der Speicherbedarf während der Iteration an. Eine Möglichkeit der Beschränkung des notwendigen Speicherbedarfs besteht in der Vorgabe einer maximalen Anzahl von Iterationsschritten. Genügt die so berechnete Näherungslösung nicht den vorgegebenen Genauigkeitskriterien, so wird das Verfahren ausgehend von der bereits berechneten Näherungslösung wiederholt. Das resultierende **GMRES**–Verfahren mit **Restart** weist zwar einen geringeren Speicherbedarf als das ursprüngliche GMRES–Verfahren auf, jedoch kann die Konvergenz des Verfahrens nicht mehr gewährleistet werden.

Ziel ist deshalb die Herleitung von Verfahren, die wie das CG–Verfahren auf kurzen Rekursionsformeln beruhen.

Für eine beliebig gegebene Startnäherung $\underline{x}^0 \in I\!\!R^n$ sei $\underline{r}^0 = A\underline{x}^0 - \underline{f}$.
Berechne $\varrho_0 = \|\underline{r}^0\|_2$. Stoppe, falls $\varrho_0 < \varepsilon$ mit einer vorgegebenen
Fehlergenauigkeit $\varepsilon$ erreicht ist. Setze andernfalls $\underline{v}^0 = \dfrac{1}{\varrho_0}\underline{r}^0$, $p_0 = \varrho_0$.
Berechne für $k = 0, 1, \ldots, n - 2$

$$\underline{w}^k = A\underline{v}^k, \quad \widetilde{v}^{k+1} = \underline{w}^k - \sum_{\ell=0}^{k} \beta_{k\ell}\underline{v}^\ell, \quad \beta_{k\ell} = (\underline{w}^k, \underline{v}^\ell), \quad \beta_{kk+1} = \|\widetilde{v}^{k+1}\|_2.$$

Falls $\beta_{kk+1} = 0$, stoppe und berechne Näherungslösung $\underline{x}^{k+1}$.

$$v^{k+1} = \frac{1}{\beta_{kk+1}}\widetilde{v}^{k+1}$$

Berechne für $\ell = 0, \ldots, k - 1$ :

$$\widetilde{\beta}_{k\ell} = a_\ell \beta_{k\ell} + b_\ell \beta_{k\ell+1}, \quad \widetilde{\beta}_{k\ell+1} = -b_\ell \beta_{k\ell} + a_\ell \beta_{k\ell+1}$$

$$a_k = \frac{\beta_{kk}}{\sqrt{\beta_{kk}^2 + \beta_{kk+1}^2}}, \quad b_k = \frac{\beta_{kk+1}}{\sqrt{\beta_{kk}^2 + \beta_{kk+1}^2}}, \quad \widetilde{\beta}_{kk} = \sqrt{\beta_{kk}^2 + \beta_{kk+1}^2}$$

$$p_{k+1} = -b_k p_k, \quad p_k = a_k p_k, \quad \varrho_{k+1} = |p_{k+1}|$$

Stoppe, falls $\varrho_{k+1} < \varepsilon \varrho_0$ mit einer vorgegebenen Fehlergenauigkeit $\varepsilon$
erreicht ist und berechne die Näherungslösung:
Berechne für $\ell = k, k - 1, \ldots, 0$

$$\alpha_\ell = \frac{1}{\beta_{\ell\ell}}\left[ p_\ell - \sum_{j=\ell+1}^{k} \beta_{\ell j}\alpha_j \right]$$

sowie

$$\underline{x}^{k+1} = \underline{x}^0 - \sum_{\ell=0}^{k} \alpha_\ell \underline{v}^\ell.$$

Algorithmus 5.5: Iterationsvorschrift GMRES–Verfahren.

# 5.3  Verfahren biorthogonaler Richtungen

Gegeben sei jetzt wieder das lineare Gleichungssystem $A\underline{x} = \underline{f}$ mit einer invertierbaren Matrix $A$, das heißt, es wird weder die Symmetrie noch die positive Definitheit von $A$ vorausgesetzt. Zwei Systeme $\{\underline{p}^\ell\}_{\ell=0}^{n-1}$ und $\{\widetilde{p}^\ell\}_{\ell=0}^{n-1}$ jeweils linear unabhängiger Vektoren heißen **biorthogonal**, falls

$$(A\underline{p}^k, \widetilde{p}^\ell) = (\underline{p}^k, A^\top \widetilde{p}^\ell) = 0 \quad \text{für alle } k \neq \ell \tag{5.15}$$

erfüllt ist. Für gegebene Systeme $\{\underline{w}^\ell\}_{\ell=0}^{n-1}$ und $\{\widetilde{w}^\ell\}_{\ell=0}^{n-1}$ kann ein **modifiziertes Gram–Schmidt–Orthogonalisierungsverfahren** zur Konstruktion biorthogonaler Vektorsysteme verwendet werden:

$$
\boxed{
\begin{aligned}
&\text{Setze}\\
&\quad \underline{p}^0 = \underline{w}^0,\ \underline{\tilde{p}}^0 = \underline{\tilde{w}}^0,\\
&\text{Für } k = 0,\ldots,n-2 \text{ berechne}\\
&\quad \underline{p}^{k+1} = \underline{w}^{k+1} - \sum_{\ell=0}^{k}\beta_{k,\ell}\underline{p}^\ell,\qquad \beta_{k,\ell} = \frac{(A\underline{w}^{k+1},\underline{\tilde{p}}^\ell)}{(A\underline{p}^\ell,\underline{\tilde{p}}^\ell)}\\[2mm]
&\quad \underline{\tilde{p}}^{k+1} = \underline{\tilde{w}}^{k+1} - \sum_{\ell=0}^{k}\tilde{\beta}_{k,\ell}\underline{\tilde{p}}^\ell,\qquad \tilde{\beta}_{k,\ell} = \frac{(A^\top\underline{\tilde{w}}^{k+1},\underline{p}^\ell)}{(A^\top\underline{\tilde{p}}^\ell,\underline{p}^\ell)}
\end{aligned}
}
$$

Algorithmus 5.6: Konstruktion biorthogonaler Vektoren.

In Algorithmus 5.6 ist vorauszusetzen, daß

$$
(A\underline{p}^\ell,\underline{\tilde{p}}^\ell) = (\underline{p}^\ell, A^\top\underline{\tilde{p}}^\ell) \neq 0 \quad \text{für } \ell = 0,\ldots,k
$$

erfüllt ist, andernfalls kommt es zu einem **Abbruch** des Verfahrens.
Wie beim Verfahren der konjugierten Gradienten können die durch den Algo-
rithmus 5.6 konstruierten biorthogonalen Vektorsysteme zur (näherungsweisen)
Lösung des linearen Gleichungssystems $A\underline{x} = \underline{f}$ verwendet werden. Kann durch
den Algorithmus 5.6 eine Basis $\{\underline{p}^\ell\}_{\ell=0}^{n-1}$ des $I\!\!R^n$ konstruiert werden, so erlaubt die
Lösung $\underline{x} \in I\!\!R^n$ des linearen Gleichungssystems $A\underline{x} = \underline{f}$ die Darstellung

$$
\underline{x} = \underline{x}^0 - \sum_{\ell=0}^{n-1}\alpha_\ell\underline{p}^\ell
$$

mit einer beliebig gegebenen Startnäherung $\underline{x}^0 \in I\!\!R^n$. Einsetzen des Lösungsansatzes in das lineare Gleichungssystem und Bilden des Euklidischen Skalarproduktes mit den Vektoren $\underline{\tilde{p}}^k$ ergibt

$$
(A\underline{x}^0,\underline{\tilde{p}}^k) - \sum_{\ell=0}^{n-1}\alpha_\ell(A\underline{p}^\ell,\underline{\tilde{p}}^k) = (\underline{f},\underline{\tilde{p}}^k) \quad \text{für } k = 0,\ldots,n-1,
$$

und aus der Biorthogonalität (5.15) folgt

$$
\alpha_k = \frac{(A\underline{x}^0 - \underline{f},\underline{\tilde{p}}^k)}{(A\underline{p}^k,\underline{\tilde{p}}^k)} \quad \text{für } k = 0,\ldots,n-1.
$$

Für $k = 0,\ldots,n-1$ wird nun eine Folge von Näherungslösungen

$$
\underline{x}^{k+1} = \underline{x}^0 - \sum_{\ell=0}^{k}\alpha_\ell\underline{p}^\ell = \underline{x}^k - \alpha_k\underline{p}^k
$$

mit dem zugehörigen Residuum

$$
\underline{r}^{k+1} = A\underline{x}^{k+1} - \underline{f} = \underline{r}^k - \alpha_k A\underline{p}^k
$$

definiert. Für den Zähler des Koeffizienten $\alpha_k$ folgt aus der Biorthogonalität (5.15)

$$(A\underline{x}^0 - \underline{f}, \tilde{\underline{p}}^k) = (A\underline{x}^0 - \sum_{\ell=0}^{k-1} \alpha_\ell A\underline{p}^\ell - \underline{f}, \tilde{\underline{p}}^k) = (\underline{r}^k, \tilde{\underline{p}}^k)$$

und somit

$$\alpha_k = \frac{(\underline{r}^k, \tilde{\underline{p}}^k)}{(A\underline{p}^k, \tilde{\underline{p}}^k)} \quad \text{für } k = 0, \dots, n-1. \tag{5.16}$$

Wie beim Verfahren der konjugierten Gradienten kann die Wahl der Ausgangsvektoren $\{\underline{w}^\ell\}_{\ell=0}^{n-1}$ beziehungsweise $\{\tilde{\underline{w}}^\ell\}_{\ell=0}^{n-1}$ aus den Eigenschaften der Iterationsvorschrift für die Residuen $\underline{r}^{k+1}$ abgeleitet werden. Analog zu Lemma 5.1 gilt zunächst:

**Lemma 5.3** *Für $k = 0, \dots, n-2$ gilt die Orthogonalität*

$$(\underline{r}^{k+1}, \tilde{\underline{p}}^\ell) = 0 \quad \text{für } \ell = 0, \dots, k.$$

**Beweis:** Der Beweis erfolgt analog zum Beweis von Lemma 5.1 durch vollständige Induktion nach $k$. Sei zunächst $k = 0$, dann gilt

$$(\underline{r}^1, \tilde{\underline{p}}^0) = (\underline{r}^0 - \alpha_0 A\underline{p}^0, \tilde{\underline{p}}^0) = (\underline{r}^0, \tilde{\underline{p}}^0) - \frac{(\underline{r}^0, \tilde{\underline{p}}^0)}{(A\underline{p}^0, \tilde{\underline{p}}^0)}(A\underline{p}^0, \tilde{\underline{p}}^0) = 0$$

und somit die Behauptung für $\ell = k = 0$. Sei die Behauptung für $k \geq 0$ erfüllt, das heißt es gelte

$$(r^k, \tilde{\underline{p}}^\ell) = 0 \quad \text{für } \ell = 0, \dots, k-1. \tag{5.17}$$

Zu zeigen ist die Behauptung für $k + 1$. Für $\ell = k$ ist

$$(\underline{r}^{k+1}, \tilde{\underline{p}}^k) = (\underline{r}^k, \tilde{\underline{p}}^k) - \alpha_k(A\underline{p}^k, \tilde{\underline{p}}^k) = (\underline{r}^k, \tilde{\underline{p}}^k) - \frac{(\underline{r}^k, \tilde{\underline{p}}^k)}{(A\underline{p}^k, \tilde{\underline{p}}^k)}(A\underline{p}^k, \tilde{\underline{p}}^k) = 0.$$

Für $\ell < k$ ist

$$(\underline{r}^{k+1}, \tilde{\underline{p}}^\ell) = (\underline{r}^k, \tilde{\underline{p}}^\ell) - \alpha_k(A\underline{p}^k, \tilde{\underline{p}}^\ell)$$

und die Behauptung folgt nun aus der Induktionsvorausetzung (5.17) und der Biorthogonalität (5.15). ∎

Die Orthogonalität zwischen dem Residuum $\underline{r}^{k+1}$ und den Suchrichtungen $\tilde{\underline{p}}^\ell$ kann auch auf die Ausgangsvektoren $\tilde{\underline{w}}^\ell$ übertragen werden, analog zu Lemma 5.2 gilt:

**Lemma 5.4** *Für $k = 0, \dots, n-2$ gilt die Orthogonalität*

$$(\underline{r}^{k+1}, \tilde{\underline{w}}^\ell) = 0 \quad \text{für alle } \ell = 0, \dots, k. \tag{5.18}$$

**Beweis:** Aus der Konstruktion der Suchrichtungen $\tilde{p}^{k+1}$ nach Algorithmus 5.6 folgt die Darstellung

$$\tilde{w}^\ell = \tilde{p}^\ell + \sum_{j=0}^{\ell-1} \tilde{\beta}_{\ell-1,j}\tilde{p}^j .$$

Dann ist

$$(\underline{r}^{k+1}, \tilde{w}^\ell) = (\underline{r}^{k+1}, \tilde{p}^\ell) + \sum_{j=0}^{\ell-1} \beta_{\ell-1,j}(\underline{r}^{k+1}, \tilde{p}^j) = 0$$

durch Anwendung von Lemma 5.3.      ∎

Wegen der Orthogonalität des Residuums $\underline{r}^{k+1}$ auf allen vorherigen Suchrichtungen $\tilde{w}^\ell$ für $\ell = 0, \ldots, k$ folgt insbesondere die lineare Unabhängigkeit des Vektorsystems

$$\left\{\tilde{w}^0, \tilde{w}^1, \ldots, \tilde{w}^k, \underline{r}^{k+1}\right\}.$$

Damit kann als neuer Ausgangsvektor

$$\tilde{w}^{k+1} = \underline{r}^{k+1} \quad \text{für } k = 0, \ldots, n-2$$

beziehungsweise $\tilde{w}^0 = \underline{r}^0$ gewählt werden. Aus der Orthogonalität (5.18) folgt dann

$$(\underline{r}^{k+1}, \tilde{w}^\ell) = (\underline{r}^{k+1}, \underline{r}^\ell) = 0 \quad \text{für } \ell = 0, \ldots, k.$$

Für den Zähler des Zerlegungskoeffizienten $\alpha_k$ ergibt sich

$$(\underline{r}^k, \tilde{p}^k) = (\underline{r}^k, \tilde{w}^k - \sum_{\ell=0}^{k-1} \tilde{\beta}_{k-1,\ell}\tilde{p}^\ell) = (\underline{r}^k, \underline{r}^k) = \varrho_k \geq 0 .$$

Für $\varrho_k = 0$ folgt $\underline{r}^k = \underline{0}$ und somit ist $\underline{x}^k = \underline{x}$ die exakte Lösung des linearen Gleichungssystems $A\underline{x} = \underline{f}$. Deshalb sei $\varrho_\ell > 0$ und somit $\alpha_\ell \neq 0$ für alle $\ell \leq k$ vorausgesetzt.

Zu bestimmen bleiben die Ausgangsvektoren $\{\underline{w}^\ell\}_{\ell=0}^{n-1}$. Analog kann für einen zunächst beliebig gewählten Startvektor $\tilde{r}^0 \in I\!\!R^n$ die Rekursionsvorschrift

$$\tilde{r}^{k+1} = \tilde{r}^k - \tilde{a}_k A^\top \tilde{p}^k \quad \text{mit } \tilde{\alpha}_k = \frac{(\tilde{r}^k, \underline{p}^k)}{(A^\top \tilde{p}^k, \underline{p}^k)} \tag{5.19}$$

für $k = 0, \ldots, n-2$ eingeführt werden. Analog zu oben folgen dann die Orthogonalitätsbeziehungen

$$(\tilde{r}^{k+1}, \underline{p}^\ell) = (\tilde{r}^{k+1}, \underline{w}^\ell) = 0 \quad \text{für } \ell = 0, \ldots, k$$

und somit die lineare Unabhängigkeit des Vektorsystems

$$\left\{\underline{w}^0, \underline{w}^1, \ldots, \underline{w}^k, \tilde{r}^{k+1}\right\}.$$

Damit kann als neuer Ausgangsvektor

$$\underline{w}^{k+1} = \underline{\tilde{r}}^{k+1} \quad \text{für } k = 0, \ldots, n-2$$

beziehungsweise $\underline{w}^0 = \underline{\tilde{r}}^0$ gewählt werden, und es folgt

$$(\underline{\tilde{r}}^{k+1}, \underline{w}^\ell) = (\underline{\tilde{r}}^{k+1}, \underline{\tilde{r}}^\ell) = 0 \quad \text{für } \ell = 0, \ldots, k.$$

Weiterhin ergibt sich für den Zähler von $\tilde{\alpha}_k$

$$(\underline{\tilde{r}}^k, \underline{p}^k) = \left(\underline{\tilde{r}}^k, \underline{w}^k - \sum_{\ell=0}^{k-1} \beta_{k-1,\ell} \underline{p}^\ell\right) = (\underline{\tilde{r}}^k, \underline{\tilde{r}}^k) = \tilde{\varrho}_k,$$

so daß ohne Einschränkung der Allgemeinheit $\tilde{\varrho}_k > 0$ und somit $\tilde{\alpha}_k \neq 0$ vorausgesetzt werden kann.

Für die spezielle Wahl der Ausgangsvektoren $\underline{w}^k = \underline{\tilde{r}}^k$ beziehungsweise $\underline{\tilde{w}}^k = \underline{r}^k$ kann der Algorithmus 5.6 zur Erzeugung der biorthogonalen Vektorsysteme $\{\underline{p}^\ell\}_{\ell=0}^{n-1}$ beziehungsweise $\{\underline{\tilde{p}}^\ell\}_{\ell=0}^{n-1}$ umformuliert werden. Für den Zähler von $\beta_{k\ell}$ ist dann

$$(A\underline{w}^{k+1}, \underline{\tilde{p}}^\ell) = (\underline{\tilde{r}}^{k+1}, A^\top \underline{\tilde{p}}^\ell) = \frac{1}{\tilde{\alpha}_\ell}(\underline{\tilde{r}}^{k+1}, \underline{\tilde{r}}^\ell - \underline{\tilde{r}}^{\ell+1})$$

und somit

$$(A\underline{w}^{k+1}, \underline{\tilde{p}}^\ell) = 0 \quad \text{für } \ell = 0, \ldots, k-1$$

beziehungsweise $\beta_{k\ell} = 0$ für $\ell = 0, \ldots, k-1$. Weiterhin ist

$$(A\underline{w}^{k+1}, \underline{\tilde{p}}^k) = -\frac{1}{\tilde{\alpha}_k}(\underline{\tilde{r}}^{k+1}, \underline{\tilde{r}}^{k+1}) = -\frac{\tilde{\varrho}_{k+1}}{\tilde{\alpha}_k} \quad \text{für } \ell = k.$$

Damit ergibt sich die neue Suchrichtung $\underline{p}^{k+1}$ in Algorithmus 5.6 aus

$$\underline{p}^{k+1} = \underline{\tilde{r}}^{k+1} - \beta_{kk}\underline{p}^k \quad \text{mit } \beta_{kk} = -\frac{\tilde{\varrho}_{k+1}}{\tilde{\alpha}_k(A\underline{p}^k, \underline{\tilde{p}}^k)}.$$

Für den Nenner von $\beta_{kk}$ folgt weiterhin

$$\tilde{\alpha}_k(A\underline{p}^k, \underline{\tilde{p}}^k) = \tilde{\alpha}_k(\underline{p}^k, A^\top \underline{\tilde{p}}^k) = (\underline{p}^k, \underline{\tilde{r}}^k - \underline{\tilde{r}}^{k+1}) = (\underline{p}^k, \underline{\tilde{r}}^k) = (\underline{\tilde{r}}^k, \underline{\tilde{r}}^k).$$

Somit folgt für die Berechnung des Vektorsystems $\{\underline{p}^\ell\}_{\ell=0}^{n-1}$ in Algorithmus 5.6 die Vorschrift

$$\underline{p}^0 = \underline{\tilde{r}}^0, \quad \underline{p}^{k+1} = \underline{\tilde{r}}^{k+1} + \beta_k \underline{p}^k \quad \text{mit } \beta_k = \frac{\tilde{\varrho}_{k+1}}{\tilde{\varrho}_k} \quad \text{für } k = 0, \ldots, n-2.$$

Entsprechend folgt für das Vektorsystem $\{\underline{\tilde{p}}^\ell\}_{\ell=0}^{n-1}$ die Vorschrift

$$\underline{\tilde{p}}^0 = \underline{r}^0, \quad \underline{\tilde{p}}^{k+1} = \underline{r}^{k+1} + \tilde{\beta}_k \underline{\tilde{p}}^k \quad \text{mit } \tilde{\beta}_k = \frac{\varrho_{k+1}}{\varrho_k} \quad \text{für } k = 0, \ldots, n-2.$$

Insgesamt erhält man die Iterationsvorschrift des **Gradientenverfahrens biorthogonaler Richtungen**:

Für eine beliebig gegebene Startnäherung $\underline{x}^0 \in I\!\!R^n$ sei $\underline{r}^0 = A\underline{x}^0 - \underline{f}$.
Wähle $\underline{\tilde{r}}^0$. Setze $\underline{p}^0 = \underline{\tilde{r}}^0, \underline{\tilde{p}}^0 = \underline{r}^0$ und berechne $\varrho_0 = (\underline{r}^0, \underline{r}^0), \tilde{\varrho}_0 = (\underline{\tilde{r}}^0, \underline{\tilde{r}}^0)$.
Stoppe, falls $\varrho_0 < \varepsilon^2$ mit einer vorgegebenen Fehlergenauigkeit $\varepsilon$ erreicht ist.
Berechne für $k = 0, 1, \ldots, n - 2$ :

$$\underline{s}^k = A\underline{p}^k, \underline{\tilde{s}}^k = A^\top\underline{\tilde{p}}^k, \ \sigma_k = (\underline{s}^k, \underline{\tilde{p}}^k), \ \alpha_k = \frac{\varrho_k}{\sigma_k}, \tilde{\alpha}_k = \frac{\tilde{\varrho}_k}{\sigma_k}$$

$$\underline{x}^{k+1} = \underline{x}^k - \alpha_k\underline{p}^k$$

$$\underline{r}^{k+1} = \underline{r}^k - \alpha_k\underline{s}^k$$

$$\underline{\tilde{r}}^{k+1} = \underline{\tilde{r}}^k - \tilde{\alpha}_k\underline{\tilde{s}}^k$$

$$\varrho_{k+1} = (\underline{r}^{k+1}, \underline{r}^{k+1}), \tilde{\varrho}_{k+1} = (\underline{\tilde{r}}^{k+1}, \underline{\tilde{r}}^{k+1}),$$

Stoppe, falls $\varrho_{k+1} < \varepsilon^2 \varrho_0$ mit einer vorgegebenen Fehlergenauigkeit $\varepsilon$
erreicht ist. Berechne andernfalls die neuen Suchrichtungen

$$\underline{p}^{k+1} = \underline{\tilde{r}}^{k+1} + \beta_k\underline{p}^k, \ \beta_k = \frac{\tilde{\varrho}_{k+1}}{\tilde{\varrho}_k}; \quad \underline{\tilde{p}}^{k+1} = \underline{r}^{k+1} + \tilde{\beta}_k\underline{\tilde{p}}^k, \ \tilde{\beta}_k = \frac{\varrho_{k+1}}{\varrho_k}$$

Algorithmus 5.7: Gradientenverfahren biorthogonaler Richtungen (1).

Im Fall einer symmetrischen und positiv definiten Matrix $A$ und $\underline{r}^0 = \underline{\tilde{r}}^0$ fällt
die Iterationsvorschrift des Gradientenverfahrens biorthogonaler Richtungen mit
dem in Algorithmus 5.2 angegebenen CG–Verfahrens zusammen. Deshalb wird
allgemein $\underline{r}^0 = \underline{\tilde{r}}^0$ gewählt.
Das in Algorithmus 5.7 dargestellte Gradientenverfahren biorthogonaler Richtungen basiert auf der Wahl der Ausgangsvektoren

$$\underline{w}^{k+1} = \underline{\tilde{r}}^{k+1}, \quad \underline{\tilde{w}}^{k+1} = \underline{r}^{k+1},$$

die die lineare Unabhängigkeit der Vektorsysteme $\{\underline{w}^\ell\}_{\ell=0}^{n-1}$ beziehungsweise $\{\underline{\tilde{w}}^\ell\}_{\ell=0}^{n-1}$
gewährleistet. Dies hat jedoch zur Folge, daß in Algorithmus 5.7 verschiedene ska-
lare Parameter $\alpha_k$ und $\tilde{\alpha}_k$ beziehungsweise $\beta_k$ und $\tilde{\beta}_k$ auftreten, das heißt daß sich
die Rekursionsvorschriften für die Residuen $\underline{r}^{k+1}$ und $\underline{\tilde{r}}^{k+1}$ unterscheiden. Deshalb
soll im folgenden ein Verfahren beschrieben werden, in dem die gleichen skalaren
Parameter $\alpha_k$ und $\beta_k$ zur Konstruktion **beider** Vektorsysteme verwendet werden
können.
Mit der Wahl der Ausgangsvektoren

$$\underline{w}^{k+1} = \underline{r}^{k+1}, \quad \underline{\tilde{w}}^{k+1} = \underline{\tilde{r}}^{k+1}$$

kann zwar die Voraussetzung der linearen Unabhängigkeit der Vektorsysteme
$\{\underline{w}\}_{\ell=0}^{n-1}$ beziehungsweise $\{\underline{\tilde{w}}^\ell\}_{\ell=0}^{n-1}$ nicht mehr gewährleistet werden, jedoch folgt
dann aus (5.18) die Orthogonalität

$$(\underline{r}^k, \underline{\tilde{r}}^\ell) = 0 \quad \text{für } k \neq \ell.$$

Für die Zähler der Zerlegungskoeffizienten $\alpha_k$ beziehungsweise $\tilde{\alpha}_k$ ergibt sich aus (5.16) und (5.19)

$$(\underline{r}^k, \underline{\tilde{p}}^k) = (\underline{r}^k, \underline{\tilde{r}}^k) = \varrho_k$$

beziehungsweise

$$(\underline{\tilde{r}}^k, \underline{p}^k) = (\underline{\tilde{r}}^k, \underline{r}^k) = \varrho_k.$$

Im folgenden wird $\varrho_k \neq 0$ für alle $k = 0, 1, \ldots, n-1$ vorausgesetzt. Der Fall $\varrho_k = 0$ führt in der Regel zu einem **Abbruch** des Verfahrens, der kein Aussage zur Näherungslösung des linearen Gleichungssystems ermöglicht.
Wegen $\varrho_k \neq 0$ folgt zunächst

$$\alpha_k = \frac{(\underline{r}^k, \underline{\tilde{r}}^k)}{(A\underline{p}^k, \underline{\tilde{p}}^k)} = \tilde{\alpha}_k \neq 0.$$

Weiter ist für den Zähler der Koeffizienten $\beta_{k\ell}$

$$(A\underline{r}^{k+1}, \underline{\tilde{p}}^\ell) = (\underline{r}^{k+1}, A^\top \underline{\tilde{p}}^\ell) = \frac{1}{\alpha_\ell}(\underline{r}^{k+1}, \underline{\tilde{r}}^\ell - \underline{\tilde{r}}^{\ell+1})$$

und somit

$$(A\underline{r}^{k+1}, \underline{\tilde{p}}^\ell) = 0 \quad \text{für } \ell = 0, \ldots, k-1$$

beziehungsweise $\beta_{k\ell} = 0$ für $\ell = 0, \ldots, k-1$ sowie

$$(A\underline{r}^{k+1}, \underline{\tilde{p}}^k) = -\frac{1}{\alpha_k}(\underline{r}^{k+1}, \underline{\tilde{r}}^{k+1}) = -\frac{\varrho_{k+1}}{\alpha_k} \quad \text{für } \ell = k.$$

Damit ergibt sich die neue Suchrichtung aus

$$\underline{p}^{k+1} = \underline{r}^{k+1} - \beta_{kk}\underline{p}^k \quad \text{mit } \beta_{kk} = -\frac{\varrho_{k+1}}{\alpha_k(A\underline{p}^k, \underline{\tilde{p}}^k)}.$$

Für den Nenner von $\beta_{kk}$ folgt nach Konstruktion der Vektoren $\underline{\tilde{r}}^k$

$$\alpha_k(A\underline{p}^k, \underline{\tilde{p}}^k) = \alpha_k(\underline{p}^k, A^\top \underline{\tilde{p}}^k) = (\underline{p}^k, \underline{\tilde{r}}^k - \underline{\tilde{r}}^{k+1}) = (\underline{p}^k, \underline{\tilde{r}}^k) = (\underline{r}^k, \underline{\tilde{r}}^k) = \varrho_k$$

und somit

$$\underline{p}^{k+1} = \underline{r}^{k+1} + \beta_k\underline{p}^k, \quad \beta_k = \frac{\varrho_{k+1}}{\varrho_k}.$$

Analog ergibt sich

$$\underline{\tilde{p}}^{k+1} = \underline{\tilde{r}}^{k+1} + \beta_k\underline{\tilde{p}}^k, \quad \beta_k = \frac{\varrho_{k+1}}{\varrho_k}.$$

Für eine beliebig gegebene Startnäherung $\underline{x}^0 \in I\!\!R^n$ sei $\underline{r}^0 = A\underline{x}^0 - \underline{f}$.
Wähle $\underline{\tilde{r}}^0$. Setze $\underline{p}^0 = \underline{r}^0, \underline{\tilde{p}}^0 = \underline{\tilde{r}}^0$ und berechne $\varrho_0 = (\underline{r}^0, \underline{\tilde{r}}^0)$.
Stoppe, falls $\varrho_0 < \varepsilon^2$ mit einer vorgegebenen Fehlergenauigkeit $\varepsilon$ erreicht ist.
Berechne für $k = 0, 1, \ldots, n - 2$ :

$$\underline{s}^k = A\underline{p}^k, \underline{\tilde{s}}^k = A^\top\underline{\tilde{p}}^k, \quad \sigma_k = (\underline{s}^k, \underline{\tilde{p}}^k), \quad \alpha_k = \frac{\varrho_k}{\sigma_k}$$

$$\underline{x}^{k+1} = \underline{x}^k - \alpha_k\underline{p}^k$$

$$\underline{r}^{k+1} = \underline{r}^k - \alpha_k\underline{s}^k$$

$$\underline{\tilde{r}}^{k+1} = \underline{\tilde{r}}^k - \alpha_k\underline{\tilde{s}}^k$$

$$\varrho_{k+1} = (\underline{r}^{k+1}, \underline{\tilde{r}}^{k+1}),$$

Stoppe, falls $\|\underline{r}^{k+1}\|_2 < \varepsilon\|\underline{r}^0\|_2$ mit einer vorgegebenen Fehlergenauigkeit $\varepsilon$
erreicht ist. Berechne andernfalls die neuen Suchrichtungen

$$\underline{p}^{k+1} = \underline{r}^{k+1} + \beta_k\underline{p}^k, \quad \underline{\tilde{p}}^{k+1} = \underline{\tilde{r}}^{k+1} + \beta_k\underline{\tilde{p}}^k, \quad \beta_k = \frac{\varrho_{k+1}}{\varrho_k}$$

Algorithmus 5.8: Gradientenverfahren biorthogonaler Richtungen (2).


In Algorithmus 5.8 werden die biorthogonalen Suchrichtungen $\underline{\tilde{p}}^k$ beziehungswei-se die zugehörigen Residuen $\underline{\tilde{r}}^k$ nur zur Berechnung der skalaren Parameter $\sigma_k$ beziehungsweise $\varrho_k$ benötigt. Im folgenden soll untersucht werden, wie der Algo-rithmus 5.8 umformuliert werden kann, so daß keine explizite Berechnung von $\underline{\tilde{p}}^k$ und von $\underline{\tilde{r}}^k$ erforderlich ist.
Ausgehend von der Initialiserung $\varphi_0(A) = \psi_0(A) = I \in I\!\!R^{n \times n}$ können die Rekur-sionsvorschriften für die Residuen $\underline{r}^{k+1}$ und $\underline{\tilde{r}}^{k+1}$ beziehungsweise für die Such-richtungen $\underline{p}^{k+1}$ und $\underline{\tilde{p}}^{k+1}$ durch die Matrix–Polynome

$$\underline{r}^{k+1} = \varphi_{k+1}(A)\underline{r}^0 = [\varphi_k(A) - \alpha_k A\psi_k(A)]\,\underline{r}^0, \quad \underline{\tilde{r}}^{k+1} = \varphi_{k+1}(A^\top)\underline{\tilde{r}}^0$$

beziehungsweise

$$\underline{p}^{k+1} = \psi_{k+1}(A)\underline{r}^0 = [\varphi_{k+1}(A) + \beta_k\psi_k(A)]\,\underline{r}^0, \quad \underline{\tilde{p}}^{k+1} = \psi_{k+1}(A^\top)\underline{\tilde{r}}^0$$

ausgedrückt werden. Nach Konstruktion ist

$$\underline{r}^k = \varphi_k(A)\underline{r}^0 \in S_k(A, \underline{r}^0) = \mathrm{span}\{A^\ell\underline{r}^0\}_{\ell=0}^k$$

beziehungsweise

$$\underline{\tilde{r}}^k = \varphi_k(A^\top)\underline{\tilde{r}}^0 \in S_k(A^\top, \underline{\tilde{r}}^0) = \mathrm{span}\{(A^\top)^\ell\underline{r}^0\}_{\ell=0}^k.$$

**Folgerung 5.2** *Es gilt*

$$(\underline{r}^{k+1}, \widetilde{v}) = 0 \quad \text{für alle } \widetilde{v} \in S_k(A^\top, \widetilde{r}^0).$$

*Für ein beliebiges $\widetilde{v} \in S_k(A^\top, \widetilde{r}^0)$ gilt andererseits die Darstellung*

$$\widetilde{v} = \sum_{\ell=0}^{k} \widetilde{v}_\ell (A^\top)^\ell \widetilde{r}^0 = \phi_k(A^\top)\widetilde{r}^0$$

*mit einem durch die Koeffizienten $\widetilde{v}_\ell$ definierten Polynom $\phi_k \in \Pi_k$ und somit*

$$(\underline{r}^{k+1}, \phi_k(A^\top)\widetilde{r}^0) = 0 \quad \text{für alle } \phi_k \in \Pi_k.$$

*Aus der Biorthogonalität*

$$(A\underline{p}^{k+1}, \widetilde{p}^\ell) = 0 \quad \text{für } \ell = 0, \ldots, k$$

*folgt analog*

$$(A\underline{p}^{k+1}, \phi_k(A^\top)\widetilde{r}^0) = 0 \quad \text{für alle } \phi_k \in \Pi_k.$$

Für die in Algorithmus 5.8 verwendeten Skalarprodukte zur Berechnung von $\varrho_k$ beziehungsweise von $\sigma_k$ ergibt sich daraus

$$\varrho_k = (\underline{r}^k, \widetilde{r}^k) = (\varphi_k(A)\underline{r}^0, \varphi_k(A^\top)\widetilde{r}^0) = (\varphi_k^2(A)\underline{r}^0, \widetilde{r}^0) = (\hat{\underline{r}}^k, \widetilde{r}^0)$$

und

$$\sigma_k = (A\underline{p}^k, \widetilde{p}^k) = (A\psi_k(A)\underline{r}^0, \psi_k(A^\top)\widetilde{r}^0) = (A\psi_k^2(A)\underline{r}^0, \widetilde{r}^0) = (A\hat{\underline{p}}^k, \widetilde{r}^0)$$

mit $\hat{\underline{r}}^k = \varphi_k^2(A)\underline{r}^0$ und $\hat{\underline{p}}^k = \psi_k^2(A)\underline{r}^0$. Dabei ist $\hat{\underline{r}}^0 = \hat{\underline{p}}^0 = \underline{r}^0$ und durch Einsetzen der Rekursionsvorschrift folgt für das modifizierte Residuum

$$\begin{aligned}
\hat{\underline{r}}^{k+1} &= \varphi_{k+1}^2(A)\underline{r}^0 = [\varphi_k(A) - \alpha_k A\psi_k(A)]^2 \, \underline{r}^0 \\
&= \left[\varphi_k^2(A) - 2\alpha_k A\varphi_k(A)\psi_k(A) + \alpha_k^2 A^2 \psi_k^2(A)\right] \underline{r}^0 \\
&= \left[\varphi_k^2(A) - 2\alpha_k A\varphi_k(A)[\varphi_k(A) + \beta_{k-1}\psi_{k-1}(A)] + \alpha_k^2 A^2 \psi_k^2(A)\right] \underline{r}^0 \\
&= (I - 2\alpha_k A)\varphi_k^2(A)\underline{r}^0 - 2\alpha_k \beta_{k-1} A\varphi_k(A)\psi_{k-1}(A)\underline{r}^0 + \alpha_k^2 A^2 \psi_k^2(A)\underline{r}^0 \\
&= (I - 2\alpha_k A)\hat{\underline{r}}^k - 2\alpha_k \beta_{k-1} A\hat{\underline{q}}^k + \alpha_k^2 A^2 \hat{\underline{p}}^k
\end{aligned}$$

mit

$$\hat{\underline{q}}^k = \varphi_k(A)\psi_{k-1}(A)\underline{r}^0, \quad \underline{q}^0 = \underline{0}.$$

Analog wie oben ergibt sich aus der Rekursionsvorschrift

$$
\begin{aligned}
\underline{\hat{q}}^{k+1} &= \varphi_{k+1}(A)\psi_k(A)\underline{r}^0 \\
&= \left[\varphi_k(A) - \alpha_k A\psi_k(A)\right]\psi_k(A)\underline{r}^0 \\
&= \varphi_k(A)\psi_k(A)\underline{r}^0 - \alpha_k A\psi_k^2(A)\underline{r}^0 \\
&= \varphi_k(A)\left[\varphi_k(A) + \beta_{k-1}\psi_{k-1}(A)\right]\underline{r}^0 - \alpha_k A\psi_k^2(A)\underline{r}^0 \\
&= \varphi_k^2(A)\underline{r}^0 + \beta_{k-1}\varphi_k(A)\psi_{k-1}(A)\underline{r}^0 - \alpha_k A\psi_k^2(A)\underline{r}^0 \\
&= \underline{\hat{r}}^k + \beta_{k-1}\underline{\hat{q}}^k - \alpha_k A\underline{\hat{p}}^k \,.
\end{aligned}
$$

Für die modifzierte Suchrichtung folgt schließlich

$$
\begin{aligned}
\underline{\hat{p}}^{k+1} &= \psi_{k+1}^2(A)\underline{r}^0 = \left[\varphi_{k+1}(A) + \beta_k\psi_k(A)\right]^2\underline{r}^0 \\
&= \varphi_{k+1}^2(A)\underline{r}^0 + 2\beta_k\varphi_{k+1}(A)\psi_k(A)\underline{r}^0 + \beta_k^2\psi_k^2(A)\underline{r}^0 \\
&= \underline{\hat{r}}^{k+1} + 2\beta_k\underline{\hat{q}}^{k+1} + \beta_k^2\underline{\hat{p}}^k \,.
\end{aligned}
$$

Das Residuum

$$
\underline{\hat{r}}^{k+1} = \underline{\hat{r}}^k - \alpha_k A\left[2\underline{\hat{r}}^k + 2\beta_{k-1}\underline{\hat{q}}^k - \alpha_k A\underline{\hat{p}}^k\right] = \underline{\hat{r}}^k - \alpha_k A\underline{\hat{w}}^k
$$

wird durch die Näherungslösung

$$
\underline{\hat{x}}^{k+1} = \underline{\hat{x}}^k - \alpha_k\left[2\underline{\hat{r}}^k + 2\beta_{k-1}\underline{\hat{q}}^k - \alpha_k A\underline{\hat{p}}^k = \underline{\hat{x}}^k - \alpha_k\underline{\hat{w}}^k\right]
$$

mit $\underline{\hat{x}}^0 = \underline{x}^0$ induziert. Die resultierende Iterationsvorschrift zur Berechnung von $\underline{\hat{x}}^{k+1}$ ist das **CGS–Verfahren** (Conjugate Gradient Squared) [49].

---

Für eine beliebig gegebene Startnäherung $\underline{x}^0 \in I\!R^n$ sei $\underline{r}^0 = A\underline{x}^0 - \underline{f}$.
Wähle $\underline{\tilde{r}}^0$. Setze $\underline{p}^0 = \underline{r}^0$, $\underline{q}^0 = \underline{0}$, $\beta_{-1} = 0$ und berechne $\varrho_0 = (\underline{r}^0, \underline{\tilde{r}}^0)$.
Stoppe, falls $\|\underline{r}\|_2 < \varepsilon$ mit einer vorgegebenen Genauigkeit $\varepsilon$ erreicht ist.
Berechne für $k = 0, 1, \ldots, n-2$ :

$$
\underline{s}^k = A\underline{p}^k, \quad \sigma_k = (\underline{s}^k, \underline{\tilde{r}}^0), \quad \alpha_k = \frac{\varrho_k}{\sigma_k}
$$

$$
\underline{w}^k = \underline{r}^k + \beta_{k-1}\underline{q}^k, \quad \underline{q}^{k+1} = \underline{w}^k - \alpha_k\underline{s}^k, \quad \underline{\bar{w}}^k = \underline{q}^{k+1} + \underline{w}^k, \quad \underline{\bar{s}}^k = A\underline{\bar{w}}^k
$$

$$
\underline{x}^{k+1} = \underline{x}^k - \alpha_k\underline{\bar{w}}^k
$$

$$
\underline{r}^{k+1} = \underline{r}^k - \alpha_k\underline{\bar{s}}^k
$$

$$
\varrho_{k+1} = (\underline{r}^{k+1}, \underline{\tilde{r}}^0),
$$

Stoppe, falls $\|\underline{r}^{k+1}\|_2 < \varepsilon\|\underline{r}^0\|_2$ mit einer vorgegebenen Genauigkeit $\varepsilon$ erreicht ist. Berechne andernfalls die neuen Suchrichtungen

$$
\beta_k = \frac{\varrho_{k+1}}{\varrho_k}, \quad \underline{p}^{k+1} = \underline{r}^{k+1} + \beta_k(2\underline{q}^{k+1} + \beta_k\underline{p}^k).
$$

---

Algorithmus 5.9: CGS–Verfahren.

Bei dem in Algorithmus 5.9 angegebenen CGS–Verfahren wird, ausgehend vom BiCG–Verfahren, das modifizierte Residuum

$$\hat{\underline{r}}^{k+1} = \varphi_{k+1}^2(A)\underline{r}^0 = \varphi_{k+1}(A)\underline{r}^{k+1}$$

betrachtet. Das Matrixpolynom $\varphi_{k+1}(A)$ kann durch ein Polynom

$$\theta_{k+1}(A) = \prod_{\ell=0}^{k}(I - \omega_\ell A) = (I - \omega_k A)\theta_k(A)$$

mit dem Ziel einer **Glättung** des Konvergenzverhaltens des Residuums ersetzt werden,

$$\hat{\underline{r}}^{k+1} = \theta_{k+1}(A)\underline{r}^{k+1} = (I - \omega_k A)\theta_k(A)\underline{r}^k = (I - \omega_k A)\hat{\underline{r}}^k.$$

Eine Möglichkeit zur Berechnung des Koeffizienten $\omega_k$ besteht in der Minimierung der Euklidischen Vektornorm,

$$\omega_k = \arg\min\|(I - \omega A)\hat{\underline{r}}^k\|_2\,.$$

Als Lösung dieser Minimierungsaufgabe ergibt sich

$$\omega_k = \frac{(A\hat{\underline{r}}^k, \hat{\underline{r}}^k)}{(A\hat{\underline{r}}^k, A\hat{\underline{r}}^k)}\,.$$

Das Einsetzen der Rekursionsvorschrift des Gradientenverfahrens biorthogonaler Richtungen ergibt unter Beachtung der Vertauschbarkeit von $\theta_k(A)A = A\theta_k(A)$

$$\begin{aligned}
\hat{\underline{r}}^{k+1} &= \theta_{k+1}(A)\underline{r}^{k+1} = (I - \omega_k A)\theta_k(A)\left[\underline{r}^k - \alpha_k A\underline{p}^k\right] \\
&= (I - \omega_k A)\theta_k(A)\underline{r}^k - \alpha_k(I - \omega_k A)A\theta_k(A)\underline{p}^k \\
&= (I - \omega_k A)\hat{\underline{r}}^k - \alpha_k(I - \omega_k A)A\hat{\underline{p}}^k
\end{aligned}$$

mit der modifizierten Suchrichtung

$$\begin{aligned}
\hat{\underline{p}}^{k+1} &= \theta_{k+1}(A)\underline{p}^{k+1} = \theta_{k+1}(A)\left[\underline{r}^{k+1} + \beta_k\underline{p}^k\right] \\
&= \theta_{k+1}(A)\underline{r}^{k+1} + \beta_k(I - \omega_k A)\theta_k(A)\underline{p}^k = \hat{\underline{r}}^{k+1} + \beta_k(I - \omega_k A)\hat{\underline{p}}^k.
\end{aligned}$$

Für die Iterationsvorschrift des BiCG–Verfahrens sind die Koeffizienten $\varrho_k$ und $\sigma_k$ beziehungsweise $\alpha_k$ und $\beta_k$ zu berechnen. Dabei ist zunächst

$$\varrho_{k+1} = (\underline{r}^{k+1}, \tilde{\underline{r}}^{k+1}) = (\underline{r}^{k+1}, \varphi_{k+1}(A^\top)\tilde{\underline{r}}^0)\,.$$

Aus der Rekursionsvorschrift von $\varphi_{k+1}(A^\top)$ folgt

$$\begin{aligned}
\varphi_{k+1}(A^\top)\tilde{\underline{r}}^0 &= \tilde{\underline{r}}^{k+1} = \tilde{\underline{r}}^k - \alpha_k A^\top\tilde{\underline{p}}^k = \tilde{\underline{r}}^k - \alpha_k A^\top[\tilde{\underline{r}}^k + \beta_{k-1}\tilde{\underline{p}}^{k-1}] \\
&= -\alpha_k A^\top\tilde{\underline{r}}^k + \tilde{\underline{r}}^k - \alpha_k\beta_{k-1}A^\top\tilde{\underline{p}}^{k-1} \\
&= -\alpha_k A^\top\varphi_k(A^\top)\tilde{\underline{r}}^0 + \varphi_k(A^\top)\tilde{\underline{r}}^0 - \alpha_k\beta_{k-1}A^\top\psi_{k-1}(A^\top)\tilde{\underline{r}}^0 \\
&= -\alpha_k A^\top\varphi_k(A^\top)\tilde{\underline{r}}^0 + \phi_k(A^\top)\tilde{\underline{r}}^0
\end{aligned}$$

mit einem Polynom $\phi_k(A^\top) = \varphi_k(A^\top) - \alpha_k\beta_{k-1}A^\top\psi_{k-1}(A^\top) \in \Pi_k$. Durch rekursive Anwendung ergibt sich daraus

$$\varphi_{k+1}(A^\top)\tilde{r}^0 = \prod_{\ell=0}^{k}(-\alpha_\ell)(A^\top)^{k+1}\tilde{r}^0 + \tilde{\phi}_k(A^\top)\tilde{r}^0 .$$

Mit Folgerung 5.2 ergibt sich dann

$$\varrho_{k+1} = (\underline{r}^{k+1}, \varphi_{k+1}(A^\top)\tilde{\underline{r}}^0) = \prod_{\ell=0}^{k}(-\alpha_\ell)(\underline{r}^{k+1}, (A^\top)^{k+1}\tilde{\underline{r}}^0).$$

Andererseits ist

$$\hat{\varrho}_{k+1} = (\hat{r}^{k+1}, \tilde{\underline{r}}^0) = (\theta_{k+1}(A)\underline{r}^{k+1}, \tilde{\underline{r}}^0) = (\underline{r}^{k+1}, \theta_{k+1}(A^\top)\tilde{\underline{r}}^0)$$

und

$$\theta_{k+1}(A^\top)\tilde{\underline{r}}^0 = \prod_{\ell=0}^{k}(I - \omega_\ell A^\top)\tilde{\underline{r}}^0 = \prod_{\ell=0}^{k}(-\omega_\ell)(A^\top)^{k+1}\tilde{\underline{r}}^0 + \hat{\phi}_k(A^\top)\tilde{\underline{r}}^0$$

mit einem Polynom $\hat{\phi}_k \in \Pi_k$. Die erneute Anwendung von Folgerung 5.2 liefert

$$\bar{\varrho}_{k+1} = (\underline{r}^{k+1}, \theta_{k+1}(A^\top)\tilde{\underline{r}}^0) = \prod_{\ell=0}^{k}(-\omega_\ell)(\underline{r}^{k+1}, (A^\top)^{k+1}\tilde{\underline{r}}^0).$$

Daraus folgt

$$\varrho_{k+1} = \left[\prod_{\ell=0}^{k}\frac{\alpha_\ell}{\omega_\ell}\right]\hat{\varrho}_{k+1}$$

und somit

$$\beta_k = \frac{\varrho_{k+1}}{\varrho_k} = \frac{\hat{\varrho}_{k+1}}{\hat{\varrho}_k}\frac{\alpha_k}{\omega_k} .$$

Für die Berechnung von $\sigma_k$ folgt aus der Rekursionsvorschrift für die Suchrichtungen unter Beachtung von Folgerung 5.2

$$\sigma_k = (A\underline{p}^k, \tilde{\underline{p}}^k) = (A\underline{p}^k, \psi_k(A^\top)\tilde{\underline{r}}^0) = (A\underline{p}^k, [\varphi_k(A^\top) + \beta_{k-1}\psi_{k-1}(A^\top)]\tilde{\underline{r}}^0)$$

$$= (A\underline{p}^k, \varphi_k(A^\top)\tilde{\underline{r}}^0) = \prod_{\ell=0}^{k-1}(-\alpha_\ell)(A\underline{p}^k, (A^\top)^k\tilde{\underline{r}}^0) .$$

Andererseits ist

$$\hat{\sigma}_k = (A\hat{p}^k, \tilde{\underline{r}}^0) = (A\theta_k(A)\underline{p}^k, \tilde{\underline{r}}^0) = (A\underline{p}^k, \theta_k(A^\top)\tilde{\underline{r}}^0)$$

$$= (A\underline{p}^k, \prod_{\ell=0}^{k-1}(I - \omega_\ell A^\top)\tilde{\underline{r}}^0) = \prod_{\ell=0}^{k-1}(-\omega_\ell)(A\underline{p}^k, (A^\top)^k\tilde{\underline{r}}^0),$$

und somit gilt

$$\sigma_k = \hat{\sigma}_k \prod_{\ell=0}^{k-1} \frac{\alpha_\ell}{\omega_\ell}.$$

Für die Berechnung von $\alpha_k$ ergibt sich dann

$$\alpha_k = \frac{\varrho_k}{\sigma_k} = \frac{\hat{\varrho}_k}{\hat{\sigma}_k}.$$

Dem modifizierten Residuum

$$\hat{\underline{r}}^{k+1} = (I - \omega_k A)\hat{\underline{r}}^k = \hat{\underline{r}}^k - \omega_k A\hat{\underline{r}}^k$$

kann die modifizierte Näherungslösung

$$\hat{\underline{x}}^{k+1} = \hat{\underline{x}}^k - \omega_k \hat{\underline{r}}^k$$

zugeordnet werden. Insgesamt ergibt sich die Iterationsvorschrift des **stabilisierten Gradientenverfahrens biorthogonaler Richtungen** (BiCGStab) [58].

$$\boxed{\begin{array}{l}
\text{Für eine beliebig gegebene Startnäherung } \underline{x}^0 \in I\!\!R^n \text{ sei } \underline{r}^0 = A\underline{x}^0 - \underline{f}. \\[4pt]
\text{Wähle } \tilde{\underline{r}}^0 = \underline{r}^0. \text{ Setze } \underline{p}^0 = \underline{r}^0, \text{ und berechne } \varrho_0 = (\underline{r}^0, \tilde{\underline{r}}^0). \\[4pt]
\text{Stoppe, falls } \|\underline{r}\|_2 < \varepsilon \text{ mit einer vorgegebenen Genauigkeit } \varepsilon \text{ erreicht ist.} \\[4pt]
\text{Berechne für } k = 0, 1, \ldots, n-2: \\[4pt]
\quad \underline{s}^k = A\underline{p}^k, \ \sigma_k = (\underline{s}^k, \tilde{\underline{r}}^0). \text{ Stoppe, falls } \sigma_k = 0. \\[8pt]
\quad \alpha_k = \dfrac{\varrho_k}{\sigma_k}, \quad \underline{w}^k = \underline{r}^k - \alpha_k \underline{s}^k, \quad \underline{v}^k = A\underline{w}^k, \quad \omega_k = \dfrac{(\underline{v}^k, \underline{w}^k)}{(\underline{v}^k, \underline{v}^k)} \\[8pt]
\quad \underline{x}^{k+1} = \underline{x}^k - \alpha_k \underline{p}^k - \omega_k \underline{w}^k \\[6pt]
\quad \underline{r}^{k+1} = \underline{r}^k - \alpha_k \underline{s}^k - \omega_k \underline{v}^k \\[6pt]
\quad \varrho_{k+1} = (\underline{r}^{k+1}, \tilde{\underline{r}}^0), \\[6pt]
\text{Stoppe, falls } \|\underline{r}^{k+1}\|_2 < \varepsilon \|\underline{r}^0\|_2 \text{ mit einer vorgegebenen Genauigkeit } \varepsilon \\[4pt]
\text{erreicht ist. Berechne andernfalls die neuen Suchrichtungen} \\[8pt]
\quad \beta_k = \dfrac{\varrho_{k+1}}{\varrho_k} \dfrac{\alpha_k}{\omega_k}, \quad \underline{p}^{k+1} = \underline{r}^{k+1} + \beta_k(\underline{p}^k - \omega_k \underline{s}^k).
\end{array}}$$

Algorithmus 5.10: BiCGStab -Verfahren.

Vorausgesetzt werden muß die lineare Unabhängigkeit des Vektorsystems $\{\underline{r}^\ell\}_{\ell=0}^k$ zur Gewährleistung von $\varrho_k = (\underline{r}^k, \underline{r}^0) \neq 0$. Andernfalls kommt es zu einem Abbruch des Verfahrens. Darin liegt der **Nachteil** des BiCGStab-Verfahrens begründet. Anders als beim GMRES–Verfahren kann in dieser Situation keine Information über die Näherungslösung gewonnen werden. Zur Verbesserung des Konvergenzverhaltens kann wieder der Algorithmus 5.10 für das vorkonditionierte Gleichungssystem $B^{-1}A\underline{x} = B^{-1}\underline{f}$ angewendet werden.

**Beispiel 5.4** *Für die Lösung des linearen Gleichungssystems*

$$\begin{pmatrix} 2 & 1 \\ 1 & 0 \end{pmatrix} \begin{pmatrix} x_1 \\ x_2 \end{pmatrix} = \begin{pmatrix} 0 \\ 1 \end{pmatrix}$$

*führt die Anwendung des* **BiCGStab–Verfahrens** *für die Startnäherung* $\underline{x}^0 = \underline{0}$
*zu*

$$\underline{p}^0 = \underline{r}^0 = A\underline{x}^0 - \underline{f} = \begin{pmatrix} 0 \\ -1 \end{pmatrix}.$$

*Im ersten Iterationsschritt ist*

$$\underline{s}^0 = A\underline{p}^0 = \begin{pmatrix} 2 & 1 \\ 1 & 0 \end{pmatrix} \begin{pmatrix} 0 \\ -1 \end{pmatrix} = \begin{pmatrix} -1 \\ 0 \end{pmatrix}$$

*Für* $\tilde{\underline{r}}^0 = \underline{r}^0$ *folgt* $\sigma_0 = 0$ *und es kommt zu einem* **Abbruch** *des Verfahrens.*
*Für* $\underline{x}^0 = \underline{0}$ *ist beim* **GMRES–Verfahren** $\varrho_0 = \|\underline{r}^0\|_2 = 1$ *und somit* $\underline{v}^0 = \underline{r}^0$.
*Der erste Iterationsschritt lautet*

$$\hat{\underline{v}}^1 = A\underline{v}^0 - \beta_{00}\underline{v}^0, \quad \beta_{00} = (A\underline{v}^0, \underline{v}^0)$$

*beziehungsweise*

$$\underline{v}^0 = \begin{pmatrix} 0 \\ -1 \end{pmatrix}, \quad A\underline{v}^0 = \begin{pmatrix} -1 \\ 0 \end{pmatrix}, \quad \beta_{00} = 0, \quad \hat{\underline{v}}^1 = \begin{pmatrix} -1 \\ 0 \end{pmatrix}.$$

*Daraus folgt* $\beta_{01} = \|\hat{\underline{v}}^1\|_2 = 1$ *und* $\underline{v}^1 = \hat{\underline{v}}^1$. *Im zweiten Iterationsschritt*

$$\hat{\underline{v}}^2 = A\underline{v}^1 - \beta_{10}\underline{v}^0 - \beta_{11}\underline{v}^1, \quad \beta_{10} = (A\underline{v}^1, \underline{v}^0), \quad \beta_{11} = (A\underline{v}^1, \underline{v}^1)$$

*ist*

$$A\underline{v}^1 = \begin{pmatrix} -2 \\ -1 \end{pmatrix}, \quad \beta_{10} = 1, \quad \beta_{11} = 2, \quad \hat{\underline{v}}^2 = \underline{0}$$

*und somit* $\beta_{12} = 0$. *In dieser* **Abbruchsituation** *ergibt sich der Vektor* $\underline{\alpha}$ *der*
*Zerlegungskoeffizienten als Lösung des linearen Gleichungssystems* $H_1\underline{\alpha} = \varrho_0\underline{e}^0$,

$$\begin{pmatrix} 0 & 1 \\ 1 & 2 \end{pmatrix} \begin{pmatrix} \alpha_0 \\ \alpha_1 \end{pmatrix} = \begin{pmatrix} 1 \\ 0 \end{pmatrix},$$

*das heißt* $\alpha_1 = 1$ *und* $\alpha_0 = -2$. *Daraus ergibt sich für die Lösung des linearen*
*Gleichungssystems* $A\underline{x} = \underline{f}$,

$$\underline{x} = \underline{x}^0 - \alpha_0\underline{v}^0 - \alpha_1\underline{v}^1 = -(-2) \cdot \begin{pmatrix} 0 \\ -1 \end{pmatrix} - 1 \cdot \begin{pmatrix} -1 \\ 0 \end{pmatrix} = \begin{pmatrix} 1 \\ -2 \end{pmatrix}.$$

*Dieses Beispiel zeigt die* **Robustheit** *des GMRES-Verfahrens im Vergleich zum*
*BiCGStab-Verfahren.*

**Beispiel 5.5** *Am Beispiel der näherungsweisen Lösung des Randwertproblems in Beispiel 2.3 sollen das Gradientenverfahren des minimalen Defekts (Algorithmus 4.4), das GMRES-Verfahren (Algorithmus 5.5) sowie das BiCGStab-Verfahren (Algorithmus 5.10) miteinander vergleichen werden. Dabei ist $\varepsilon = 10^{-8}$.*

| $n$ | Gradienten | GMRES | BiCGStab |
|---|---|---|---|
| 4 | 35 | 3 | 3 |
| 8 | 193 | 7 | 7 |
| 16 | 866 | 15 | 15 |
| 32 | 3590 | 31 | 32 |
| 64 | 14516 | 63 | 72 |
| 128 | 58266 | 127 | 134 |

Tabelle 5.3: Iterationszahlen für Beispiel 2.3.

*Eine Konvergenzbetrachtung des GMRES-Verfahrens (Abbildung 5.1) zeigt, daß erst im letzten Iterationsschritt die Näherungslösung hinreichend genau berechnet wird. Dieses Konvergenzverhalten kann wiederum durch den Einsatz einer geeigneten Vorkonditionierung verbessert werden.*

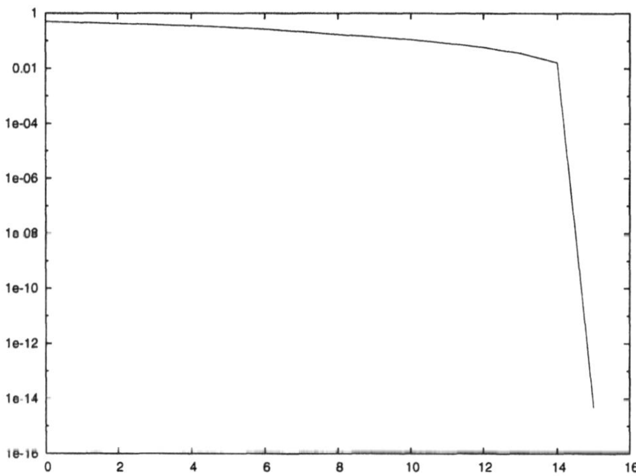

Abbildung 5.1: Konvergenzverhalten des GMRES-Verfahrens ($n = 16$).

# Kapitel 6

# Gleichungssysteme mit Blockstruktur

Lineare Gleichungssysteme mit Blockstruktur entstehen zum Beispiel bei der Diskretisierung von Sattelpunktproblemen mit finiten Elementen sowie bei der Galerkin–Diskretisierung der symmetrischen Formulierung von Randintegralgleichungen, siehe zum Beispiel [51]. Gleichungssysteme mit Blockstruktur entstehen aber auch bei Gebietszerlegungsmethoden zur Kopplung verschiedener Modellgleichungen oder Diskretisierungen [50, 59]. Dies beinhaltet auch die Herleitung paralleler Lösungsverfahren. Wesentlich dafür ist die Verfügbarkeit optimaler Vorkonditionierungsstrategien.

## 6.1   Symmetrische Gleichungssysteme

Betrachtet werden lineare Gleichungssysteme der Gestalt

$$\begin{pmatrix} A & B \\ B^\top & D \end{pmatrix} \begin{pmatrix} \underline{x}_1 \\ \underline{x}_2 \end{pmatrix} = \begin{pmatrix} \underline{f}_1 \\ \underline{f}_2 \end{pmatrix}, \tag{6.1}$$

mit Matrizen

$$A \in I\!R^{n_1 \times n_1}, \quad B \in I\!R^{n_1 \times n_2}, \quad D \in I\!R^{n_2 \times n_2}.$$

Insbesondere bei Gebietszerlegungsmethoden ist die Matrix $A = \mathrm{diag}(A_i)_{i=1}^p$ als Block–Diagonalmatrix gegeben. Die Invertierung von $A$ beruht in diesem Fall auf der Invertierung der kleineren Block–Matrizen $A_i \in I\!R^{n_{1,i} \times n_{1,i}}$.

Es wird vorausgesetzt, daß die Matrix

$$M = \begin{pmatrix} A & B \\ B^\top & D \end{pmatrix}$$

**symmetrisch** und **positiv definit** ist, das heißt es gilt

$$(M\underline{x}, \underline{x}) \geq c_1^M \, \|\underline{x}\|_2^2 \quad \text{für alle } \underline{x} \in I\!R^n \text{ mit } n = n_1 + n_2.$$

Daraus folgt die Symmetrie und positive Definitheit der Matrizen $A$ und $D$,

$$(A\underline{x}_1, \underline{x}_1) \geq c_1^M \|\underline{x}_1\|_2^2 \quad \text{für alle } \underline{x}_1 \in \mathbb{R}^{n_1},$$

sowie

$$(D\underline{x}_2, \underline{x}_2) \geq c_1^M \|\underline{x}_2\|_2^2 \quad \text{für alle } \underline{x}_2 \in \mathbb{R}^{n_2}.$$

Aus der positiven Definitheit von $A$ folgt insbesondere die Invertierbarkeit von $A$, das heißt die erste Gleichung in (6.1) kann nach $\underline{x}_1$ aufgelöst werden,

$$\underline{x}_1 = A^{-1}\underline{f}_1 - A^{-1}B\underline{x}_2.$$

Einsetzen in die zweite Gleichung von (6.1) ergibt das lineare Gleichungssystem

$$S\underline{x}_2 = \left[D - B^\top A^{-1}B\right]\underline{x}_2 = \underline{f}_2 - B^\top A^{-1}\underline{f}_1 = \underline{f} \tag{6.2}$$

mit dem **Schur–Komplement** $S = D - B^\top A^{-1}B \in \mathbb{R}^{n_2 \times n_2}$.

**Lemma 6.1** *Die in* (6.1) *gegebene Systemmatrix $M$ sei symmetrisch und positiv definit. Dann ist das Schur–Komplement $S$ ebenfalls symmetrisch und positiv definit mit*

$$(S\underline{x}_2, \underline{x}_2) \geq c_1^M \|\underline{x}_2\|_2^2 \quad \text{für alle } \underline{x}_2 \in \mathbb{R}^{n_2}.$$

**Beweis:** Die Symmetrie von $S = D - B^\top A^{-1}B$ folgt direkt aus der Symmetrie von $M$. Für ein beliebig aber fest gewähltes $\underline{x}_2 \in \mathbb{R}^{n_2}$ ist $\underline{x}_1 = -A^{-1}B\underline{x}_2 \in \mathbb{R}^{n_1}$ wohldefiniert. Aus der positiven Definitheit von $M$ ergibt sich dann die Behauptung

$$
\begin{aligned}
c_1^M \|\underline{x}_2\|_2^2 &\leq c_1^M \|\underline{x}\|_2^2 \leq (M\underline{x}, \underline{x}) = (A\underline{x}_1, \underline{x}_1) + 2\,(B^\top\underline{x}_1, \underline{x}_2) + (D\underline{x}_2, \underline{x}_2) \\
&= (B\underline{x}_2, A^{-1}B\underline{x}_2) - 2\,(B^\top A^{-1}B\underline{x}_2, \underline{x}_2) + (D\underline{x}_2, \underline{x}_2) = (S\underline{x}_2, \underline{x}_2).
\end{aligned}
$$

∎

Zur Lösung des linearen Gleichungssystems (6.2) mit der symmetrischen und positiv definiten Matrix $S = D - B^\top A^{-1}B$ kann somit das **Verfahren der konjugierten Gradienten** verwendet werden. In der Regel ist jedoch die Anwendung einer geeigneten Vorkonditionierungsmatrix $C_S$ erforderlich, die den **Spektraläquivalenzungleichungen**

$$c_1^S\,(C_S\underline{x}_2, \underline{x}_2) \leq (S\underline{x}_2, \underline{x}_2) \leq c_2^S\,(C_S\underline{x}_2, \underline{x}_2) \quad \text{für alle } \underline{x}_2 \in \mathbb{R}^{n_2} \tag{6.3}$$

genügt. Die Anwendung des vorkonditionierten CG–Verfahrens (vergleiche Algorithmus 5.3) zur Lösung des linearen Gleichungssystems $S\underline{x}_2 = \underline{f}$ erfordert in jedem Iterationsschritt die Berechnung von $\underline{s}^k = S\underline{p}^k$:

$$\underline{s}^k = S\underline{p}^k = D\underline{p}^k - B^\top A^{-1}B\underline{p}^k = D\underline{p}^k - B^\top\underline{w}^k, \quad \underline{w}^k = A^{-1}B\underline{p}^k.$$

Dabei ist $\underline{w}^k \in I\!\!R^{n_1}$ Lösung des linearen Gleichungssystems $A\underline{w}^k = B\underline{p}^k$ mit einer symmetrischen und positiv definiten Matrix $A$. Kann die Matrix $A$ beziehungsweise können die Diagonalblöcke $A_i$ durch ein **direktes** Verfahren effizient invertiert werden, dann ermöglicht dies die direkte Berechnung von $\underline{w}^k = A^{-1}B\underline{p}^k$ und somit von $\underline{s}^k = S\underline{p}^k$.

In vielen Anwendungen erscheint eine direkte Invertierung von $A$ jedoch als zu aufwendig, so daß das lineare Gleichungssystem $A\underline{w}^k = B\underline{p}^k$ näherungsweise durch ein geeignetes Iterationsverfahren zu lösen ist. Aufgrund der Symmetrie und positiven Definitheit von $A$ kann hierzu wiederum ein vorkonditioniertes Verfahren der konjugierten Gradienten benutzt werden, wobei mit $C_A$ eine zu $A$ spektraläquivalente Vorkonditionierungsmatrix vorauszusetzen ist, die die Spektraläquivalenzungleichungen

$$c_1^A \left(C_A\underline{x}_1, \underline{x}_1\right) \leq \left(A\underline{x}_1, \underline{x}_1\right) \leq c_2^A \left(C_A\underline{x}_1, \underline{x}_1\right) \quad \text{für alle } \underline{x}_1 \in I\!\!R^{n_1} \qquad (6.4)$$

erfüllt. Im Fall einer Block–Diagonalmatrix $A = \operatorname{diag}(A_i)$ ist die Betrachtung von Vorkonditionierungsmatrizen $C_{A,i}$ ausreichend.

Da die Matrix $M$ des ursprünglichen linearen Gleichungssystems (6.1) als symmetrisch und positiv definit vorausgesetzt wird, kann zur Lösung von (6.1) das Verfahren konjugierter Gradienten eingesetzt werden, wobei eine geeignete Vorkonditionierungsmatrix $C_M$ anzugeben bleibt, welche die Spektraläquivalenzungleichungen

$$c_1^M \left(C_M\underline{x}, \underline{x}\right) \leq \left(M\underline{x}, \underline{x}\right) \leq c_2^M \left(C_M\underline{x}, \underline{x}\right) \quad \text{für alle } \underline{x} \in I\!\!R^n \qquad (6.5)$$

mit positiven Konstanten $c_1^M$ und $c_2^M$ erfüllt. Die Konstruktion von $C_M$ beruht auf einer Faktorisierung von $M$, das heißt es gilt die Darstellung

$$M = \begin{pmatrix} I_1 & 0 \\ B^\top A^{-1} & I_2 \end{pmatrix} \begin{pmatrix} A & 0 \\ 0 & S \end{pmatrix} \begin{pmatrix} I_1 & A^{-1}B \\ 0 & I_2 \end{pmatrix} \qquad (6.6)$$

mit Einheitsmatrizen $I_1 \in I\!\!R^{n_1 \times n_1}$ und $I_2 \in I\!\!R^{n_2 \times n_2}$. Diese Faktorisierung motiviert die Definition der Vorkonditionierungsmatrix

$$C_M = \begin{pmatrix} C_A & 0 \\ 0 & C_S \end{pmatrix}, \qquad (6.7)$$

wobei die Vorkonditionierungsmatrizen $C_A$ und $C_S$ den Spektraläquivalenzungleichungen (6.4) und (6.3) genügen. Sei weiterhin

$$\mu = \sup_{0 \neq \underline{x}_2 \in I\!\!R^{n_2}} \frac{(B^\top A^{-1}B\underline{x}_2, \underline{x}_2)}{(S\underline{x}_2, \underline{x}_2)},$$

das heißt es gilt

$$(B^\top A^{-1}B\underline{x}_2, \underline{x}_2) \leq \mu\,(S\underline{x}_2, \underline{x}_2) \quad \text{für alle } \underline{x}_2 \in I\!\!R^{n_2}. \qquad (6.8)$$

**Satz 6.1** *Für die durch (6.7) erklärte Vorkonditionierungsmatrix $C_M$ gelten die Spektraläquivalenzungleichungen (6.5) mit*

$$c_1^M = \frac{1}{2}[c_1^A + c_1^S(1+\mu)] - \sqrt{\frac{1}{4}[c_1^A + c_1^S(1+\mu)]^2 - c_1^S c_1^A},$$

$$c_2^M = \frac{1}{2}[c_2^A + c_2^S(1+\mu)] + \sqrt{\frac{1}{4}[c_2^A + c_2^S(1+\mu)]^2 - c_2^S c_2^A}.$$

**Beweis:** Abzuschätzen sind die extremalen Eigenwerte von $C_M^{-1}M$, das heißt betrachtet wird das Eigenwertproblem

$$\begin{pmatrix} A & B \\ B^\top & D \end{pmatrix} \begin{pmatrix} \underline{x}_1 \\ \underline{x}_2 \end{pmatrix} = \lambda \begin{pmatrix} C_A \underline{x}_1 \\ C_S \underline{x}_2 \end{pmatrix}. \tag{6.9}$$

Sei $\lambda_i$ ein Eigenwert von (6.9) mit zugehörigen Eigenvektoren $\underline{x}_1^i$ und $\underline{x}_2^i$. Aus der ersten Gleichung in (6.9) folgt dann

$$(\lambda_i C_A - A)\underline{x}_1^i = B\underline{x}_2^i.$$

Im folgenden werden zwei Fälle unterschieden: Für $\lambda_i \in [c_1^A, c_2^A]$ ist der Eigenwert $\lambda_i$ durch $c_1^A$ nach unten beziehungsweise durch $c_2^A$ nach oben beschränkt. Zu untersuchen bleibt der Fall $\lambda_i \notin [c_1^A, c_2^A]$. Dann ist $\lambda_i C_A - A$ invertierbar und es gilt

$$\underline{x}_1^i = (\lambda_i C_A - A)^{-1} B\underline{x}_2^i.$$

Wegen

$$\begin{aligned} \lambda_i[\lambda_i A - A C_A^{-1} A]^{-1} &= \lambda_i[(\lambda_i C_A - A)C_A^{-1}A]^{-1} \\ &= \lambda_i A^{-1} C_A(\lambda_i C_A - A)^{-1} \\ &= A^{-1}(\lambda_i C_A - A + A)(\lambda_i C_A - A)^{-1} \\ &= A^{-1} + (\lambda_i C_A - A)^{-1} \end{aligned}$$

folgt

$$(\lambda_i C_A - A)^{-1} = \lambda_i(\lambda_i A - A C_A^{-1} A)^{-1} - A^{-1}$$

und somit

$$\underline{x}_1^i = \lambda_i(\lambda_i A - A C_A^{-1} A)^{-1} B\underline{x}_2^i - A^{-1} B\underline{x}_2^i.$$

Einsetzen in die zweite Gleichung von (6.9),

$$B^\top \underline{x}_1^i + D\underline{x}_2^i = \lambda_i C_S \underline{x}_2^i,$$

ergibt

$$B^\top[\lambda_i(\lambda_i A - A C_A^{-1} A)^{-1}]B\underline{x}_2^i + D\underline{x}_2^i - B^\top A^{-1} B\underline{x}_2^i = \lambda_i C_S \underline{x}_2^i$$

beziehungsweise

$$B^\top[\lambda_i(\lambda_i A - AC_A^{-1}A)^{-1}]B\underline{x}_2^i = [\lambda_i C_S - S]\underline{x}_2^i.$$

Aus den Spektraläquivalenzungleichungen (6.4) folgt zunächst

$$c_1^A\,(A^{-1}\underline{x}_1,\underline{x}_1) \le (C_A^{-1}\underline{x}_1,\underline{x}_1) \le c_2^A\,(A^{-1}\underline{x}_1,\underline{x}_1) \quad \text{für alle } \underline{x}_1 \in I\!\!R^{n_1}.$$

Für $\lambda_i > c_2^A$ gilt dann

$$((\lambda_i A - AC_A^{-1}A)\underline{x}_1,\underline{x}_1) = \lambda_i(A\underline{x}_1,\underline{x}_1) - (C_A^{-1}A\underline{x}_1,A\underline{x}_1) \ge (\lambda_i - c_2^A)(A\underline{x}_1,\underline{x}_1)$$

und somit

$$((\lambda_i A - AC_A^{-1}A)^{-1}\underline{x}_1,\underline{x}_1) \le \frac{1}{\lambda_i - c_2^A}\,(A^{-1}\underline{x}_1,\underline{x}_1) \quad \text{für alle } \underline{x}_1 \in I\!\!R^{n_1}.$$

Mit (6.8) folgt daraus

$$\begin{aligned}
((\lambda_i C_S - S)\underline{x}_2^i,\underline{x}_2^i) &= \lambda_i((\lambda_i A - AC_A^{-1}A)^{-1}B\underline{x}_2^i,B\underline{x}_2^i) \\
&\le \frac{\lambda_i}{\lambda_i - c_2^A}\,(A^{-1}B\underline{x}_2^i,B\underline{x}_2^i) \\
&\le \frac{\lambda_i}{\lambda_i - c_2^A}\,\mu\,(S\underline{x}_2^i,\underline{x}_2^i)
\end{aligned}$$

beziehungsweise

$$\left[\frac{\lambda_i}{\lambda_i - c_2^A}\,\mu + 1\right](S\underline{x}_2^i,\underline{x}_2^i) \ge \lambda_i\,(C_S\underline{x}_2^i,\underline{x}_2^i) \ge \frac{\lambda_i}{c_2^S}\,(S\underline{x}_2^i,\underline{x}_2^i).$$

Somit gilt

$$\frac{\lambda_i}{c_2^S} \le \left[\frac{\lambda_i}{\lambda_i - c_2^A}\,\mu + 1\right],$$

beziehungsweise aus

$$\lambda_i^2 - [c_2^A + c_2^S(1 + \mu)]\lambda_i + c_2^S c_2^A \le 0$$

folgt

$$\lambda_- \le \lambda_i \le \lambda_+$$

mit

$$\lambda_\pm = \frac{1}{2}[c_2^A + c_2^S(1 + \mu)] \pm \sqrt{\frac{1}{4}[c_2^A + c_2^S(1 + \mu)]^2 - c_2^S c_2^A}\,.$$

Damit gilt

$$c_2^A < \lambda_i \le \lambda_+ = \frac{1}{2}\left[c_2^A + c_2^S(1 + \mu) + \sqrt{[c_2^A + c_2^S(1 + \mu)]^2 - 4c_2^S c_2^A}\right] = c_2^M.$$

Sei jetzt $0 < \lambda_i < c_1^A$. Dann folgt

$$((AC_A^{-1}A - \lambda_i A)\underline{x}_1, \underline{x}_1) = (C_A^{-1}A\underline{x}_1, A\underline{x}_1) - \lambda_i(A\underline{x}_1, \underline{x}_1) \geq (c_1^A - \lambda_i)(A\underline{x}_1, \underline{x}_1)$$

und somit

$$((AC_A^{-1}A - \lambda_i A)^{-1}\underline{x}_1, \underline{x}_1) \leq \frac{1}{c_1^A - \lambda_i}(A^{-1}\underline{x}_1, \underline{x}_1) \quad \text{für alle } \underline{x}_1 \in I\!\!R^{n_1}.$$

Wie oben folgt daraus mit (6.8)

$$\begin{aligned}
((S - \lambda_i C_S)\underline{x}_2^i, \underline{x}_2^i) &= \lambda_i((AC_A^{-1}A - \lambda_i A)^{-1}B\underline{x}_2^i, B\underline{x}_2^i) \\
&\leq \frac{\lambda_i}{c_1^A - \lambda_i}(A^{-1}B\underline{x}_2^i, B\underline{x}_2^i) \\
&\leq \frac{\lambda_i}{c_1^A - \lambda_i}\mu(S\underline{x}_2^i, \underline{x}_2^i)
\end{aligned}$$

beziehungsweise

$$\left[1 - \frac{\lambda_i}{c_1^A - \lambda_i}\mu\right](S\underline{x}_2^i, \underline{x}_2^i) \leq \lambda_i(C_S\underline{x}_2^i, \underline{x}_2^i) \leq \frac{\lambda_i}{c_1^S}(S\underline{x}_2^i, \underline{x}_2^i).$$

Somit gilt

$$\left[1 - \frac{\lambda_i}{c_1^A - \lambda_i}\mu\right] \leq \frac{\lambda_i}{c_1^S},$$

beziehungsweise aus

$$\lambda_i^2 - [c_1^A + c_1^S(1 + \mu)]\lambda_i + c_1^S c_1^A \leq 0$$

folgt

$$\lambda_- \leq \lambda_i \leq \lambda_+$$

mit

$$\lambda_\pm = \frac{1}{2}[c_1^A + c_1^S(1 + \mu)] \pm \sqrt{\frac{1}{4}[c_1^A + c_1^S(1 + \mu)]^2 - c_1^S c_1^A}.$$

Damit gilt

$$c_1^A > \lambda_i \geq \lambda_- = \frac{1}{2}\left[c_1^A + c_1^S(1 + \mu) - \sqrt{[c_1^A + c_1^S(1 + \mu)]^2 - 4c_1^S c_1^A}\right] = c_1^M.$$

$\blacksquare$

**Folgerung 6.1** *Für $B = 0$ gilt die Abschätzung (6.8) mit $\mu = 0$. Dann gelten die Spektraläquivalenzungleichungen (6.5) mit den Konstanten*

$$\begin{aligned}
c_1^M &= \frac{1}{2}[c_1^A + c_1^S] - \frac{1}{2}|c_1^A - c_1^S| = \min\{c_1^A, c_1^S\}, \\
c_2^M &= \frac{1}{2}[c_2^A + c_2^S] + \frac{1}{2}|c_2^A - c_2^S| = \max\{c_2^A, c_2^S\}.
\end{aligned}$$

**Beispiel 6.1** *Betrachtet wird die Matrix*

$$M = \begin{pmatrix} 2 & 1 & 1 \\ 1 & 2 & 1 \\ 1 & 1 & 4 \end{pmatrix} = \begin{pmatrix} A & B \\ B^\top & D \end{pmatrix}$$

*mit den Blöcken*

$$A = (2), \quad B = \begin{pmatrix} 1 & 1 \end{pmatrix}, \quad D = \begin{pmatrix} 2 & 1 \\ 1 & 4 \end{pmatrix}.$$

*Für $A = (2)$ und $C_A = (1)$ gelten die Spektraläquivalenzungleichungen (6.4) mit $c_1^A = c_2^A = 2$. Weiterhin ist*

$$B^\top A^{-1} B = \frac{1}{2} \begin{pmatrix} 1 \\ 1 \end{pmatrix} \begin{pmatrix} 1 & 1 \end{pmatrix} = \frac{1}{2} \begin{pmatrix} 1 & 1 \\ 1 & 1 \end{pmatrix}$$

*und für das Schur–Komplement folgt*

$$S = D - B^\top A^{-1} B = \begin{pmatrix} 2 & 1 \\ 1 & 4 \end{pmatrix} - \frac{1}{2} \begin{pmatrix} 1 & 1 \\ 1 & 1 \end{pmatrix} = \frac{1}{2} \begin{pmatrix} 3 & 1 \\ 1 & 7 \end{pmatrix}.$$

*Für $C_S = I$ gelten die Spektraläquivalenzungleichungen (6.3) mit*

$$c_1^S = \frac{5 - \sqrt{5}}{2}, \quad c_2^S = \frac{5 + \sqrt{5}}{2}$$

*beziehungsweise gilt (6.8) mit*

$$\mu = \frac{2}{5}.$$

*Durch Anwendung von Satz 6.1 folgen somit die Spektraläquivalenzungleichungen (6.5) mit*

$$c_1^M \approx 0.91, \qquad c_2^M \approx 5.82.$$

*Im Vergleich dazu sind die Eigenwerte von $M$ durch*

$$\lambda_1(M) = 1, \quad \lambda_2(M) = 2, \quad \lambda_3(M) = 5$$

*gegeben, die Abschätzungen in Satz 6.1 sind also nicht scharf. Die Ursache dafür liegt in der Verwendung der allgemeinen Spektraläquivalenzungleichungen (6.4) und (6.3) beziehungsweise von (6.8) im Beweis von Satz 6.1 auf den durch die Eigenvektoren $\underline{x}_1^i$ und $\underline{x}_2^i$ aufgespannten Unterräumen.*

Die Herleitung einer Vorkonditionierungsmatrix $C_M$ für $M$ kann auch in zwei Schritten untersucht werden. Für $C_A = A$ und $C_S = S$ ist

$$\tilde{C}_M = \begin{pmatrix} A & 0 \\ 0 & S \end{pmatrix}. \tag{6.10}$$

**Folgerung 6.2** *Für die durch (6.10) erklärte Diagonalmatrix $\tilde{C}_M$ gelten die Spektraläquivalenzungleichungen*

$$\tilde{c}_1^M \left( \tilde{C}_M \underline{x}, \underline{x} \right) \leq (M\underline{x}, \underline{x}) \leq \tilde{c}_2^M \left( \tilde{C}_M \underline{x}, \underline{x} \right) \tag{6.11}$$

*mit den Konstanten*

$$\tilde{c}_1^M = 1 + \frac{1}{2}\mu - \frac{1}{2}\sqrt{\mu^2 + 4\mu}, \quad \tilde{c}_2^M = 1 + \frac{1}{2}\mu + \frac{1}{2}\sqrt{\mu^2 + 4\mu}.$$

*Aus*

$$\min\{c_1^A, c_1^S\} \left( C_M \underline{x}, \underline{x} \right) \leq \left( \tilde{C}_M \underline{x}, \underline{x} \right) \leq \max\{c_2^A, c_2^S\} \left( C_M \underline{x}, \underline{x} \right)$$

*folgen dann die Spektraläquivalenzungleichungen*

$$\tilde{c}_1^M \min\{c_1^A, c_1^S\} \left( C_M \underline{x}, \underline{x} \right) \leq (M\underline{x}, \underline{x}) \leq \tilde{c}_2^M \max\{c_2^A, c_2^S\} \left( C_M \underline{x}, \underline{x} \right)$$

*und für die spektrale Konditionszahl der vorkonditionierten Systemmatrix $C_M^{-1}M$ gilt die Abschätzung*

$$\kappa_2(C_M^{-1}M) \leq \frac{\max\{c_2^A, c_2^S\}}{\min\{c_1^A, c_1^S\}} \left[ 1 + \frac{1}{2}\mu + \frac{1}{2}\sqrt{\mu^2 + 4\mu} \right]^2 .$$

*Diese Abschätzung zeigt die Notwendigkeit einer* **Skalierung** *der Vorkonditionierungen $C_A$ und $C_S$, so daß zum Beispiel die Forderung $c_1^A = c_1^S = 1$ erfüllt ist.*

Die Spektraläquivalenzungleichungen (6.11) können auch explizit durch Abschätzung der extremalen Eigenwerte der vorkonditionierten Systemmatrix $\tilde{C}_M^{-1}M$ gezeigt werden.

**Beweis der Spektraläquivalenzungleichungen (6.11):** Abzuschätzen sind die extremalen Eigenwerte von

$$\tilde{C}_M^{-1}M = \begin{pmatrix} A^{-1} & 0 \\ 0 & S^{-1} \end{pmatrix} \begin{pmatrix} I_1 & 0 \\ B^\top A^{-1} & I_2 \end{pmatrix} \begin{pmatrix} A & 0 \\ 0 & S \end{pmatrix} \begin{pmatrix} I_1 & A^{-1}B \\ 0 & I_2 \end{pmatrix}$$

$$= I + \begin{pmatrix} 0 & A^{-1}B \\ S^{-1}B^\top & S^{-1}B^\top A^{-1}B \end{pmatrix}$$

durch Lösen des Eigenwertproblems

$$\begin{pmatrix} 0 & A^{-1}B \\ S^{-1}B^\top & S^{-1}B^\top A^{-1}B \end{pmatrix} \begin{pmatrix} \underline{x}_1 \\ \underline{x}_2 \end{pmatrix} = \lambda \begin{pmatrix} \underline{x}_1 \\ \underline{x}_2 \end{pmatrix}.$$

Sei $\lambda_i \neq 0$ ein nicht verschwindender Eigenwert mit zugehörigen Eigenvektoren $\underline{x}_1^i$ und $\underline{x}_2^i$. Aus der ersten Gleichung folgt dann

$$\underline{x}_1^i = \frac{1}{\lambda_i}A^{-1}B\underline{x}_2^i,$$

und Einsetzen in die zweite Gleichung liefert die Eigenwertgleichung

$$S^{-1}B^\top A^{-1}B\underline{x}_2^i = \frac{\lambda_i^2}{1+\lambda_i}\underline{x}_2^i.$$

Mit (6.8) ergibt sich daraus

$$\frac{\lambda_i^2}{1+\lambda_i}(S\underline{x}_2^i,\underline{x}_2^i) = (B^\top A^{-1}B\underline{x}_2^i,\underline{x}_2^i) \le \mu(S\underline{x}_2^i,\underline{x}_2^i)$$

und somit

$$\lambda_i^2 \le (1+\lambda_i)\mu$$

beziehungsweise

$$\frac{1}{2}\mu - \frac{1}{2}\sqrt{\mu^2 + 4\mu} \le \lambda_i \le \frac{1}{2}\mu + \frac{1}{2}\sqrt{\mu^2 + 4\mu}.$$

Diese Ungleichungen bleiben schließlich auch für $\lambda_i = 0$ richtig.    ∎

**Bemerkung 6.1** *Die Faktorisierung (6.6) motiviert eine zweite Vorkonditionierungsmatrix*

$$C_M = \begin{pmatrix} I_1 & 0 \\ B^\top C_A^{-1} & I_2 \end{pmatrix}\begin{pmatrix} C_A & 0 \\ 0 & C_S \end{pmatrix}\begin{pmatrix} I_1 & C_A^{-1}B \\ 0 & I_2 \end{pmatrix} \tag{6.12}$$

*Dann gelten die Spektraläquivalenzungleichungen (6.5) mit*

$$c_1^M = \min\{c_1^A, c_1^S\}\left[1 + \frac{1}{2}(\mu - \sqrt{\mu^2 + 4\mu})\right],$$
$$c_2^M = \max\{c_2^A, c_2^S\}\left[1 + \frac{1}{2}(\mu + \sqrt{\mu^2 + 4\mu})\right]$$

*und*

$$\mu = \sup_{0\neq\underline{x}_2\in\mathbb{R}^{n_2}} \frac{(B^\top(C_A^{-1} - A^{-1})A(C_A^{-1} - A^{-1})B\underline{x}_2,\underline{x}_2)}{(S\underline{x}_2,\underline{x}_2)}.$$

## 6.2   Blockschiefsymmetrische Systeme

Betrachtet werden jetzt lineare Gleichungssysteme der Gestalt

$$\begin{pmatrix} A & -B \\ B^\top & D \end{pmatrix}\begin{pmatrix} \underline{x}_1 \\ \underline{x}_2 \end{pmatrix} = \begin{pmatrix} \underline{f}_1 \\ \underline{f}_2 \end{pmatrix}, \tag{6.13}$$

mit symmetrischen Matrizen $A \in I\!\!R^{n_1 \times n_1}$ und $D \in I\!\!R^{n_2 \times n_2}$ sowie $B \in I\!\!R^{n_1 \times n_2}$. Die Matrix $A$ wird als positiv definit und somit invertierbar vorausgesetzt. Dann kann die erste Gleichung in (6.13) nach $\underline{x}_1$ aufgelöst werden,

$$\underline{x}_1 = A^{-1}B\underline{x}_2 + A^{-1}\underline{f}_1 .$$

Einsetzen in die zweite Gleichung von (6.13) ergibt das lineare Gleichungssystem

$$S\underline{x}_2 = \left[D + B^\top A^{-1}B\right]\underline{x}_2 = \underline{f}_2 - B^\top A^{-1}\underline{f}_1 \tag{6.14}$$

mit dem **Schur–Komplement** $S = D + B^\top A^{-1}B \in I\!\!R^{n_2 \times n_2}$. Aus den Symmetrie-Eigenschaften der Matrizen $A$ und $D$ folgt die Symmetrie von $S$, während die positive Definitheit von $S$ an dieser Stelle vorausgesetzt wird.

Ist für das Schur–Komplement $S = D + B^\top A^{-1}B$ eine Vorkonditionierungsmatrix $C_S$ gegeben, das heißt gilt

$$c_1^S \left(C_S\underline{x}_2, \underline{x}_2\right) \leq \left(S\underline{x}_2, \underline{x}_2\right) \leq c_2^S \left(C_S\underline{x}_2, \underline{x}_2\right) \tag{6.15}$$

für alle $\underline{x}_2 \in I\!\!R^{n_2}$, so kann zur Lösung des Schur–Komplementsystems (6.14) das mit $C_S$ vorkonditionierte konjugierte Gradientenverfahren (Algorithmus 5.3) verwendet werden. Dabei lautet die Matrix–Vektor–Multiplikation $\underline{s}^k = S\underline{p}^k$ für das Schur–Komplement $S$

$$\underline{s}^k = D\underline{p}^k + B^\top A^{-1}B\underline{p}^k = D\underline{p}^k + B^\top \underline{w}^k,$$

wobei $\underline{w}^k \in I\!\!R^{n_1}$ Lösung des linearen Gleichungssystems $A\underline{w}^k = B\underline{p}^k$ ist. Neben einer direkten Berechnung von $\underline{w}^k = A^{-1}B\underline{p}^k$ kann die Lösung des linearen Gleichungssystems $A\underline{w}^k = B\underline{p}^k$ auch näherungsweise durch ein konjugiertes Gradientenverfahren bestimmt werden. Für die symmetrische und positiv definite Matrix $A$ wird dann in der Regel eine symmetrische Vorkonditionierungsmatrix $C_A$ benötigt, so daß die Spektraläquivalenzungleichungen

$$c_1^A \left(C_A\underline{x}_1, \underline{x}_1\right) \leq \left(A\underline{x}_1, \underline{x}_1\right) \leq c_2^A \left(C_A\underline{x}_1, \underline{x}_1\right) \tag{6.16}$$

für alle $\underline{x}_1 \in I\!\!R^{n_1}$ erfüllt sind.

Je nach Anwendung kann sich dieses Vorgehen als unvorteilhaft herausstellen, so daß eine iterative Lösung des Ausgangssystems (6.13) zu bevorzugen ist. Mögliche Iterationsverfahren für das nichtsymmetrische Gleichungssystem (6.13) sind das Verfahren des verallgemeinerten minimalen Residuums (GMRES, Algorithmus 5.5) oder das stabilisierte Verfahren biorthogonaler Richtungen (BiCGStab, Algorithmus 5.10).

Hier soll nun nach [11] eine Transformation des blockschiefsymmetrischen und positiv definiten linearen Gleichungssystems (6.13) betrachtet werden, welche auf ein symmetrisches und positiv definites lineares Gleichungssystem führt, für dessen Lösung dann das vorkonditionierte konjugierte Gradientenverfahren verwendet werden kann.

Für die Vorkonditionierungsmatrix $C_A$ muß dabei vorausgesetzt werden, daß die Spektraläquivalenzungleichungen (6.16) mit

$$c_1^A > 1 \tag{6.17}$$

erfüllt sind. Dies kann durch eine geeignete **Skalierung** stets erreicht werden, wobei für eine gegebene Vorkonditionierungsmatrix $C_A$ der minimale Eigenwert des vorkonditionierten Systems $C_A^{-1}A$ zu bestimmen ist. Mit der Voraussetzung (6.17) ist die Matrix $A - C_A$ wegen

$$((A - C_A)\underline{x}_1, \underline{x}_1) \geq (c_1^A - 1)\,(C_A\underline{x}_1, \underline{x}_1) \quad \text{für alle } \underline{x}_1 \in I\!R^{n_1}$$

positiv definit und damit invertierbar. Dann ist auch

$$AC_A^{-1} - I = (A - C_A)C_A^{-1}$$

invertierbar, und durch

$$T = \begin{pmatrix} AC_A^{-1} - I & 0 \\ -B^\top C_A^{-1} & I \end{pmatrix}$$

wird eine invertierbare Matrix definiert. Die Multiplikation des linearen Gleichungssystems (6.13) mit der Matrix $T$ führt nun auf das transformierte lineare System

$$\begin{pmatrix} AC_A^{-1} - I & 0 \\ -B^\top C_A^{-1} & I \end{pmatrix} \begin{pmatrix} A & -B \\ B^\top & D \end{pmatrix} \begin{pmatrix} \underline{x}_1 \\ \underline{x}_2 \end{pmatrix} = \begin{pmatrix} AC_A^{-1} - I & 0 \\ -B^\top C_A^{-1} & I \end{pmatrix} \begin{pmatrix} \underline{f}_1 \\ \underline{f}_2 \end{pmatrix} \tag{6.18}$$

mit der symmetrischen Systemmatrix

$$M = \begin{pmatrix} AC_A^{-1} - I & 0 \\ -B^\top C_A^{-1} & I \end{pmatrix} \begin{pmatrix} A & -B \\ B^\top & D \end{pmatrix}$$

$$= \begin{pmatrix} AC_A^{-1}A - A & (I - AC_A^{-1})B \\ B^\top(I - C_A^{-1}A) & D + B^\top C_A^{-1}B \end{pmatrix} = \begin{pmatrix} M_{11} & M_{12} \\ M_{12}^\top & M_{22} \end{pmatrix}. \tag{6.19}$$

Wie in (6.6) kann $M$ durch die Faktorisierung

$$M = \begin{pmatrix} I & 0 \\ M_{12}^\top M_{11}^{-1} & I \end{pmatrix} \begin{pmatrix} M_{11} & 0 \\ 0 & M_{22} - M_{12}^\top M_{11}^{-1} M_{12} \end{pmatrix} \begin{pmatrix} I & M_{11}^{-1} M_{12} \\ 0 & I \end{pmatrix}$$

dargestellt werden. Dabei ist

$$M_{12}^\top M_{11}^{-1} = B^\top(I - C_A^{-1}A)[AC_A^{-1}A - A]^{-1} = -B^\top A^{-1},$$

beziehungsweise folgt für das Schur–Komplement

$$\begin{aligned} M_{22} - M_{12}^\top M_{11}^{-1} M_{12} &= D + B^\top C_A^{-1}B + B^\top A^{-1}(I - AC_A^{-1})B \\ &= D + B^\top C_A^{-1}B + B^\top(A^{-1} - C_A^{-1})B \\ &= D + B^\top A^{-1}B = S. \end{aligned}$$

Damit gilt für die transformierte Systemmatrix (6.19) die Darstellung

$$M = \begin{pmatrix} I & 0 \\ -B^\top A^{-1} & I \end{pmatrix} \begin{pmatrix} AC_A^{-1}A - A & 0 \\ 0 & S \end{pmatrix} \begin{pmatrix} I & -A^{-1}B \\ 0 & I \end{pmatrix}. \tag{6.20}$$

Neben den Spektraläquivalenzungleichungen (6.15) für das Schur–Komplement $S$ können auch entsprechende Spektraläquivalenzungleichungen für $AC_A^{-1}A - A$ abgeleitet werden.

**Lemma 6.2** *Seien die Spektraläquivalenzungleichungen (6.16) mit $c_1^A > 1$ vorausgesetzt. Dann gelten die Spektraläquivalenzungleichungen*

$$c_1^A((A - C_A)\underline{x}_1, \underline{x}_1) \leq ((AC_A^{-1}A - A)\underline{x}_1, \underline{x}_1) \leq c_2^A((A - C_A)\underline{x}_1, \underline{x}_1) \tag{6.21}$$

*für alle $\underline{x}_1 \in I\!\!R^{n_1}$.*

**Beweis:** Zunächst ist

$$AC_A^{-1}A - A = A - C_A + (A - C_A)C_A^{-1}(A - C_A).$$

Aus

$$c_1^A(C_A\underline{x}_1, \underline{x}_1) \leq (A\underline{x}_1, \underline{x}_1) \leq c_2^A(C_A\underline{x}_1, \underline{x}_1)$$

folgt

$$(c_1^A - 1)(C_A\underline{x}_1, \underline{x}_1) \leq ((A - C_A)\underline{x}_1, \underline{x}_1) \leq (c_2^A - 1)(C_A\underline{x}_1, \underline{x}_1)$$

und somit

$$(c_1^A - 1)((A - C_A)^{-1}\underline{x}_1, \underline{x}_1) \leq (C_A^{-1}\underline{x}_1, \underline{x}_1) \leq (c_2^A - 1)((A - C_A)^{-1}\underline{x}_1, \underline{x}_1),$$

woraus unmittelbar die Behauptung abgeleitet werden kann. ∎

Die transformierte Matrix (6.19) beziehungsweise (6.20) ist also symmetrisch und positiv definit, so daß zur Lösung des transformierten linearen Geichungssystems (6.18) das Verfahren konjugierter Gradienten eingesetzt werden kann. Eine mögliche Vorkonditionierung kann wie in Satz 6.1 analysiert werden. Allerdings erweist sich eine leicht abgeänderte Herangehensweise als vorteilhafter. Aus den gegebenen Vorkonditionierungsmatrizen $C_A$ und $C_S$ wird die Blockdiagonalmatrix

$$C_M = \begin{pmatrix} A - C_A & 0 \\ 0 & C_S \end{pmatrix} \tag{6.22}$$

gebildet.

**Satz 6.2** *Für die durch (6.22) gegebene Vorkonditionierungsmatrix $C_M$ gelten die Spektraläquivalenzungleichungen*

$$c_1^M(C_M\underline{x}, \underline{x}) \leq (M\underline{x}, \underline{x}) \leq c_2^M(C_M\underline{x}, \underline{x}) \quad \text{für alle } \underline{x} \in I\!\!R^n$$

*mit*

$$c_1^M = \frac{1}{2}c_2^A[1 + c_1^S] - \sqrt{\frac{1}{4}[c_2^A(1 + c_1^S)]^2 - c_1^S c_2^A}\,,$$

$$c_2^M = \frac{1}{2}c_2^A[1 + c_2^S] + \sqrt{\frac{1}{4}[c_2^A(1 + c_2^S)]^2 - c_2^S c_2^A}\,.$$

**Beweis:** Abzuschätzen sind die extremalen Eigenwerte von $C_M^{-1}M$, das heißt betrachtet wird das Eigenwertproblem

$$\begin{pmatrix} AC_A^{-1}A - A & (I - AC_A^{-1})B \\ B^\top(I - C_A^{-1}A) & D + B^\top C_A^{-1}B \end{pmatrix} \begin{pmatrix} \underline{x}_1 \\ \underline{x}_2 \end{pmatrix} = \lambda \begin{pmatrix} A - C_A & 0 \\ 0 & C_S \end{pmatrix} \begin{pmatrix} \underline{x}_1 \\ \underline{x}_2 \end{pmatrix}.$$

Sei $\lambda_i$ ein Eigenwert mit zugehörigen Eigenvektoren $\underline{x}_1^i$ und $\underline{x}_2^i$. Aus der ersten Gleichung,

$$(AC_A^{-1}A - A)\underline{x}_1^i + (I - AC_A^{-1})B\underline{x}_2^i = \lambda_i(A - C_A)\underline{x}_1^i,$$

folgt durch einfache Umformungen

$$-B\underline{x}_2^i = (\lambda_i C_A - A)\underline{x}_1^i\,.$$

Für $\lambda_i \in [1, c_2^A]$ bleibt nichts zu zeigen. Für $\lambda_i \notin [1, c_2^A]$ ist $\lambda_i C_A - A$ invertierbar, dann ist

$$\underline{x}_1^i = -(\lambda_i C_A - A)^{-1}B\underline{x}_2^i.$$

Einsetzen in die zweite Eigenwertgeichung,

$$B^\top(I - C_A^{-1}A)\underline{x}_1^i + [D + B^\top C_A^{-1}B]\underline{x}_2^i = \lambda_i C_S \underline{x}_2^i,$$

ergibt zunächst

$$-B^\top C_A^{-1}(C_A - A)(\lambda_i C_A - A)^{-1}B\underline{x}_2^i + [D + B^\top C_A^{-1}B]\underline{x}_2^i = \lambda_i C_S \underline{x}_2^i\,.$$

Wegen

$$\begin{aligned} -C_A^{-1}(C_A - A)(\lambda_i C_A - A)^{-1} &= -C_A^{-1}[\lambda_i C_A - A + (1 - \lambda_i)C_A](\lambda_i C_A - A)^{-1} \\ &= (\lambda_i - 1)(\lambda_i C_A - A)^{-1} - C_A^{-1} \end{aligned}$$

ist dies äquivalent zu

$$(\lambda_i - 1)B^\top(\lambda_i C_A - A)^{-1}B\underline{x}_2^i + D\underline{x}_2^i = \lambda_i C_S \underline{x}_2^i\,.$$

Für $\lambda_i > c_2^A$ ist $\lambda_i C_A - A$ positiv definit. Mit den Spektraläquivalenzungleichungen (6.16) ist dann

$$\frac{\lambda_i - c_2^A}{c_2^A}(A\underline{x}_1, \underline{x}_1) \le ((\lambda_i C_A - A)\underline{x}_1, \underline{x}_1)$$

für alle $\underline{x}_1 \in I\!\!R^{n_1}$, beziehungsweise folgt daraus

$$((\lambda_i C_A - A)^{-1}\underline{x}_1, \underline{x}_1) \leq \frac{c_2^A}{\lambda_i - c_2^A}(A^{-1}\underline{x}_1, \underline{x}_1) \quad \text{für alle } \underline{x}_1 \in I\!\!R^{n_1}.$$

Aus den Spektraläquivalenzungleichungen (6.15) ergibt sich

$$\frac{\lambda_i}{c_2^S}(S\underline{x}_2^i, \underline{x}_2^i) \leq \lambda_i(C_S\underline{x}_2^i, \underline{x}_2^i) = (D\underline{x}_2^i, \underline{x}_2^i) + (\lambda_i - 1)((\lambda_i C_A - A)^{-1}B\underline{x}_2^i, B\underline{x}_2^i)$$

$$\leq (D\underline{x}_2^i, \underline{x}_2^i) + (\lambda_i - 1)\frac{c_2^A}{\lambda_i - c_2^A}(A^{-1}B\underline{x}_2^i, B\underline{x}_2^i) \leq c_2^A\frac{\lambda_i - 1}{\lambda_i - c_2^A}(S\underline{x}_2^i, \underline{x}_2^i)$$

und somit

$$\frac{\lambda_i}{c_2^S} \leq c_2^A\frac{\lambda_i - 1}{\lambda_i - c_2^A}$$

beziehungsweise

$$\lambda_i^2 - c_2^A[1 + c_2^S]\lambda_i + c_2^S c_2^A \leq 0.$$

Daraus folgt

$$\lambda_- \leq \lambda_i \leq \lambda_+$$

mit

$$\lambda_\pm = \frac{1}{2}c_2^A[1 + c_2^S] \pm \sqrt{\frac{1}{4}[c_2^A(1 + c_2^S)]^2 - c_2^A c_2^S}.$$

Insgesamt gilt also

$$c_2^A < \lambda_i \leq \frac{1}{2}c_2^A[1 + c_2^S] + \sqrt{\frac{1}{4}[c_2^A(1 + c_2^S)]^2 - c_2^A c_2^S} = c_2^M.$$

Für $\lambda_i < 1$ ist $A - \lambda_i C_A$ positiv definit. Mit den Spektraläquivalenzungleichungen (6.16) gilt

$$((A - \lambda_i C_A)\underline{x}_1, \underline{x}_1) \leq \frac{c_2^A - \lambda_i}{c_2^A}(A\underline{x}_1, \underline{x}_1)$$

und somit

$$((A - \lambda_i C_A)^{-1}\underline{x}_1, \underline{x}_1) \geq \frac{c_2^A}{c_2^A - \lambda_i}(A^{-1}\underline{x}_1, \underline{x}_1)$$

für alle $\underline{x}_1 \in I\!\!R^{n_1}$. Mit den Spektraläquivalenzungleichungen (6.15) ist dann wie oben

$$\frac{\lambda_i}{c_1^S}(S\underline{x}_2^i, \underline{x}_2^i) \geq \lambda_i(C_S\underline{x}_2^i, \underline{x}_2^i)$$

$$= (D\underline{x}_2^i, \underline{x}_2^i) + (1 - \lambda_i)((A - \lambda_i C_A)^{-1}B\underline{x}_2^i, B\underline{x}_2^i)$$

$$\geq (D\underline{x}_2^i, \underline{x}_2^i) + (1 - \lambda_i)\frac{c_2^A}{c_2^A - \lambda_i}(A^{-1}B\underline{x}_2^i, B\underline{x}_2^i)$$

$$\geq (1 - \lambda_i)\frac{c_2^A}{c_2^A - \lambda_i}(S\underline{x}_2^i, \underline{x}_2^i)$$

und somit

$$c_2^A \frac{1 - \lambda_i}{c_2^A - \lambda_i} \leq \frac{\lambda_i}{c_1^S}.$$

Dies ist äquivalent zu

$$\lambda_i^2 - c_2^A[c_1^S + 1]\lambda_i + c_1^S c_2^A \leq 0,$$

woraus

$$\lambda_- \leq \lambda_i \leq \lambda_+$$

mit

$$\lambda_\pm = \frac{1}{2}c_2^A[1 + c_1^S] \pm \sqrt{\frac{1}{4}[c_2^A(1 + c_1^S)]^2 - c_1^S c_2^A}$$

folgt. Insgesamt gilt somit

$$1 > \lambda_i \geq \frac{1}{2}c_2^A[1 + c_1^S] - \sqrt{\frac{1}{4}[c_2^A(1 + c_1^S)]^2 - c_1^S c_2^A} = c_1^M. \qquad \blacksquare$$

**Folgerung 6.3** *Aus den Spektraläquivalenzungleichungen (6.15) folgt für die spektrale Konditionszahl $\kappa_2(C_S^{-1}S)$ des vorkonditionierten Schur–Komplements*

$$\kappa_2(C_S^{-1}S) \leq \frac{c_2^S}{c_1^S} = \tilde{\kappa}_2(C_S^{-1}S).$$

*Gelten die Spektraläquivalenzungleichungen (6.15) mit*

$$c_1^S = \frac{1}{\sqrt{\tilde{\kappa}_2(C_S^{-1}S)}}, \quad c_2^S = \sqrt{\tilde{\kappa}_2(C_S^{-1}S)}, \qquad (6.23)$$

*dies kann durch eine geeignete Skalierung der Vorkonditionierungsmatrix $C_S$ stets erreicht werden, so folgt für die spektrale Konditionszahl $\kappa_2(C_M^{-1}M)$ die bestmögliche Abschätzung*

$$\kappa_2(C_M^{-1}M) \leq 2\, c_2^A\, [1 + \tilde{\kappa}_2(C_S^{-1}S)].$$

**Beweis:** Aus Satz 6.2 folgt für die Abschätzung der spektralen Konditionszahl

$$\kappa_2(C_M^{-1}M) \leq \frac{c_2^M}{c_1^M} = \frac{c_2^A[1 + c_2^S] + \sqrt{[c_2^A(1 + c_2^S)]^2 - 4c_2^S c_2^A}}{c_2^A[1 + c_1^S] - \sqrt{[c_2^A(1 + c_1^S)]^2 - 4c_1^S c_2^A}}$$

$$= \frac{1 + c_2^S + \sqrt{(1 + c_2^S)^2 - 4c_2^S/c_2^A}}{1 + c_1^S - \sqrt{(1 + c_1^S)^2 - 4c_1^S/c_2^A}}$$

$$= \frac{1}{4}\frac{c_2^A}{c_1^S}\left[1 + c_2^S + \sqrt{(1 + c_2^S)^2 - 4c_2^S/c_2^A}\right]\left[1 + c_1^S + \sqrt{(1 + c_1^S)^2 - 4c_1^S/c_2^A}\right]$$

$$\leq \frac{c_2^A}{c_1^S}[1 + c_2^S][1 + c_1^S].$$

Einsetzen von $c_2^S = c_1^S \tilde{\kappa}_2(C_S^{-1}S)$ ergibt

$$\begin{aligned}
\kappa_2(C_M^{-1}M) &\leq c_2^A \left[\frac{1}{c_1^S} + \tilde{\kappa}_2(C_S^{-1}S)\right]\left[1 + c_1^S\right] \\
&= c_2^A \left[\tilde{\kappa}_2(C_S^{-1}S) + c_1^S\,\tilde{\kappa}_2(C_S^{-1}S) + \frac{1}{c_1^S} + 1\right]
\end{aligned}$$

Der Ausdruck der rechten Seite wird minimal für

$$c_1^S = \frac{1}{\sqrt{\tilde{\kappa}_2(C_S^{-1}S)}}.$$

Dann gilt

$$\kappa_2(C_M^{-1}M) \leq c_2^A \left[1 + \sqrt{\tilde{\kappa}_2(C_S^{-1}S)}\right]^2 \leq 2\,c_2^A\left[1 + \tilde{\kappa}_2(C_S^{-1}S)\right].$$

**Bemerkung 6.2** *Für*

$$\tilde{C}_M = \begin{pmatrix} A - C_A & 0 \\ 0 & S \end{pmatrix}$$

*gelten die Spektraläquivalenzungleichungen*

$$\tilde{c}_1^M\,(\tilde{C}_M\underline{x},\underline{x}) \leq (M\underline{x},\underline{x}) \leq \tilde{c}_2^M\,(\tilde{C}_M\underline{x},\underline{x})$$

*für alle* $\underline{x} \in \mathbb{R}^n$ *mit*

$$\tilde{c}_1^M = c_2^A - \sqrt{c_2^A(c_2^A - 1)}, \quad \tilde{c}_2^M = c_2^A + \sqrt{c_2^A(c_2^A - 1)}.$$

*Wegen*

$$\tilde{c}_2^M = c_2^A + \sqrt{c_2^A(c_2^A - 1)} = \frac{1 + \sqrt{\alpha}}{1 - \alpha}, \quad \alpha = 1 - \frac{1}{c_2^A},$$

*stimmt die Konstante* $\tilde{c}_2^M$ *mit der in* [11] *angegebenen oberen Schranke überein, vergleiche hierzu auch* [51]. *Für die Herleitung der unteren Schranke* $\tilde{c}_1^A$ *siehe auch* [61].

Zur Lösung des transformierten Gleichungssystems (6.18) kann nun das vorkonditionierte Verfahren konjugierter Gradienten (Algorithmus 5.3) verwendet werden. Auf den ersten Blick erscheint dabei die Multiplikation mit der inversen Vorkonditionierunsmatrix, $\underline{v}^{k+1} = C_M^{-1}\underline{r}^{k+1}$, insbesondere die Auswertung von $\underline{v}_1^{k+1} = (A - C_A)^{-1}\underline{r}^{k+1}$, problematisch. Aus der Rekursionsvorschrift des Residuums, $\underline{r}^{k+1} = \underline{r}^k - \alpha_k M\underline{p}^k$, folgt aber die Darstellung

$$\underline{r}_1^{k+1} := \underline{r}_1^k - \alpha_k(AC_A^{-1} - I)(A\underline{p}_1^k - B\underline{p}_2^k).$$

Damit ergibt sich für das vorkonditionierte Residuum $\underline{v}_1^k$ die Rekursionsvorschrift

$$\underline{v}_1^{k+1} := \underline{v}_1^k - \alpha_k C_A^{-1}(A\underline{p}_1^k - B\underline{p}_2^k).$$

Insbesondere für $k = 0$ ist

$$\underline{v}_1^0 := C_A^{-1}\left[A\underline{x}_1^0 - B\underline{x}_2^0 - \underline{f}_1\right].$$

Das resultierende vorkonditionierte Iterationsverfahren ist in Algorithmus 6.1 zusammengefaßt.

---

Sei $\underline{u}^0 \in I\!\!R^{M_1+M_2}$ eine beliebig gegebene Startnäherung.

Berechne das Anfangsresiduum

$$\bar{\underline{r}}_1^0 := A\underline{u}_1^0 - B\underline{u}_2^0 - \underline{f}_1, \quad \bar{\underline{r}}_2^0 := B^\top \underline{u}_1^0 + D\underline{u}_2^0 - \underline{f}_2.$$

Berechne das transformierte Anfangsresiduum

$$\underline{w}_1^0 := C_A^{-1}\bar{\underline{r}}_1^0, \quad \underline{r}_1^0 := A\underline{w}_1^0 - \bar{\underline{r}}_1^0, \quad \underline{r}_2^0 := \bar{\underline{r}}_2^0 - B^\top \underline{w}_1^0.$$

Initialisierung des CG Verfahrens:

$$\underline{v}_1^0 := \underline{w}_1^0, \quad \underline{v}_2^0 := C_S^{-1}\underline{r}_2^0, \quad \underline{p}^0 := \underline{v}^0, \quad \varrho_0 := (\underline{v}^0, \underline{r}^0).$$

Für $k = 0, 1, 2, \ldots, n - 1$:

Realisiere die ursprüngliche Matrix–Vektor–Multiplikation

$$\tilde{\underline{s}}_1^k := A\underline{p}_1^k - B\underline{p}_2^k, \quad \tilde{\underline{s}}_2^k := B^\top \underline{p}_1^k + D\underline{p}_2^k.$$

Berechne die Transformation

$$\underline{w}_1^k := C_A^{-1}\tilde{\underline{s}}_1^k, \quad \underline{s}_1^k := A\underline{w}_1^k - \tilde{\underline{s}}_1^k, \quad \underline{s}_2^k := \tilde{\underline{s}}_2^k - B^\top \underline{w}_1^k.$$

Berechne die neuen Iterierten

$$\sigma_k := (\underline{s}^k, \underline{p}^k), \quad \alpha_k := \varrho_k/\sigma_k;$$

$$\underline{u}^{k+1} := \underline{u}^k - \alpha_k \underline{p}^k, \quad \underline{r}^{k+1} := \underline{r}^k - \alpha_k \underline{s}^k;$$

$$\underline{v}_1^{k+1} := \underline{v}_1^k - \alpha_k \underline{w}_1^{k+1}, \quad \underline{v}_2^{k+1} := C_S^{-1}\underline{r}_2^{k+1}, \quad \varrho_{k+1} := (\underline{v}^{k+1}, \underline{r}^{k+1}).$$

Stoppe, falls $\varrho_{k+1} \leq \varepsilon\varrho_0$ mit einem vorgegebenen $\varepsilon$ erfüllt ist. Andernfalls, bestimme die neue Suchrichtung:

$$\beta_k := \varrho_{k+1}/\varrho_k, \quad \underline{p}^{k+1} := \underline{v}^{k+1} + \beta_k \underline{p}^k.$$

Algorithmus 6.1: CG Verfahren mit Bramble/Pasciak Transformation.

## 6.3  Zweifache Sattelpunktprobleme

In verschiedenen Anwendungen sind lineare Gleichungssysteme der Form

$$\begin{pmatrix} A_1 & -B_1 & 0 \\ B_1^\top & A_2 & -B_2 \\ 0 & B_2^\top & A_3 \end{pmatrix} \begin{pmatrix} \underline{x}_1 \\ \underline{x}_2 \\ \underline{x}_3 \end{pmatrix} = \begin{pmatrix} \underline{f}_1 \\ \underline{f}_2 \\ \underline{f}_3 \end{pmatrix} \tag{6.24}$$

zu lösen. Beispiele hierfür sind die Kopplung symmetrischer Randelementmethoden mit gemischten Finiten Elemenet Methoden oder auch hybride Gebietszerlegungsmethoden. Die im Abschnitt 6.2 beschriebene Transformation kann rekursiv auf das lineare Gleichungssystem (6.24) übertragen werden.

Sei $C_1$ eine zu $A_1$ spektraläquivalente Vorkonditionierungsmatrix, so daß die Spektraläquivalenzungleichungen

$$c_1^A \leq (C_1\underline{x}_1, \underline{x}_1) \leq (A_1\underline{x}_1, \underline{x}_1) \leq c_2^A (C_1\underline{x}_1, \underline{x}_1)$$

für alle $\underline{x}_1 \in I\!\!R^{n_1}$ mit $c_1^A >$ erfüllt sind. Analog zu (6.19) ergibt eine erste Transformation

$$M_2 = \begin{pmatrix} A_1 C_1^{-1} - I & 0 & 0 \\ -B_1^\top C_1^{-1} & I & 0 \\ 0 & 0 & I \end{pmatrix} \begin{pmatrix} A_1 & -B_1 & 0 \\ B_1^\top & A_2 & -B_2 \\ 0 & B_2^\top & A_3 \end{pmatrix}$$

$$= \begin{pmatrix} A_1 C_1^{-1} A_1 - A_1 & (I - A_1 C_1^{-1})B_1 & 0 \\ B_1^\top (I - C_1^{-1} A_1 & A_2 + B_1^\top C_1^{-1} B_1 & -B_2 \\ 0 & B_2^\top & A_3 \end{pmatrix} = \begin{pmatrix} \bar{M}_1 & -\bar{B}_2 \\ \bar{B}_2^\top & A_3 \end{pmatrix}.$$

Dabei ist

$$\bar{M}_1 = \begin{pmatrix} A_1 C_1^{-1} A_1 - A_1 & (I - A_1 C_1^{-1})B_1 \\ B_1^\top (I - C_1^{-1} A_1) & A_2 + B_1^\top C_1^{-1} B_1 \end{pmatrix}$$

symmetrisch und positiv definit sowie $\bar{B}_2^\top = (0 \; B_2^\top)$. Für

$$C_2 = \begin{pmatrix} A_1 - C_1 & 0 \\ 0 & C_S \end{pmatrix}$$

gelten nach Satz 6.2 die Spektraläquivalenzungleichungen

$$c_1^{\bar{M}_1} (C_2\tilde{\underline{x}}, \tilde{\underline{x}}) \leq (\bar{M}_1\tilde{\underline{x}}, \tilde{\underline{x}}) \leq c_2^{\bar{M}_1} (C_2\tilde{\underline{x}}, \tilde{\underline{x}})$$

für alle $\tilde{\underline{x}} \in I\!\!R^{n_1 + n_2}$. Dabei sind für das Schur–Komplement

$$S_1 = A_2 + B_1^\top A_1^{-1} B_1$$

die Spektraläquivalenzungleichungen

$$c_1^S (C_S\underline{x}_2, \underline{x}_2) \leq (S_1\underline{x}_2, \underline{x}_2) \leq c_2^S (C_S\underline{x}_2, \underline{x}_2)$$

für alle $\underline{x}_2 \in I\!\!R^{n_2}$ vorauszusetzen. Für eine geeignete Skalierung der Vorkonditionierungsmatrix $C_S$ siehe auch Folgerung 6.3.

Für einen Skalierungsparameter $\tau \in (c_1^{\bar{M}_1}, c_2^{\bar{M}_1}]$ erfüllt die Vorkonditionierungsmatrix

$$\bar{C}_2 = \tau \begin{pmatrix} A_1 - C_1 & 0 \\ 0 & C_S \end{pmatrix}$$

die Spektraläquivalenzungleichungen

$$\bar{c}_1^{\bar{M}_1}\left(\bar{C}_2\underline{x}_{1/2},\underline{x}_{1/2}\right) \leq \left(\bar{M}_1\underline{x}_{1/2},\underline{x}_{1/2}\right) \leq \bar{c}_2^{\bar{M}_1}\left(\bar{C}_2\underline{x}_{1/2},\underline{x}_{1/2}\right)$$

für alle $\underline{x}_{1/2} \in \mathbb{R}^{n_1+n_2}$ mit $\bar{c}_1^{\bar{M}_1} > 1$. Eine erneute Anwendung der Transformation (6.19) ergibt mit

$$\begin{aligned}
M_3 &= \begin{pmatrix} \bar{M}_1\bar{C}_2^{-1} - I & 0 \\ -\bar{B}_2^\top\bar{C}_2^{-1} & I \end{pmatrix} \begin{pmatrix} \bar{M}_1 & -\bar{B}_2 \\ \bar{B}_2^\top & A_3 \end{pmatrix} \\
&= \begin{pmatrix} \bar{M}_1\bar{C}_2^{-1}\bar{M}_1 - \bar{M}_1 & (I - \bar{M}_1\bar{C}_2^{-1}\bar{B}_2) \\ \bar{B}_2^\top(I - \bar{C}_2^{-1}\bar{M}_1) & A_3 + \bar{B}_2^\top\bar{C}_2^{-1}\bar{B}_2 \end{pmatrix}
\end{aligned}$$

eine symmetrische und positiv definite Matrix. Nach Satz 6.2 ist eine zu $M_3$ spektraläquivalente Vorkonditionierungsmatrix gegeben durch

$$C_3 = \begin{pmatrix} \bar{M}_1 - \bar{C}_2 & 0 \\ 0 & C_F \end{pmatrix},$$

wobei $C_F$ als spektraläquivalent zum Schur–Komplement

$$S_2 = A_3 + \bar{B}_2^\top\bar{M}_1^{-1}\bar{B}_2$$

vorausgesetzt wird. Nach der Faktorisierung (6.20) gilt

$$\bar{M}_1 = \begin{pmatrix} I & 0 \\ -B_1^\top A_1^{-1} & I \end{pmatrix} \begin{pmatrix} A_1C_1^{-1}A_1 - A_1 & 0 \\ 0 & S_1 \end{pmatrix} \begin{pmatrix} I & -A_1^{-1}B_1 \\ 0 & I \end{pmatrix}$$

und somit

$$\begin{aligned}
\bar{M}_1^{-1} &= \begin{pmatrix} I & A_1^{-1}B_1 \\ 0 & I \end{pmatrix} \begin{pmatrix} [A_1C_1^{-1}A_1 - A_1]^{-1} & 0 \\ 0 & S_1^{-1} \end{pmatrix} \begin{pmatrix} I & 0 \\ B_1^\top A_1^{-1} & I \end{pmatrix} \\
&= \begin{pmatrix} * & * \\ * & S_1^{-1} \end{pmatrix}.
\end{aligned}$$

Daraus folgt

$$\begin{aligned}
S_2 &= A_3 + \bar{B}_2^\top\bar{M}_1^{-1}\bar{B}_2 \\
&= A_3 + \begin{pmatrix} 0 & B_2^\top \end{pmatrix} \begin{pmatrix} * & * \\ * & S_1^{-1} \end{pmatrix} \begin{pmatrix} 0 \\ B_2 \end{pmatrix} = A_3 + B_2^\top S_1^{-1}B_2.
\end{aligned}$$

Für die Lösung des linearen Gleichungssystems (6.24) kann nach zweifacher Anwendung der Transformation (6.19) das vorkonditionierte konjugierte Gradientenverfahren angewendet werden, wobei Vorkonditionierungen $C_1$, $C_S$ und $C_F$ für $A_1$ sowie für die Schur–Komplemente $S_1 = A_2 + B_1^\top A_1^{-1}B_1$ und $S_2 = A_3 + B_2^\top S_1^{-1}B_2$ vorauszusetzen sind. Die zweifache Anwendung von Satz 6.2 ergibt dann die Abschätzung der spektralen Konditionszahl des vorkonditionierten Systems, wobei für eine optimale Abschätzung geeignete Skalierungen einzuführen sind. Analog zu Algorithmus 6.1 kann das resultierende Verfahren beschrieben werden.
Für eine weiterführende Behandlung mehrfacher Sattelpunktprobleme siehe auch [62].

# Kapitel 7

# Hierarchische Matrizen

Die in Kapitel 2 angegebenen Aufgaben zur Projektion und Approximation von Funktionen führen auf Familien von linearen Gleichungssystemen $A\underline{x} = \underline{f}$ mit Matrizen $A \in I\!\!R^{n \times n}$, siehe zum Beispiel (2.5) für die **Massematrix** der $L_2$-Projektion mit stückweise linearen Basisfunktionen oder (2.8) für die Approximation einer partiellen Differentialgleichung mit finiten Elementen. Beide Matrizen (2.5) und (2.8) sind **schwach** besetzt, allerdings sind ihre inversen Matrizen **vollbesetzt**. Im Gegensatz zu finiten Elementen führt die Approximation partieller Differentialgleichungen durch Randelementmethoden auf **vollbesetzte** Steifigkeitsmatrizen.

Aus den betrachteten Aufgabenstellungen folgt zunächst die Invertierbarkeit von $A$ und somit die eindeutige Lösbarkeit des linearen Gleichungssystems $A\underline{x} = \underline{f}$. Die Verwendung von iterativen Lösungsverfahren wie zum Beispiel dem Verfahren konjugierter Gradienten (Algorithmus 5.3), verlangt pro Iterationsschritt in der Regel nur eine Matrix–Vektor–Multiplikation mit der Steifigkeitsmatrix $A$, welche für eine vollbesetzte Matrix $A$ mit $n^2$ wesentlichen Rechenoperationen durchgeführt werden kann. Wenn durch eine geeignete Vorkonditionierungsstrategie die Zahl der zum Erreichen einer vorgegebenen Genauigkeit erforderlichen Iterationsschritte unabhängig von $n$ begrenzt werden kann, beträgt der Aufwand zum Lösen der linearen Gleichungssysteme $\mathcal{O}(n^2)$ wesentliche Rechenoperationen. Somit führt eine Verdoppelung der Dimension $n$ zu einer Vervierfachung der Rechenzeit. Eine wesentliche Schranke für die Dimension $n$ stellt jedoch der verfügbare Hauptspeicher dar, so daß viele praktische Problemstellungen auf herkömmlichen Rechnern nicht behandelt werden können, da die zugehörigen vollbesetzten Steifigkeitsmatrizen nicht im Hauptspeicher aufgestellt und bereitgehalten werden können.

Deshalb besteht die Notwendigkeit, den quadratischen Aufwand zur Speicherung und Anwendung einer vollbesetzten Matrix erheblich zu verringern. Optimal wäre ein in der Zahl der Freiheitsgrade linearer Aufwand, der meist aber nur bis auf polylogarithmische Störterme erreicht werden kann. Die Aufgabe besteht deshalb darin, eine vollbesetzte Matrix $A \in I\!\!R^{n \times n}$ durch eine **data–sparse** Approximation $\tilde{A} \in I\!R^{n \times n}$ anzunähern, welche folgenden Kriterien unterliegen soll:

1. Der **Speicherbedarf** zur Beschreibung der Approximation $\tilde{A}$ ist von der Größenordnung

$$Sp(\tilde{A}) = \mathcal{O}(n \log^\alpha n) \tag{7.1}$$

   mit einem gewissen Parameter $\alpha \in I\!N$ unabhängig von $n$.

2. Die Anzahl der **wesentlichen Operationen** einer Matrix–Vektor–Multiplikation mit der Approximation $\tilde{A}$ ist von der Größenordnung

$$Op(\tilde{A}\underline{x}) = \mathcal{O}(n \log^\beta n) \tag{7.2}$$

   wiederum mit einem Parameter $\beta \in I\!N$ unabhängig von $n$.

3. Für ein gegebenes $\varepsilon > 0$ kann die **Genauigkeit**

$$\|A - \tilde{A}\|_M \leq \varepsilon \tag{7.3}$$

   in einer gegebenen Matrix–Norm $\| \cdot \|_M$ gewährleistet werden.

Methoden zur effizienten Approximation vollbesetzter Matrizen wurden ursprünglich entwickelt für die Diskretisierung der bei Randelementmethoden auftretenden nichtlokalen Operatoren. Zu nennen sind hier die **schnelle Multipol–Methode** [21] und der **Panel–Clustering Algorithmus** [26]. Beide Verfahren beruhen auf der expliziten Kenntnis einer Reihenentwicklung der nichtlokalen Kernfunktion der Randintegraloperatoren. Beide Approximationen dienen einer effizienten Auswertung einer Matrix–Vektor–Multiplikation, ohne daß die zugehörige Steifigkeitsmatrix explizit aufgestellt wird. Diese Anwendungen entsprechen aber einer **hierarchischen Partitionierung** der Matrix, wobei die abgebrochene Reihenentwicklung der Kernfunktion eine **Niedrig–Rang–Darstellung** der zugehörigen Blockmatrizen induziert. Durch **hierarchische Matrizen** werden diese Zugänge verallgemeinert, und durch eine zugehörige **Arithmetik** wird das Rechnen mit hierarchischen Matrizen erklärt und insbesondere eine effiziente Berechnung von inversen Matrizen ermöglicht. Die hierarchische Partitionierung von Matrizen und ihre Niedrig–Rang–Approximation kann durch verschiedene Verfahren realisiert werden. Erste Arbeiten hierzu sind die **Mosaic–Skeleton–Approximation** [57] und darauf aufbauend die **Adaptive Cross Approximationsmethode** [5, 6, 8]. In [25] wurde dann ein allgemeiner Zugang zu hierarchischen Matrizen und ihrer Arithmetik präsentiert. Dies wurde und wird in einer Reihe von Arbeiten unter verschiedenen Aspekten für unterschiedliche Anwendungen untersucht. Zu nennen sind hier insbesondere die Dissertation [20] und das Skript [9].

Hier soll zunächst ein rein algebraischer Zugang zur Definition von hierarchischen Matrizen verfolgt werden. Dieser beruht auf einer hierarchischen Block–Partitionierung von Matrizen und einer Niedrig–Rang–Darstellung der entstehenden Block–Matrizen. Die Approximierbarkeit impliziert gleichzeitig ein Zulässigkeitskriterium für die zu verwendenden hierarchisch erzeugten Block–Matrizen. Die Niedrig–Rang–Approximation basiert auf einer Faktorisierung von symmetrischen Matrizen beziehungsweise der Singulärwertzerlegung von allgemeinen Matrizen. Sind zwei Matrizen durch dieselbe hierarchische Partitionierung gegeben, so kann die Summe aller Blockmatrizen näherungsweise wiederum als Matrix gleichen Ranges dargestellt werden. Gleiches folgt für das Produkt von hierarchischen Matrizen. Durch Bilden von Schur–Komplement–Matrizen kann schließlich die Darstellung der Inversen einer hierarchischen Matrix erklärt werden. Die Definition der Niedrig–Rang–Approximationen der Block–Matrizen auf Grundlage der Singulärwertzerlegung erfordert zunächst die Berechnung der gesamten Block–Matrix. Damit ist der Aufwand zur Generierung der hierarchischen Matrix quadratisch in der Zahl ihrer Freiheitsgrade und somit nicht optimal. Für die Diskretisierung von Randintegraloperatoren und für die Berechnung der inversen Steifigkeitsmatrix bei finiten Elementen können aber a priori Kriterien für die Berechnung von Niedrig–Rang Approximationen angegeben werden.

In diesem Kapitel wird versucht, hierarchische Matrizen aus einer rein algebraischen Sichtweise einzuführen. Bei den Anwendungen hierarchischer Matrizen bei Randelementmethoden und in der Finiten Element Methode gelingt dies nur bedingt, da die zugehörigen Fehlerabschätzungen des Approximationsfehlers in der Regel die Verwendung geeigneter Sobolev–Räume erfordern. Darauf wird hier jedoch bewußt nicht näher eingegangen, sondern auf entsprechende Referenzen verwiesen.

## 7.1 Partitionierte Matrizen

Hierarchische Matrizen basieren auf einer geeigneten **Partitionierung** der Matrix $A$ in **Block–Matrizen** $A_{ij}$ und einer **Niedrig–Rang–Darstellung** dieser Blockmatrizen $A_{ij}$. Ein beliebiges Element $A[\ell, k]$ der Matrix $A \in I\!\!R^{n \times n}$ kann mit einem Element $A_{ij}[\ell_j, k_i]$ einer Blockmatrix $A_{ij} \in I\!\!R^{n_j \times n_i}$ identifiziert werden, wenn eine eindeutige Zuordnung der Indizes $k_i \leftrightarrow k$ und $\ell_i \leftrightarrow \ell$ vorliegt. Für $k_i = 1, \ldots, n_i$ bzw. $\ell_j = 1, \ldots, n_j$ durchlaufen die zugehörigen Indizees $k$ bzw. $\ell$ gewisse Indexbereiche $I_i$ und $I_j$ als Teilmengen der ursprünglichen **Indexmenge**

$$I = \{1, 2, 3, \ldots, n - 1, n\}. \tag{7.4}$$

Damit kann die Blockmatrix $A_{ij} \in I\!\!R^{n_j \times n_i}$ stets durch Indexmengen $I_i, I_j \subset I$ beschrieben werden. Die **Partitionierung** einer Matrix $A$ entspricht somit einer Partitionierung der durch (7.4) gegebenen Indexmenge.

Für $p \in I\!N$ sei

$$P(I) = \{I_i\}_{i=1}^{p} \tag{7.5}$$

eine **Partitionierung** der Indexmenge $I$ in **paarweise zueinander disjunkte** Indexmengen $I_i$ der Dimension

$$n_i = \dim I_i$$

mit

$$I_i \cap I_j = \emptyset \quad \text{für } i \neq j.$$

Die Partitionierung (7.5) stelle eine **vollständige Zerlegung** der Indexmenge $I$ dar, das heißt es gelte

$$I = \bigcup_{i=1}^{p} I_i, \qquad \sum_{i=1}^{p} n_i = n.$$

Ohne Einschränkung der Allgemeinheit kann vorausgesetzt werden, daß die Indexmengen $I_i$ **zusammenhängende** Indizes umfaßt, das heißt

$$I_i = \left\{ 1 + \sum_{\nu=1}^{i-1} n_\nu, \ldots, \sum_{\nu=1}^{i} n_\nu \right\} \quad \text{für } i = 1, \ldots, p.$$

Eine solche Darstellung kann durch eine geeignete **Permutation** der Indizes stets erreicht werden.

Die Partitionierung der Indexmenge $I$ induziert nun eine **Tensor–Produkt–Partitionierung** der Indexmenge $I \times I$ durch

$$P_2(I) = P(I) \times P(I) = \{I_j \times I_i \; : \; I_i, I_j \in P(I)\}. \tag{7.6}$$

Für $k \in I_i$ und $\ell \in I_j$ werden durch

$$A_{ij}[\ell_j, k_i] = A[\ell, k]$$

zugehörige Block–Matrizen

$$A_{ij} \in I\!R^{n_j \times n_i}$$

erklärt, vergleiche Abbildung 7.1 für die resultierende Partitionierung der Matrix $A$.

Die Vorgehensweise zur Definition einer partitionierten Matrix mittels eines Tensor–Produkt–Ansatzes soll an einem einfachen Beispiel näher untersucht werden. Hierzu werde die folgende Situation betrachtet:

- Die Diagonal–Block–Matrizen $A_{ii} \in I\!R^{n_i \times n_i}$ können nur durch Matrizen vollen Ranges $n_i$ dargestellt werden. Zur Beschreibung der Matrizen $A_{ii}$ sind somit jeweils $n_i^2$ Speicherplätze erforderlich.

Abbildung 7.1: Tensor–Produkt–Partitionierung einer Matrix $A$.

- Für $i \neq j$ sind die Blockmatrizen $A_{ij}$ vom Rang 1, das heißt die Darstellung

$$A_{ij} = \underline{a}_j \underline{b}_i^{\top}$$

mit Vektoren $\underline{a}_j \in I\!\!R^{n_j}$ und $\underline{b}_i \in I\!\!R^{n_i}$ erfordert $n_i + n_j$ Speicherplätze.

Bestimmt werden soll der erforderliche Speicherbedarf $Sp(A)$ zur Beschreibung der Matrix $A$. Dieser ergibt sich aus der Summe des Speicherbedarfs $Sp(A_{ii})$ für alle vollbesetzten Diagonalblöcke $A_{ii}$ und des Speicherbedarfs $Sp(A_{ij})$ der Rang 1 Matrizen $A_{ij}$ der Nebendiagonalblöcke für $i \neq j$,

$$Sp(A) = \sum_{i=1}^{p} Sp(A_{ii}) + \sum_{i,j=1,i\neq j}^{p} Sp(A_{ij}) = \sum_{i=1}^{p} n_i^2 + \sum_{i,j=1,i\neq j}^{p} [n_i + n_j].$$

Für den letzten Summanden ergibt sich

$$\sum_{i,j=1,i\neq j}^{p} [n_i + n_j] = 2 \sum_{i=1}^{p} \sum_{j=1,j\neq i}^{p} n_i = 2(p-1) \sum_{i=1}^{p} n_i = 2(p-1)n.$$

Mit der Cauchy–Schwarz–Ungleichung (1.1) ist

$$n = \sum_{i=1}^{p} n_i \leq \left( \sum_{i=1}^{p} 1^2 \right)^{1/2} \left( \sum_{i=1}^{p} n_i^2 \right)^{1/2} = \sqrt{p} \left( \sum_{i=1}^{p} n_i^2 \right)^{1/2},$$

und somit folgt

$$\sum_{i=1}^{p} n_i^2 \geq \frac{1}{p}\, n^2 \,.$$

Insgesamt gilt also

$$Sp(A) \geq \frac{1}{p}\, n^2 + 2(p-1)n \,.$$

Diese untere Schranke ist minimal für

$$p = \sqrt{n/2},$$

und somit ergibt sich für den erforderlichen Speicherbedarf der partitionierten Matrix $A$ die Abschätzung

$$Sp(A) \geq \sqrt{2}\, n^{3/2} + (\sqrt{2} n^{1/2} - 2)n = \mathcal{O}(n^{3/2}) \,.$$

Damit ist der erforderliche Speicherbedarf $Sp(A)$ nicht optimal im Sinne der Forderung (7.1), und die Verwendung eines Tensor–Produkt–Ansatzes zur Partitionierung einer Matrix führt in der Regel nicht zum gewünschten Ergebnis.

Der Ausweg besteht nun in einer **hierarchischen Partitionierung** der Indexmenge $I$. Ausgehend von der Partitionierung

$$P^0(I) = \left\{I_i^0\right\}_{i=1}^{p_0} = \{I\} \qquad (p_0 = 1)$$

werden für $\lambda = 0, 1, \ldots, L$ **rekursiv** Partitionierungen

$$P^\lambda(I) = \left\{I_i^\lambda\right\}_{i=1}^{p_\lambda} \tag{7.7}$$

der Indexmenge $I$ in **paarweise zueinander disjunkte** Indexmengen $I_i^\lambda$ gleicher Stufe der Dimension

$$n_i^\lambda = \dim I_i^\lambda$$

mit

$$I_i^\lambda \cap I_j^\lambda = \emptyset \quad \text{für } i \neq j$$

erklärt. Für jede Stufe $\lambda$ bilden diese eine **vollständige Zerlegung** der Indexmenge $I$,

$$I = \bigcup_{i=1}^{p_\lambda} I_i^\lambda, \qquad \sum_{i=1}^{p_\lambda} n_i^\lambda = n.$$

Insbesondere bilden die Indexmengen $I_i^\lambda$ eine **Hierarchie**, das heißt für $i = 1, \ldots, p_\lambda$ und $\lambda = 1, \ldots, L$ existiert genau eine Indexmenge $I_j^{\lambda-1}$ mit

$$I_i^\lambda \subset I_j^{\lambda-1}.$$

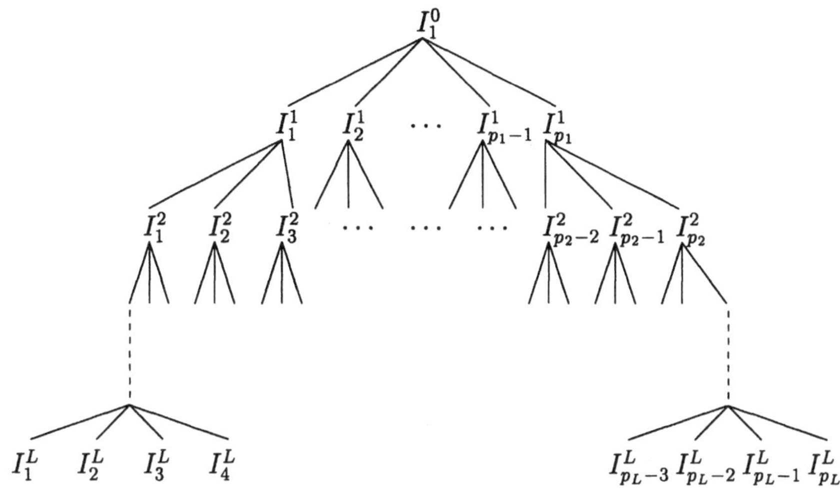

Abbildung 7.2: Baum $T$ der Indexmengen $I_i^\lambda$.

Ohne Einschränkung der Allgemeinheit kann wieder vorausgesetzt werden, daß die Indexmengen $I_i^\lambda$ **zusammenhängende Indizes** umfassen. Diese Voraussetzung kann stets durch geeignete **Permutationen** gewährleistet werden. Die Indexmengen $I_i^\lambda$ bilden somit einen **Baum** $T$, siehe Abbildung 7.2.

Durch die hierarchische Partitionierung der Indexmenge $I$ kann durch

$$P_{\mathcal{H}}(I,T) = \left\{ I_i^\lambda \times I_j^\lambda \ : \ I_i^\lambda, I_j^\lambda \in P^\lambda(I), \lambda = 0, \dots, L \right\} \tag{7.8}$$

eine **hierarchische Partitionierung** der Indexmenge $I \times I$ erklärt werden.

**Beispiel 7.1** *Für eine gegebene Indexmenge* $I = I_1^0$ *liege eine Unterteilung in zwei Indexmengen* $I_1^1$ *und* $I_2^1$ *vor. Dann ist*

$$P_{\mathcal{H}}(I,T) = \left\{ I_1^0 \times I_1^0, I_1^1 \times I_1^1, I_2^1 \times I_2^1, I_1^1 \times I_2^1, I_2^1 \times I_1^1 \right\}.$$

*Diese induziert zugehörige Partitionierungen der Matrix* $A$,

$$A = \begin{pmatrix} A_{11}^0 \end{pmatrix}, \quad A = \begin{pmatrix} A_{11}^1 & A_{12}^1 \\ A_{21}^1 & A_{22}^1 \end{pmatrix}$$

**Bemerkung 7.1** *Bei der Definition (7.8) der hierarchischen Partitionierung* $P_{\mathcal{H}}(I,T)$ *der Indexmenge* $I \times I$ *werden hier nur Indexpaare* $I_i^\lambda \times I_j^\lambda$ *des gleichen Levels* $\lambda$ *betrachtet. Allgemein können auch Indexpaare benachbarter Level betrachtet werden, zum Beispiel* $I_i^\lambda \times I_j^{\lambda \pm 1}$.

**Bemerkung 7.2** *Beispiel 7.1 zeigt, daß ein Element $A[\ell, k]$ der Ausgangsmatrix $A$ als Element $A_{ij}^{\lambda}[\ell_j, k_i]$ verschiedener Block–Matrizen $A_{ij}^{\lambda}$ aufgefaßt werden kann. So gehört zum Beispiel das Element $A[1,1]$ zu allen Block–Matrizen $A_{11}^{\lambda}$ für alle $\lambda = 0, 1, \ldots, L$. Damit ist für eine Beschreibung der Matrix $A$ als eine hierarchische Block–Matrix ein* **Kriterium** *anzugeben, welche Block–Matrizen $A_{ij}^{\lambda}$ zu verwenden sind.*

Zu finden ist also ein Kriterium für die Verwendung der Block–Matrix $A_{ij}^{\lambda}$ anstelle der Gesamtheit aller Block–Matrizen $A_{k\ell}^{\kappa}$, $\kappa > \lambda$, welche durch alle Söhne $I_k^{\kappa}$ und $I_\ell^{\kappa}$ der Indexmengen $I_i^{\lambda}$ und $I_j^{\lambda}$ erzeugt werden.

**Definition 7.1** *Eine Block–Matrix $A_{ij}^{\lambda}$ bzw. die sie erzeugenden Indexmengen $I_i^{\lambda}$ und $I_j^{\lambda}$ heißen zueinander* **r–zulässig**, *falls die Block–Matrix $A_{ij}^{\lambda}$ eine Darstellung als Matrix vom Rang $r$ ermöglicht.*

Block–Matrizen $A_{ij}^{L}$ auf dem feinsten Level $L$, die **keine** Rang r Darstellung erlauben, werden als Matrix $A_{ij}^{L} \in I\!\!R^{n_i^L \times n_j^L}$ mit $n_i^L n_j^L$ Einträgen beschrieben. In Anlehnung an die Anwendungen werden diese Blöcke als **Nahfeld** der Matrix $A$ bezeichnet.

Die Gesamtheit der das Nahfeld beschreibenden Indexpaare und alle zueinander zulässigen Indexpaare maximal möglicher Grösse wird mit

$$P_{\mathcal{H}}^{Z}(I, T) \subset P_{\mathcal{H}}(I, T) \tag{7.9}$$

bezeichnet. Für jedes Indexpaar $(k, \ell) \in I \times I$ **existiert genau ein** Paar von Indexmengen $(I_i^{\lambda}, I_j^{\lambda}) \in P_{\mathcal{H}}^{Z}(I, T)$ mit $(k, \ell) \in I_i^{\lambda} \times I_j^{\lambda}$.

Es kann nun ein **Algorithmus** angegeben werden, der die Erzeugung einer hierarchisch partitionierten Matrix $A$ ermöglicht.

**Algorithmus zur Erzeugung einer hierarchisch partitionierten Matrix**

Starte mit dem gröbsten Level $\lambda = 0$.

1. Teste die Block–Matrizen $A_{ij}^{\lambda}$ auf ihre r–Zulässigkeit.

2. Ist die Block–Matrix $A_{ij}^{\lambda}$ r–zulässig, so wird dieser Block durch die entsprechende Rang r Darstellung beschrieben.

3. Ist die Block–Matrix $A_{ij}^{\lambda}$ **nicht** r–zulässig, so werden zwei Fälle unterschieden:

   3.1. Für $\lambda = L$ ist das feinste Level erreicht und die Block–Matrix $A_{ij}^{L}$ kann nicht durch eine Rang r Matrix dargestellt werden. Deshalb ist für diese Blöcke im Nahfeld die übliche Darstellung einer vollbesetzten Matrix zu verwenden.

3.2. Für $\lambda < L$ ist das feinste Level noch nicht erreicht. Deshalb können für alle Söhne $I_k^{\lambda+1}$ und $I_\ell^{\lambda+1}$ der Indexmengen $I_i^\lambda$ und $I_j^\lambda$ die zugehörigen Block–Matrizen $A_{k\ell}^{\lambda+1}$ gebildet werden. Diese können dann gemäß Schritt 1. auf ihre r–Zulässigkeit untersucht werden.

Der hier beschriebene Algorithmus zur Erzeugung einer hierarchisch partitionierten Matrix $A$ beruht im wesentlichen auf dem in Abbildung 7.2 dargestellten Baum $T$ der Indexmengen $I_i^\lambda$ und der dafür zugrunde liegenden hierarchischen Partitionierung $P_{\mathcal{H}}(I, T)$ der Indexmenge $I$. Diese erfolgt in der Regel **problemabhängig** und ist somit abhängig von der Berechnungsvorschrift der Matrixelemente $A[\ell, k]$. In den hier betrachteten Anwendungen können die Matrixeinträge $A[\ell, k]$ in Relation gesetzt werden zu geometrischen Punkten $x_k, x_\ell \in {I\!\!R}^d$. Damit kann die Partitionierung der Indexmenge $I$ zurückgeführt werden auf eine **geometrische Partitionierung** von Punktwolken $\{x_k\}_{k=1}^n \subset {I\!\!R}^d$, siehe hierzu auch Abschnitt 7.4.

Die in Definition 7.1 angegebene Bedingung der r–Zulässigkeit kann zum Beispiel **algebraisch** durch eine **Singulärwertzerlegung** der Block–Matrix $A_{ij}^\lambda$ überprüft werden. Dies erfordert aber das explizite Aufstellen der Block–Matrix $A_{ij}^\lambda$ und somit die Berechnung **aller** Matrix-Elemente $A[\ell, k]$ der ursprünglichen Matrix $A$. Damit führt dieses Konzept zwar auf eine im Sinne des Speicherbedarfs optimale Beschreibung der Matrix $A$, erfordert aber einen in der Zahl $n$ der Freiheitsgrade quadratischen Aufwand zur Generierung dieser Beschreibung. Gesucht sind deshalb **a priori** Kriterien, die eine Generierung der vollständigen Matrix $A$ vermeiden. Diese können wiederum nur **problemabhängig** angegeben werden.

An einem einfachen Beispiel soll abschließend gezeigt werden, wie mit einer hierarchisch partitionierten Matrix und der Niedrig–Rang–Darstellung der Block–Matrizen ein optimaler Speicherbedarf erreicht werden kann.

**Beispiel 7.2** *Sei $A \in {I\!\!R}^{n \times n}$ mit $n = 2^L$. Durch Bisektion, das heißt Halbierung, werde die Indexmenge $I_1^0 = \{1, \ldots, n\}$ hierarchisch partitioniert,*

$$I_k^{\lambda-1} = I_{2k-1}^\lambda \cup I_{2k}^\lambda, \quad k = 1, \ldots, 2^{\lambda-1}, \lambda = 1, \ldots, L.$$

*Es wird angenommen, daß die Indexmengen $I_{2k-1}^\lambda$ und $I_{2k}^\lambda$ zueinander zulässig sind, und daß die zugehörige Block–Matrix $A_{2k-1,2k}^\lambda$ durch eine Rang $r$ Matrix beschrieben werden kann, während die Diagonalblöcke $A_{2k-1,2k-1}^\lambda$ und $A_{2k,2k}^\lambda$ rekursiv definiert sind. Nach Konstruktion gilt $A_{ij}^\lambda \in {I\!\!R}^{2^{L-\lambda} \times 2^{L-\lambda}}$ für $\lambda = 0, \ldots, L$. Die resultierende hierarchische Partitionierung der Matrix $A$ ist in Abbildung 7.3 dargestellt.*

*Offenbar kann die in Abbildung 7.3 angegebene Matrix rekursiv durch*

$$A_{kk}^{\lambda-1} = \begin{pmatrix} A_{2k-1,2k-1}^\lambda & A_{2k-1,2k}^\lambda \\ A_{2k,2k-1}^\lambda & A_{2k,2k}^\lambda \end{pmatrix}$$

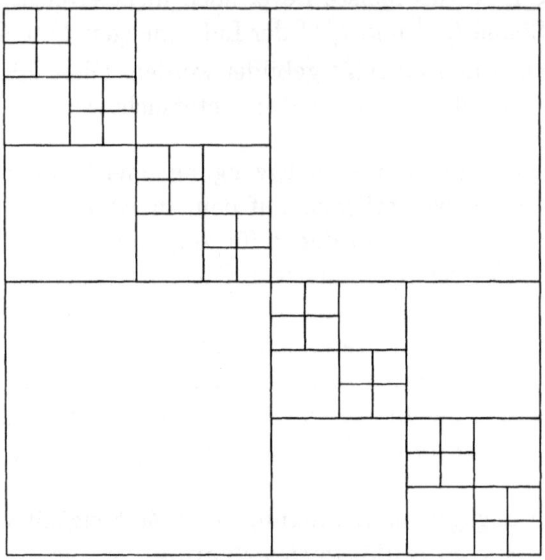

Abbildung 7.3: Hierarchisch partitionierte Matrix $A$.

*für $k = 1, \ldots, 2^\lambda - 1$ und $\lambda = 1, \ldots, L$. Dabei sei für $\lambda = 1$ $A_{11}^0 = A$.*
*Nach Voraussetzung sind die Nebendiagonalmatrizen $A_{2k-1,2k}^\lambda$ und $A_{2k,2k-1}^\lambda$ Rang $r$*
*Matrizen. Für den Speicherbedarf von $A_{kk}^{\lambda-1}$ ergibt sich dann*

$$
\begin{aligned}
Sp(A_{kk}^{\lambda-1}) &= 2\,Sp(A_{ii}^\lambda) + 2\,Sp(A_{ij}^\lambda) \\
&= 2\,Sp(A_{ii}^\lambda) + 2\,r\,[2^{L-\lambda} + 2^{L-\lambda}] \\
&= 2\,Sp(A_{ii}^\lambda) + 4\,r\,2^{L-\lambda}.
\end{aligned}
$$

*Für $\lambda = 1$ ist also*

$$
Sp(A) = Sp(A_{11}^0) = 2\,Sp(A_{ii}^1) + 4\,r\,2^{L-1} = 2\,Sp(A_{ii}^1) + 2\,r\,2^L
$$

*und durch rekursives Einsetzen folgt*

$$
\begin{aligned}
Sp(A) &= 2\,Sp(A_{ii}^1) + 2\,r\,2^L \\
&= 2\left[2\,Sp(A_{ii}^2) + 4\,r\,2^{L-2}\right] + 2\,r\,2^L \\
&= 2^2\,Sp(A_{ii}^2) + 2\cdot 2\,r\,2^L \\
&= 2^\lambda\,Sp(A_{ii}^\lambda) + \lambda\,2\,r\,2^L
\end{aligned}
$$

*für $\lambda = 1, \ldots, L$. Insbesondere für $\lambda = L$ ist $A_{ii}^L \in \mathbb{R}$ und somit folgt*

$$
Sp(A) = 2^L + L\,2\,r\,2^L = 2^L(1 + 2rL) = n(1 + 2r\log_2 n).
$$

*Mit Hilfe dieses Beispiels soll noch einer anderen Frage nachgegangen werden. Für Block–Matrizen $A_{ii}^\lambda \in \mathbb{R}^{n^\lambda \times n^\lambda}$ welcher Dimension $n^\lambda = 2^{L-\lambda}$ ist die Beschreibung als Rang $r$ Matrix sinnvoll, oder wann ist die Beschreibung als vollbesetzte Matrix zu bevorzugen. Der jeweils notwendige Speicherbedarf für beide Fälle ist in Tabelle 7.1 angegeben. Es zeigt sich, daß Blockmatrizen kleiner Dimension stets als vollbesetzte Matrizen vorteilhafter zu beschreiben sind.*

| $\lambda$ | $n^\lambda$ | $Sp(A_{ii}^\lambda) = [n^\lambda]^2$ | $Sp(A_{ii,r}^\lambda) = 2rn^\lambda$ | $Sp(A_{ii,r}^\lambda) < Sp(A_{ii}^\lambda)$ |
|:---:|:---:|:---:|:---:|:---:|
| $L$ | 1 | 1 | 2r | |
| $L-1$ | 2 | 4 | 4r | |
| $L-2$ | 4 | 16 | 8r | $r < 2$ |
| $L-3$ | 8 | 64 | 16r | $r < 4$ |
| $L-4$ | 16 | 256 | 32r | $r < 8$ |

Tabelle 7.1: Vergleich Speicherbedarf für vollbesetzte und Rang r Matrix.

## 7.2 Approximation mit Niedrigrang–Matrizen

Eine Block–Matrix $A_{ij}^\lambda \in \mathbb{R}^{n_j^\lambda \times n_i^\lambda}$ heißt $(r, \varepsilon)$–**zulässig**, wenn sie durch eine Matrix $A_{ij,r}^\lambda$ gleicher Dimension mit $\operatorname{rang} A_{ij,r}^\lambda \leq r$ und mit einer vorgegebenen Genauigkeit $\varepsilon$ approximinert werden kann. In diesem Kapitel soll untersucht werden, wie dieses Kriterium überprüft und wie eine solche Niedrigrang–Darstellung berechnet werden kann. Bevor der allgemeine Fall einer Matrix $A_{ij}^\lambda \in \mathbb{R}^{n_j^\lambda \times n_i^\lambda}$ mit $n_i^\lambda \neq n_j^\lambda$ betrachtet wird, soll zunächst der einfachere Fall einer symmetrischen Matrix $A_{ii}^\lambda \in \mathbb{R}^{n_i \times n_i}$ untersucht werden.

### 7.2.1 Approximation symmetrischer Matrizen

Gegeben sei eine **symmetrische** Matrix $A = A^\top \in \mathbb{R}^{n \times n}$ mit $n$ **nichtnegativen** reellen **Eigenwerten**

$$\lambda_1(A) \geq \lambda_2(A) \geq \ldots \geq \lambda_n(A) \geq 0.$$

Die zugehörigen Eigenvektoren $\{\underline{v}_k\}_{k=1}^n$ bilden ein Orthonormalsystem bezüglich dem Euklidischen Skalarprodukt und können zu einer orthogonalen Matrix

$$V = (\underline{v}_1, \underline{v}_2, \ldots, \underline{v}_n) \in \mathbb{R}^{n \times n}$$

mit $V^\top V = VV^\top = I$ zusammengefaßt werden. Für $A$ folgt dann die Faktorisierung (1.13),

$$V^\top AV = D = \operatorname{diag}(\lambda_k(A))_{k=1}^n,$$

beziehungsweise gilt die Darstellung (1.14),

$$A = VDV^\top = \sum_{k=1}^{n} \lambda_k(A)\underline{v}^k\underline{v}^{k,\top}. \tag{7.10}$$

Gesucht ist nun eine symmetrische Matrix $A_r = A_r^\top \in I\!\!R^{n\times n}$ mit

$$\operatorname{rang} A_r \leq r < n$$

als Lösung des **Minimierungsproblems**

$$\|A - A_r\|_2 = \min_{B=B^\top \in I\!\!R^{n\times n},\,\operatorname{rang} B \leq r} \|A - B\|_2. \tag{7.11}$$

Da der Rang einer Matrix $A$ der maximalen Anzahl von linear unabhängigen Spalten bzw. Zeilen von $A$ entspricht, besitzt die gesuchte Rang $r$ Approximation $A_r$ von $A$ maximal $r$ nicht verschwindende Eigenwerte $\lambda_k(A_r)$. Ausgehend von der Faktorisierung $A = VDV^\top$ wird deshalb die Approximation

$$A_r = VD_rV^\top = \sum_{k=1}^{r} \lambda_k(A)\underline{v}_k\underline{v}_k^\top \tag{7.12}$$

mit der Diagonalmatrix

$$D_r = \begin{pmatrix} \lambda_1(A) & & & & & & \\ & \ddots & & & & & \\ & & \lambda_r(A) & & & & \\ & & & 0 & & & \\ & & & & \ddots & & \\ & & & & & 0 \end{pmatrix}$$

definiert, und es gilt:

**Satz 7.1** *Die durch (7.12) definierte Rang $r$ Matrix $A_r$ ist Lösung der Minimierungsaufgabe (7.11), und es gilt*

$$\min_{B=B^\top \in I\!\!R^{n\times n},\,\operatorname{rang} B\,\leq\,r} \|A - B\|_2 = \|A - A_r\|_2 = \lambda_{r+1}(A).$$

**Beweis:** Mit

$$\|A - A_r\|_2 = \varrho(A - A_r) = \max_{k=1,\ldots,n} |\lambda_k(A - A_r)| = \max_{k=r+1,\ldots,n} |\lambda_k(A)| = \lambda_{r+1}(A)$$

gilt zunächst

$$\min_{B=B^\top \in I\!\!R^{n\times n},\,\operatorname{rang} B \leq r} \|A - B\|_2 \leq \|A - A_r\|_2 = \lambda_{r+1}(A).$$

Sei nun $B = B^\mathsf{T} \in I\!\!R^{n \times n}$ eine beliebige symmetrische Matrix mit rang $B \leq r$. Dann existiert ein Orthonormalsystem $\{\underline{z}_k\}_{k=1}^n$ von Eigenvektoren $\underline{z}_k \in I\!\!R^n$ mit

$$B\underline{z}_k = \lambda_k(B)\underline{z}_k \quad \text{für } k = 1, \ldots, n.$$

Ohne Einschränkung der Allgemeinheit gelte für die Eigenwerte $\lambda_k(B)$ von $B$

$$\lambda_k(B) = 0 \quad \text{für } k = r+1, \ldots, n.$$

Für alle Vektoren

$$\underline{u} = \sum_{k=r+1}^n u_k \underline{z}_k \in \operatorname{span}\{\underline{z}_{r+1}, \ldots, \underline{z}_n\}$$

folgt also

$$B\underline{u} = \sum_{k=r+1}^n u_k B\underline{z}_k = \sum_{k=r+1}^n u_k \lambda_k(B)\underline{z}_k = \underline{0}.$$

Unter Benutzung der Eigenvektoren $\underline{v}_i$ von $A$ existiert andererseits ein normierter Vektor

$$\bar{\underline{u}} \in \underbrace{\operatorname{span}\{\underline{z}_{r+1}, \ldots, \underline{z}_n\}}_{\dim = n-r} \cap \underbrace{\operatorname{span}\{\underline{v}_1, \ldots, \underline{v}_r, \underline{v}_{r+1}\}}_{\dim = r+1}$$

mit $\|\bar{\underline{u}}\|_2 = 1$, und es folgt

$$\|A - B\|_2 = \sup_{\underline{0} \neq \underline{x} \in I\!\!R^n} \frac{\|(A-B)\underline{x}\|_2}{\|\underline{x}\|_2} \geq \frac{\|(A-B)\bar{\underline{u}}\|_2}{\|\bar{\underline{u}}\|_2} = \|A\bar{\underline{u}}\|_2 \,.$$

Nach Konstruktion gilt für $\bar{\underline{u}}$ eine Darstellung der Form

$$\bar{\underline{u}} = \sum_{k=1}^{r+1} \bar{u}_k \underline{v}_k$$

mit Zerlegungskoeffizienten $\bar{u}_k = (\bar{\underline{u}}, \underline{v}_k)$. Dann gilt

$$1 = \|\bar{\underline{u}}\|_2^2 = (\bar{\underline{u}}, \bar{\underline{u}}) = \left(\sum_{k=1}^{r+1} \bar{u}_k \underline{v}_k, \sum_{\ell=1}^{r+1} \bar{u}_\ell \underline{v}_\ell\right) = \sum_{k=1}^{r+1}\sum_{\ell=1}^{r+1} \bar{u}_k \bar{u}_\ell (\underline{v}_k, \underline{v}_\ell) = \sum_{k=1}^{r+1} \bar{u}_k^2.$$

Daraus folgt, unter Verwendung der Orthonormalität der Eigenvektoren $\{\underline{v}_k\}_{k=1}^n$,

$$\begin{aligned}
\|A\bar{\underline{u}}\|_2^2 &= (A\bar{\underline{u}}, A\bar{\underline{u}}) = \left(A\sum_{k=1}^{r+1} \bar{u}_k \underline{v}_k, A\sum_{\ell=1}^{r+1} \bar{u}_\ell \underline{v}_\ell\right) = \sum_{k=1}^{r+1}\sum_{\ell=1}^{r+1} \bar{u}_k \bar{u}_\ell (A\underline{v}_k, A\underline{v}_\ell) \\
&= \sum_{k=1}^{r+1}\sum_{\ell=1}^{r+1} \bar{u}_k \bar{u}_\ell \lambda_k(A)\lambda_\ell(A)(\underline{v}_k, \underline{v}_\ell) = \sum_{k=1}^{r+1} \bar{u}_k^2 [\lambda_k(A)]^2 \\
&\geq \min_{k=1,\ldots,r+1} [\lambda_k(A)]^2 \sum_{k=1}^{r+1} \bar{u}_k^2 = [\lambda_{r+1}(A)]^2
\end{aligned}$$

und somit

$$\|A - B\|_2 \geq \lambda_{r+1}(A)$$

für eine beliebige Matrix $B = B^\top \in I\!R^{n \times n}$ mit rang $B \leq r$. Insgesamt gilt also

$$\lambda_{r+1}(A) \leq \min_{B=B^\top \in I\!R^{n \times n}, \text{rang} B \leq r} \|A - B\|_2 \leq \|A - A_r\|_2 \leq \lambda_{r+1}(A)$$

und folglich die Gleichheit. ∎

Neben dem Minimierungsproblem (7.11) in der Euklidischen Matrixnorm $\|\cdot\|_2$, welche für ihre Auswertung die Berechnung des betragsmäßig größten Eigenwertes verlangt, ist die durch (7.12) konstruierte Rang $r$ Matrix $A_r$ ebenfalls Lösung der entsprechenden Minimierungsaufgabe in der leichter auszuwertenden Frobenius–Norm $\|\cdot\|_F$,

$$\|A - A_r\|_F = \min_{B=B^\top \in I\!R^{n \times n}, \text{rang } B \leq r} \|A - B\|_F . \qquad (7.13)$$

**Satz 7.2** *Die durch (7.12) definierte Rang $r$ Matrix $A_r$ ist Lösung der Minimierungsaufgabe (7.13), und es gilt*

$$\min_{B=B^\top \in I\!R^{n \times n}, \text{rang} B \leq r} \|A - B\|_F = \|A - A_r\|_F = \left( \sum_{k=r+1}^{n} [\lambda_k(A)]^2 \right)^{1/2} .$$

**Beweis:** Mit

$$\|A - A_r\|_F = \|V(D - D_r)V^\top\|_F = \|D - D_r\|_F = \left( \sum_{k=r+1}^{n} [\lambda_k(A)]^2 \right)^{1/2}$$

gilt zunächst

$$\min_{B=B^\top \in I\!R^{n \times n}, \text{rang} B \leq r} \|A - B\|_F \leq \|A - A_r\|_F = \left( \sum_{k=r+1}^{n} [\lambda_k(A)]^2 \right)^{1/2} .$$

Zu zeigen bleibt die Optimalität von $A_r$ bezüglich der Frobenius–Norm $\|\cdot\|_F$. Wie im Beweis von Satz 7.1 sei $B = B^\top \in I\!R^{n \times n}$ eine Rang $r$ Matrix mit orthonormalen Eigenvektoren $\{z_k\}_{k=1}^{n}$ und zugehörigen Eigenwerten $\lambda_k(B)$, wobei $\lambda_k(B) = 0$ für $k = r+1, \ldots, n$ gelte.
Für jedes $k = r+1, \ldots, n$ existiert dann ein Vektor

$$\bar{u}_k \in \text{span}\{z_{r+1}, \ldots, z_n\} \cap \text{span}\{v_1, \ldots, v_r, v_k\}$$

mit $\|\bar{u}_k\|_2 = 1$ und $(\bar{u}_k, \bar{u}_\ell) = \delta_{k\ell}$ für $k, \ell = r+1, \ldots, n$. Wie im Beweis von Satz 7.1 folgen für die so konstruierten Vektoren die Abschätzungen

$$\|(A - B)\bar{u}_k\|_2 \geq \lambda_k(A) \quad \text{für } k = r+1, \ldots, n.$$

Seien $\bar{\underline{u}}_1,\ldots,\bar{\underline{u}}_r$ so gewählt, daß $\{\bar{\underline{u}}_k\}_{k=1}^n$ ein Orthonormalsystem bildet. Dann definiert

$$\bar{U} = (\bar{\underline{u}}_1,\ldots,\bar{\underline{u}}_n) \in I\!\!R^{n\times n}$$

eine orthogonale Matrix, und es folgt

$$\|A - B\|_F^2 \;=\; \|(A - B)\bar{U}\|_F^2 = \sum_{k=1}^n \|(A - B)\bar{\underline{u}}_k\|_2^2$$

$$\geq \sum_{k=r+1}^n \|(A - B)\bar{\underline{u}}_k\|_2^2 \geq \sum_{k=r+1}^n [\lambda_k(A)]^2$$

und somit

$$\sum_{k=r+1}^n [\lambda_k(A)]^2 \leq \min_{B=B^\top \in I\!\!R^{n\times n},\,\mathrm{rang}\,B\,\leq\,r} \|A - B\|_F^2 \leq \|A - A_r\|_F^2 = \sum_{k=r+1}^n [\lambda_k(A)]^2,$$

woraus unmittelbar die Behauptung folgt. $\qquad\blacksquare$

Für einen gegebenen Vektor $\underline{x} \in I\!\!R^n$ wird nun das exakte Matrix–Vektor–Produkt $\underline{z} = A\underline{x}$ ersetzt durch das näherungsweise Matrix–Vektor–Produkt $\tilde{\underline{z}} = A_r\underline{x}$. Für den Fehler in der Euklidischen Vektornorm ergibt sich aus der Verträglichkeit der Euklidischen Matrixnorm mit der Euklidischen Vektornorm und der Fehlerabschätzung von Satz 7.1

$$\|\underline{z} - \tilde{\underline{z}}\|_2 = \|(A - A_r)\underline{x}\|_2 \leq \|A - A_r\|_2\|\underline{x}\|_2 = \lambda_{r+1}(A)\,\|\underline{x}\|_2. \tag{7.14}$$

Aus der Verträglichkeit der Frobeniusnorm zur Euklidischen Vektornorm folgt mit der Fehlerabschätzung von Satz 7.2 andererseits

$$\|\underline{z} - \tilde{\underline{z}}\|_2 = \|(A - A_r)\underline{x}\|_2 \leq \|A - A_r\|_F\|\underline{x}\|_2 = \left(\sum_{k=r+1}^n [\lambda_k(A)]^2\right)^{1/2}\|\underline{x}\|_2. \tag{7.15}$$

Die Fehlerabschätzung (7.15) ist zwar im Vergleich zu (7.14) schwächer, jedoch erlaubt die Berechnung der Frobenius–Norm $\|A - A_r\|_F$ eine einfachere Kontrolle des Fehlers.

## 7.2.2 Approximation allgemeiner Matrizen

Nachdem im vorigen Abschnitt die Niedrigrang–Approximation einer symmetrischen Matrix $A \in I\!\!R^{n\times n}$ behandelt wurde, wird jetzt der allgemeine Fall einer Matrix $A \in I\!\!R^{m\times n}$ mit Rang

$$\mu = \mathrm{rang}\,A \leq \min\{m, n\}$$

betrachtet. Ausgangspunkt dafür ist das Matrix–Vektor–Produkt $\underline{z} = A\underline{x} \in I\!\!R^m$ für einen beliebig gegebenen Vektor $\underline{x} \in I\!\!R^n$. Wird die Matrix $A$ durch eine noch zu bestimmende Niedrig–Rang–Approximation $A_r$ ersetzt, so erhält man das gestörte Ergebnis $\tilde{z} = A_r \underline{x}$. Für den Fehler in der Euklidischen Vektornorm folgt unter Verwendung der Cauchy–Schwarz–Ungleichung

$$
\begin{aligned}
\|\underline{z} - \tilde{z}\|_2^2 &= \|(A - A_r)\underline{x}\|_2^2 \\
&= ((A - A_r)\underline{x}, (A - A_r)\underline{x})_2 \\
&= \left((A^{\mathsf{T}} - A_r^{\mathsf{T}})(A - A_r)\underline{x}, \underline{x}\right)_2 \\
&\leq \|(A^{\mathsf{T}} - A_r^{\mathsf{T}})(A - A_r)\underline{x}\|_2 \|\underline{x}\|_2 \\
&\leq \|(A^{\mathsf{T}} - A_r^{\mathsf{T}})(A - A_r)\|_M \|\underline{x}\|_2^2
\end{aligned}
$$

mit einer zur Euklidischen Vektornorm verträglichen Matrixnorm $\|\cdot\|_M$ der symmetrischen Fehlermatrix $(A^{\mathsf{T}} - A_r^{\mathsf{T}})(A - A_r) \in I\!R^{n \times n}$. Dies motiviert die Betrachtung der symmetrischen Matrix $A^{\mathsf{T}} A \in I\!R^{n \times n}$ mit $n$ reellen nichtnegativen Eigenwerten

$$
\lambda_1(A^{\mathsf{T}} A) \geq \lambda_2(A^{\mathsf{T}} A) \geq \ldots \geq \lambda_n(A^{\mathsf{T}} A) \geq 0.
$$

Die zugehörigen Eigenvektoren $\{\underline{v}_k\}_{k=1}^n$ der symmetrischen Matrix $A^{\mathsf{T}} A$ bilden ein Orthonormalsystem und es gilt die Faktorisierung

$$
V^{\mathsf{T}} A^{\mathsf{T}} A V = \operatorname{diag}(\lambda_k(A^{\mathsf{T}} A))_{k=1}^n =: D. \tag{7.16}
$$

Wegen $\lambda_k(A^{\mathsf{T}} A) \geq 0$ existieren die **Singulärwerte**

$$
\sigma_k(A) = \sqrt{\lambda_k(A^{\mathsf{T}} A)} \geq 0 \quad \text{für } k = 1, \ldots, \min\{m, n\}. \tag{7.17}
$$

Insbesondere gelte $\sigma_k(A) > 0$ für $k = 1, \ldots, \mu = \operatorname{rang} A \leq \min\{m, n\}$ und $\sigma_k(A) = 0$ für $k = \mu + 1, \ldots, \min\{m, n\}$. Die Singulärwerte definieren eine Diagonalmatrix

$$
\Sigma = \operatorname{diag}(\sigma_k(A))_{k=1}^{\min\{m,n\}} \in I\!R^{m \times n},
$$

und es gilt

$$
D = \Sigma^{\mathsf{T}} \Sigma \in I\!R^{n \times n}.
$$

Wird durch

$$
\Sigma^{+} = \begin{pmatrix}
\dfrac{1}{\sigma_1(A)} & & & & & \\
& \ddots & & & & \\
& & \dfrac{1}{\sigma_\mu(A)} & & & \\
& & & 0 & & \\
& & & & \ddots & \\
& & & & & 0
\end{pmatrix} \in I\!R^{n \times m} \tag{7.18}
$$

die **Pseudoinverse** zu $\Sigma$ definiert, dann folgt aus (7.16) durch Multiplikation mit $(\Sigma^+)^\top$ von links

$$(\Sigma^+)^\top V^\top A^\top AV = \Sigma \in I\!\!R^{m \times n}$$

beziehungsweise

$$U^\top AV = \Sigma \tag{7.19}$$

mit

$$U = AV\Sigma^+ \in I\!\!R^{m \times m}. \tag{7.20}$$

Es gilt

$$U^\top U = \Sigma^{+,\top} V^\top A^\top AV\Sigma^+ = \Sigma^+ D\Sigma^+ = \begin{pmatrix} I_\mu & \\ & 0 \end{pmatrix} \in I\!\!R^{m \times m}$$

mit der Einheitsmatrix $I_\mu \in I\!\!R^{\mu \times \mu}$, das heißt $U^\top$ ist die Pseudoinverse zu $U$. Damit folgt aus (7.19) die **Singulärwertzerlegung** von $A$,

$$A = U\Sigma V^\top = \sum_{k=1}^{\mu} \sigma_k(A)\underline{u}_k\underline{v}_k^\top \in I\!\!R^{m \times n}. \tag{7.21}$$

Für $r < \mu$ sei

$$\Sigma_r = \begin{pmatrix} \sigma_1(A) & & & & & & \\ & \ddots & & & & & \\ & & \sigma_r(A) & & & & \\ & & & 0 & & & \\ & & & & \ddots & & \\ & & & & & 0 & \end{pmatrix} \in I\!\!R^{m \times n},$$

dann definiert

$$A_r = U\Sigma_r V^\top \in I\!\!R^{m \times n} \tag{7.22}$$

eine Rang $r$ Approximation von $A$. Aus der Invarianz der Matrixnorm bezüglich orthogonaler Matrizen folgt dann

$$\begin{aligned} \|(A^\top - A_r^\top)(A - A_r)\|_M &= \|(V\Sigma^\top U^\top - V\Sigma_r^\top U^\top)(U\Sigma V^\top - U\Sigma_r V^\top)\|_M \\ &= \|V(\Sigma^\top - \Sigma_r^\top)U^\top U(\Sigma - \Sigma_r)V^\top\|_M \\ &= \|(\Sigma^\top - \Sigma_r^\top)(\Sigma - \Sigma_r)\|_M \end{aligned}$$

und somit

$$\|(A^\top - A_r^\top)(A - A_r)\|_2 = \lambda_{r+1}(A^\top A) = [\sigma_{r+1}(A)]^2$$

beziehungsweise

$$\|(A^\top - A_r^\top)(A - A_r)\|_F = \left[\sum_{k=r+1}^{n} [\sigma_k(A)]^4\right]^{1/2}.$$

Für den Fehler des näherungsweisen Matrix–Vektor–Produkts folgt also

$$\|\underline{z} - \underline{\tilde{z}}\|_2 \leq \sigma_{r+1}(A)\,\|\underline{x}\|_2\,.  \tag{7.23}$$

Im Fall einer symmetrischen Matrix $A = A^\top$ fällt diese Abschätzung mit (7.14) zusammen.

Weiterhin gilt

$$\|A - A_r\|_M = \|U\Sigma V^\top - U\Sigma_r V^\top\|_M = \|\Sigma - \Sigma_r\|_M$$

und somit

$$\|A - A_r\|_2 = \sigma_{r+1}(A)$$

beziehungsweise

$$\|A - A_r\|_F = \left[\sum_{k=r+1}^{n} [\sigma_k(A)]^2\right]^{1/2}.$$

Wie im symmetrischen Fall folgt, daß die durch (7.22) definierte Rang $r$ Approximation $A_r$ die bestmögliche Rang $r$ Approximation von $A$ sowohl in der Spektralnorm als auch in der Frobeniusnorm darstellt.

## 7.3   Arithmetik von Hierarchischen Matrizen

Die Verwendung von Hierarchischen Matrizen innerhalb von Iterationsverfahren erfordert nur eine effiziente Realisierung der Matrix–Vektor–Multiplikation. Zur direkten Lösung von linearen Gleichungssystemen mit Hierarchischen Matrizen bzw. zur Konstuktion optimaler Vorkonditionierungen kann die Inverse einer Hierarchischen Matrix näherungsweise bestimmt werden. Dies erfolgt rekursiv und basiert im wesentlichen auf der Addition und Multiplikation von Hierarchischen Matrizen.

Während die arithmetischen Operationen für allgemeine hierarchische Partitionierungen erklärt werden, erfolgt die Analyse des Rechenaufwandes nur für den in Beispiel 7.2 angegebenen Spezialfall.

Für die Indexmenge

$$I = \{1, 2, 3, \ldots, n\}$$

sei die hierarchische Partitionierung (7.7) gegeben,

$$P^\lambda(I) = \left\{I_i^\lambda\right\}_{i=1}^{p_\lambda}.$$

Dabei beschreibt $R_i^\lambda : I \to I_i^\lambda$ mit $R_i^\lambda \in I\!R^{n_i^\lambda \times n}$ gerade die Zuordnung der globalen Indexmenge $I$ auf die lokalen Indexmengen $I_i^\lambda$. Weiterhin bezeichnet $P_{\mathcal{H}}(I, T)$ die zugeordnete hierarchische Partitionierung der Indexmenge $I \times I$, vergleiche (7.8). Schließlich sei

$$P_{\mathcal{H}}^Z(I, T) \subset P_{\mathcal{H}}(I, T)$$

die gemäß (7.9) erzeugte hierarchische Partitionierung aller zulässigen Indexpaare $(I_i^\lambda, I_j^\lambda)$ einschließlich der nicht approximierbaren Blöcke des Nahfeldes. Damit gilt für die zugeordnete hierarchische Matrix die Darstellung

$$A = \sum_{(I_i^\lambda, I_j^\lambda) \in P_{\mathcal{H}}^{\mathcal{Z}}(I,T)} R_j^{\lambda,\top} A_{ij}^\lambda R_i^\lambda \qquad (7.24)$$

mit Rang $r$ Block–Matrizen

$$A_{ij}^\lambda = \sum_{k=1}^r \underline{a}_{j,\lambda,k} \underline{b}_{i,\lambda,k}^\top.$$

Der Einfachheit halber wird im folgenden auch für die Blockmatrizen im Nahfeld die obige Darstellung vorausgesetzt. Durch diese Annahme ergibt sich eine leichte Überschätzung des Rechenaufwandes (siehe hierzu auch Beispiel 7.2), die hier aber vernachlässigt werden soll.

## 7.3.1 Matrix–Vektor–Multiplikation

Für einen gegebenen Vektor $\underline{x} \in I\!\!R^n$ ist das Matrix–Vektor–Produkt $\underline{z} = A\underline{x}$ zu berechnen. Einsetzen der Darstellung (7.24) ergibt

$$\underline{z} = A\underline{x} = \sum_{(I_i^\lambda, I_j^\lambda) \in P_{\mathcal{H}}^{\mathcal{Z}}(I,T)} R_j^{\lambda,\top} A_{ij}^\lambda R_i^\lambda \underline{x} = \sum_{(I_i^\lambda, I_j^\lambda) \in P_{\mathcal{H}}^{\mathcal{Z}}(I,T)} R_j^{\lambda,\top} \underline{z}_{ij,\lambda}$$

mit

$$\underline{z}_{ij,\lambda} = A_{ij}^\lambda \underline{x}_{i,\lambda}, \quad \underline{x}_{i,\lambda} = R_i^\lambda \underline{x}.$$

Zu realisieren sind somit die lokalen Matrix–Vektor–Multiplikationen

$$\underline{z}_{ij,\lambda} = A_{ij}^\lambda \underline{x}_{i,\lambda} = \left( \sum_{k=1}^r \underline{a}_{j,\lambda,k} \underline{b}_{i,\lambda,k}^\top \right) \underline{x}_{i,\lambda} = \sum_{k=1}^r \left( \underline{b}_{i,\lambda,k}^\top \underline{x}_{i,\lambda} \right) \underline{a}_{j,\lambda,k}$$

sowie die Assemblierung der Ergebnisvektoren $\underline{z}_{ij,\lambda}$.

**Algorithmus zur Matrix–Vektor–Multiplikation:**

Durchlaufe die Menge aller zulässigen Indexpaare $(I_i^\lambda, I_j^\lambda) \in P_{\mathcal{H}}^{\mathcal{Z}}(I,T)$:

1. Bestimme die lokalen Vektoren $\underline{x}_{i,\lambda} = R_i^\lambda \underline{x}$.

2. Realisiere die lokale Matrix–Vektor–Multiplikation

$$\underline{z}_{ij,\lambda} = \sum_{k=1}^r \left( \underline{b}_{i,\lambda,k}^\top \underline{x}_{i,\lambda} \right) \underline{a}_{j,\lambda,k}$$

   mit einem Aufwand von $r(n_i^\lambda + n_j^\lambda)$ Multiplikationen.

3. Assembliere die lokalen Anteile $R_j^{\lambda,\top} \underline{z}_{ij,\lambda}$ auf den Ergebnisvektor $\underline{z}$.

Für den Gesamtaufwand der Matrix–Vektor–Multiplikation $\underline{z} = A\underline{x}$ ergibt sich

$$Op(A\underline{x}) = r \sum_{(I_i^\lambda, I_j^\lambda) \in P_{\mathcal{H}}^Z(I,T)} (n_i^\lambda + n_j^\lambda).$$

Dieser ist wesentlich abhängig von der Struktur von $P_{\mathcal{H}}^Z(I,T)$ und somit von der verwendeten Zulässigkeitsbedingung. Deshalb kann diese Summe in der Regel nur im konkreten Anwendungsfall explizit ausgewertet werden.

**Beispiel 7.3** *Gegeben sei die in Beispiel 7.2 beschriebene hierarchische Matrix $A \in I\!R^{n \times n}$ mit $n = 2^L$, wobei jeder Block $A_{ij}^\lambda$ für $i \neq j$ durch eine Rang $r$ Matrix dargestellt werden kann, während die Diagonalblöcke $A_{ii}^\lambda$ rekursiv definiert sind:*

$$A_{kk}^{\lambda-1} = \begin{pmatrix} A_{2k-1,2k-1}^\lambda & A_{2k-1,2k}^\lambda \\ A_{2k,2k-1}^\lambda & A_{2k,2k}^\lambda \end{pmatrix}, \quad k = 1, \ldots, 2^{\lambda-1}, \lambda = 1, \ldots, L.$$

*Für die Matrix–Vektor–Multiplikation $\underline{z} = A\underline{x}$ ergibt sich dann*

$$\underline{z}_1^\lambda = A_{2k-1,2k-1}^\lambda \underline{x}_1^\lambda + A_{2k-1,2k}^\lambda \underline{x}_2^\lambda, \quad \underline{z}_2^\lambda = A_{2k,2k-1}^\lambda \underline{x}_1^\lambda + A_{2k,2k}^\lambda \underline{x}_2^\lambda$$

*mit einem Aufwand von*

$$\begin{aligned} Op(A_{kk}^{\lambda-1}\underline{x}^{\lambda-1}) &= 2\,Op(A_{ii}^\lambda \underline{x}^\lambda) + 2\,Op(A_{ij}^\lambda \underline{x}^\lambda) \\ &= 2\,Op(A_{ii}^\lambda \underline{x}^\lambda) + 2[r(n_i^\lambda + n_j^\lambda)] \\ &= 2\,Op(A_{ii}^\lambda \underline{x}^\lambda) + 4\,r\,2^{L-\lambda}. \end{aligned}$$

*Wie in Beispiel 7.2 folgt*

$$Op(A\underline{x}) = n(1 + 2r \log_2 n).$$

## 7.3.2 Addition

Gegeben seien zwei hierarchische Matrizen $A$ und $B$ bezüglich der gleichen zulässigen hierarchischen Partitionierung $P_{\mathcal{H}}^Z(I,T)$ der Indexmenge $I \times I$,

$$A = \sum_{(I_i^\lambda, I_j^\lambda) \in P_{\mathcal{H}}^Z(I,T)} R_j^{\lambda,\top} A_{ij}^\lambda R_i^\lambda, \quad B = \sum_{(I_i^\lambda, I_j^\lambda) \in P_{\mathcal{H}}^Z(I,T)} R_j^{\lambda,\top} B_{ij}^\lambda R_i^\lambda,$$

und

$$A_{ij}^\lambda = \sum_{k=1}^{r} \underline{a}_{j,\lambda,k} \underline{b}_{i,\lambda,k}^\top, \quad B_{ij}^\lambda = \sum_{k=1}^{r} \underline{c}_{j,\lambda,k} \underline{d}_{i,\lambda,k}^\top.$$

Für die Summe folgt dann

$$A + B = \sum_{(I_i^\lambda, I_j^\lambda) \in P_{\mathcal{H}}^Z(I,T)} R_j^{\lambda,\top} \left[ A_{ij}^\lambda + B_{ij}^\lambda \right] R_i^\lambda,$$

und zu berechnen sind also die Blockmatrizen

$$C_{ij}^{\lambda} = A_{ij}^{\lambda} + B_{ij}^{\lambda} = \sum_{k=1}^{r} \underline{a}_{j,\lambda,k} \underline{b}_{i,\lambda,k}^{\mathsf{T}} + \sum_{k=1}^{r} \underline{c}_{j,\lambda,k} \underline{d}_{i,\lambda,k}^{\mathsf{T}}$$

mit

$$\operatorname{rang} C_{ij}^{\lambda} \leq 2r \, .$$

Sind die die Niedrig–Rang–Matrizen $A_{ij}^{\lambda}$ und $B_{ij}^{\lambda}$ aufspannenden Vektorsysteme linear unabhängig, so liefert deren Summe eine Matrix mit maximalen Rang $2r$. Das Ziel ist deshalb die Definition einer geeigneten Addition, die den maximalen Rang $r$ der Ausgangsmatrizen $A_{ij}^{\lambda}$ und $B_{ij}^{\lambda}$ erhält. Durch die in Abschnitt 7.2 beschriebene Rang r Approximation der exakten Summe $A_{ij}^{\lambda} + B_{ij}^{\lambda}$ kann die Rang r Addition $A_{ij}^{\lambda} +_r B_{ij}^{\lambda}$ erklärt werden.

Diese Vorgehensweise soll nun für den Fall $r = 1$ näher untersucht werden. Gegeben seien die Rang 1 Matrizen

$$A = \underline{a}\underline{b}^{\mathsf{T}} \in I\!\!R^{m \times n}, \quad B = \underline{c}\underline{d}^{\mathsf{T}} \in I\!\!R^{m \times n}, \quad \underline{a},\underline{c} \in I\!\!R^{m}, \underline{b},\underline{d} \in I\!\!R^{n} \, .$$

Die Summe

$$C = A + B = \underline{a}\underline{b}^{\mathsf{T}} + \underline{c}\underline{d}^{\mathsf{T}} \in I\!\!R^{m \times n}$$

ist im allgemeinen eine Rang 2 Matrix, welche durch eine Rang 1 Matrix $C_1$ zu approximieren ist. Für die Berechnung der Singulärwerte von $C$ sind zunächst die Eigenwerte von $C^{\mathsf{T}}C$ zu finden. Für die Matrix $C^{\mathsf{T}}C \in I\!\!R^{n \times n}$ ergibt sich

$$
\begin{aligned}
C^{\mathsf{T}}C &= \left(b\,a^{\mathsf{T}} + d\,c^{\mathsf{T}}\right)\left(a\,b^{\mathsf{T}} + c\,d^{\mathsf{T}}\right) \\
&= \underline{b}\,a^{\mathsf{T}}\underline{a}\,\underline{b}^{\mathsf{T}} + \underline{b}\,a^{\mathsf{T}}\underline{c}\,\underline{d}^{\mathsf{T}} + \underline{d}\,c^{\mathsf{T}}\underline{a}\,\underline{b}^{\mathsf{T}} + \underline{d}\,c^{\mathsf{T}}\underline{c}\,\underline{d}^{\mathsf{T}} \\
&= \left(\underline{a}^{\mathsf{T}}\underline{a}\right)\underline{b}\,\underline{b}^{\mathsf{T}} + \left(\underline{a}^{\mathsf{T}}\underline{c}\right)\underline{b}\,\underline{d}^{\mathsf{T}} + \left(\underline{c}^{\mathsf{T}}\underline{a}\right)\underline{d}\,\underline{b}^{\mathsf{T}} + \left(\underline{c}^{\mathsf{T}}\underline{c}\right)\underline{d}\,\underline{d}^{\mathsf{T}} \, .
\end{aligned}
$$

Für ein beliebiges $\underline{x} \in I\!\!R^{n}$ folgt dann

$$
\begin{aligned}
C^{\mathsf{T}}C\underline{x} &= \left(\underline{a}^{\mathsf{T}}\underline{a}\right)\underline{b}\,\underline{b}^{\mathsf{T}}\underline{x} + \left(\underline{a}^{\mathsf{T}}\underline{c}\right)\underline{b}\,\underline{d}^{\mathsf{T}}\underline{x} + \left(\underline{c}^{\mathsf{T}}\underline{a}\right)\underline{d}\,\underline{b}^{\mathsf{T}}\underline{x} + \left(\underline{c}^{\mathsf{T}}\underline{c}\right)\underline{d}\,\underline{d}^{\mathsf{T}}\underline{x} \\
&= \left(\underline{a}^{\mathsf{T}}\underline{a}\right)\left(\underline{b}^{\mathsf{T}}\underline{x}\right)\underline{b} + \left(\underline{a}^{\mathsf{T}}\underline{c}\right)\left(\underline{d}^{\mathsf{T}}\underline{x}\right)\underline{b} + \left(\underline{c}^{\mathsf{T}}\underline{a}\right)\left(\underline{b}^{\mathsf{T}}\underline{x}\right)\underline{d} + \left(\underline{c}^{\mathsf{T}}\underline{c}\right)\left(\underline{d}^{\mathsf{T}}\underline{x}\right)\underline{d}
\end{aligned}
$$

und somit

$$C^{\mathsf{T}}C\underline{x} \in \operatorname{span}\{\underline{b},\underline{d}\} \quad \text{für beliebiges } \underline{x} \in I\!\!R^{n} \, .$$

Daraus folgt $\operatorname{rang} C^{\mathsf{T}}C \leq 2$ bzw. $\lambda_k(C^{\mathsf{T}}C) = 0$ für $k = 3,\ldots,n$, und für die Eigenvektoren der nicht verschwindenden Eigenwerte gilt die Darstellung

$$\underline{x} = \alpha\underline{b} + \beta\underline{d} \, .$$

Einsetzen dieser Eigenvektoren in die Eigenwertgleichung $C^\top C \underline{x} = \lambda (C^\top C)\underline{x}$ und anschließender Koeffizientenvergleich von $\underline{b}$ und $\underline{d}$ ergibt das zweidimensionale Eigenwertproblem

$$\begin{pmatrix} \underline{a}^\top \underline{a} & \underline{a}^\top \underline{c} \\ \underline{c}^\top \underline{a} & \underline{c}^\top \underline{c} \end{pmatrix} \begin{pmatrix} \underline{b}^\top \underline{b} & \underline{b}^\top \underline{d} \\ \underline{d}^\top \underline{b} & \underline{d}^\top \underline{d} \end{pmatrix} \begin{pmatrix} \alpha \\ \beta \end{pmatrix} = \lambda (C^\top C) \begin{pmatrix} \alpha \\ \beta \end{pmatrix}.$$

Die zugehörigen Eigenlösungen seien durch $(\lambda_1, \alpha_1, \beta_1)$ und $(\lambda_2, \alpha_2, \beta_2)$ mit $\lambda_1 \geq \lambda_2 > 0$ gegeben. Der Fall $\lambda_2 = 0$ entspricht der linearen Abhängigkeit der die Rang 1 Matrizen $A$ und $B$ aufspannenden Vektorsysteme, welche in der Addition wieder eine Rang 1 Matrix ergeben.
Die zugehörigen Eigenvektoren von $C^\top C$ sind

$$\tilde{\underline{v}}_1 = \alpha_1 \underline{b} + \beta_1 \underline{d}, \quad \tilde{\underline{v}}_2 = \alpha_2 \underline{b} + \beta_2 \underline{d}$$

beziehungsweise normiert

$$\underline{v}_1 = \frac{\tilde{\underline{v}}_1}{\|\tilde{\underline{v}}_1\|_2}, \quad \underline{v}_2 = \frac{\tilde{\underline{v}}_2}{\|\tilde{\underline{x}}_2\|_2}.$$

Mit der Singulärwertzerlegung (7.21) folgt somit

$$C = A + B = \sigma_1(C)\underline{u}_1\underline{v}_1^\top + \sigma_2(C)\underline{u}_2\underline{v}_2^\top$$

mit $\sigma_i(C) = \sqrt{\lambda_i(C^\top C)}$ für $i = 1, 2$ und, vergleiche (7.20),

$$\underline{u}_i = \frac{1}{\sigma_i(C)} C\underline{v}_i, \quad i = 1, 2.$$

Die Rang 1 Approximation $C_1$ ist dann gegeben durch

$$C_1 = \sigma_1(C)\underline{u}_1\underline{v}_1^\top,$$

und für den Fehler dieser Approximation gilt

$$\|C - C_1\|_2 = \sigma_2(C).$$

Für die Berechnung des normierten Eigenvektors $\underline{v}_1 \in I\!\!R^n$ bietet sich die folgende Alternative an. Ohne Einschränkung der Allgemeinheit sei $\alpha_1 \neq 0$. Dann ist

$$\tilde{\underline{v}}_1 = \alpha_1 \underline{b} + \beta_1 \underline{d} = \alpha_1 \left[ \underline{b} + \frac{\beta_1}{\alpha_1} \underline{d} \right],$$

und somit folgt

$$\gamma_1 := \frac{\beta_1}{\alpha_1}, \quad \hat{\underline{v}}_1 = \underline{b} + \gamma_1 \underline{d}, \quad \underline{v}_1 = \frac{\hat{\underline{v}}_1}{\|\hat{\underline{v}}_1\|_2}.$$

Für die Berechnung des Vektors $\underline{u}_1 \in I\!\!R^m$ ist

$$\underline{u}_1 = \frac{1}{\sigma_1(C)} C \underline{v}_1 = \frac{1}{\sigma_1(C)} \left[ \underline{a}\,\underline{b}^\top + \underline{c}\,\underline{d}^\top \right] \frac{\alpha_1 \underline{b} + \beta_1 \underline{d}}{\|\alpha_1 \underline{b} + \beta_1 \underline{d}\|_2}$$

$$= \frac{1}{\sigma_1(C)} \frac{\alpha_1}{\|\alpha_1 \underline{b} + \beta_1 \underline{d}\|_2} \left[ \underline{a}\,\underline{b}^\top + \underline{c}\,\underline{d}^\top \right] [\underline{b} + \gamma_1 \underline{d}] \, .$$

Zu berechnen ist also

$$\bar{\underline{u}} = \left[ \underline{a}\,\underline{b}^\top + \underline{c}\,\underline{d}^\top \right] [\underline{b} + \gamma_1 \underline{d}]$$

$$= \left( \underline{b}^\top \underline{b} + \gamma_1 \underline{b}^\top \underline{d} \right) \underline{a} + \left( \underline{d}^\top \underline{b} + \gamma_1 \underline{d}^\top \underline{d} \right) \underline{c}$$

$$= \left[ \underline{b}^\top \underline{b} + \gamma_1 \underline{b}^\top \underline{d} \right] \left[ \underline{a} + \frac{\underline{d}^\top \underline{b} + \gamma_1 \underline{d}^\top \underline{d}}{\underline{b}^\top \underline{b} + \gamma_1 \underline{b}^\top \underline{d}} \underline{c} \right] ,$$

falls $\underline{b}^\top \underline{b} + \gamma_1 \underline{b}^\top \underline{d} \neq 0$ vorausgesetzt wird. Damit ergibt sich

$$\delta_1 := \frac{\underline{d}^\top \underline{b} + \gamma_1 \underline{d}^\top \underline{d}}{\underline{b}^\top \underline{b} + \gamma_1 \underline{b}^\top \underline{d}}, \quad \tilde{\underline{u}}_1 := \underline{a} + \delta_1 \underline{c}, \quad \underline{u}_1 := \frac{\tilde{\underline{u}}_1}{\|\tilde{\underline{u}}_1\|_2} \, .$$

Insgesamt ergibt sich für die Rang 1 Addition zweier hierarchischen Matrizen mit Block–Matrizen vom Rang 1 der folgende Algorithmus.

**Algorithmus zur Addition von Hierarchischen Matrizen**

Durchlaufe die Menge aller zulässigen Indexpaare $(I_i^\lambda, I_j^\lambda) \in P_{\mathcal{H}}^Z(I,T)$:

Betrachte die gegebenen Rang 1 Matrizen

$$A_{ij}^\lambda = \underline{a}_{j,\lambda} \underline{b}_{i,\lambda}^\top, \quad B_{ij}^\lambda = \underline{c}_{j,\lambda} \underline{d}_{i,\lambda}^\top, \quad \underline{a}_{j,\lambda}, \underline{c}_{j,\lambda} \in I\!\!R^{n_j^\lambda}, \quad \underline{b}_{i,\lambda}, \underline{d}_{i,\lambda} \in I\!\!R^{n_i^\lambda}.$$

1. Berechne die symmetrischen Gram–Matrizen

$$G_1^{j,\lambda} = \begin{pmatrix} \underline{a}_{j,\lambda}^\top \underline{a}_{j,\lambda} & \underline{a}_{j,\lambda}^\top \underline{c}_{j,\lambda} \\ \underline{c}_{j,\lambda}^\top \underline{a}_{j,\lambda} & \underline{c}_{j,\lambda}^\top \underline{c}_{j,\lambda} \end{pmatrix}, \quad G_2^{i,\lambda} = \begin{pmatrix} \underline{b}_{i,\lambda}^\top \underline{b}_{i,\lambda} & \underline{b}_{i,\lambda}^\top \underline{d}_{i,\lambda} \\ \underline{d}_{i,\lambda}^\top \underline{b}_{i,\lambda} & \underline{d}_{i,\lambda}^\top \underline{d}_{i,\lambda} \end{pmatrix}$$

mit einem Aufwand von $3(n_i^\lambda + n_j^\lambda)$ Multiplikationen.

2. Löse das zweidimensionale Eigenwertproblem

$$G_1^{j,\lambda} G_2^{i,\lambda} \begin{pmatrix} \alpha^{ij,\lambda} \\ \beta^{ij,\lambda} \end{pmatrix} = \lambda^{ij,\lambda} \begin{pmatrix} \alpha^{ij,\lambda} \\ \beta^{ij,\lambda} \end{pmatrix}$$

mit den Eigenlösungen

$$(\lambda_1^{ij,\lambda}, \alpha_1^{ij,\lambda}, \beta_1^{ij,\lambda}), \quad (\lambda_2^{ij,\lambda}, \alpha_2^{ij,\lambda}, \beta_2^{ij,\lambda}), \quad \lambda_1^{ij,\lambda} \geq \lambda_2^{ij,\lambda}.$$

3. Berechne den normierten Eigenvektor $\underline{v}_{i,\lambda} \in \mathbb{R}^{n_i^\lambda}$ via

$$\gamma^{ij,\lambda} = \frac{\beta_1^{ij,\lambda}}{\alpha_1^{ij,\lambda}}, \quad \tilde{\underline{v}}_{i,\lambda} = \underline{b}_{i,\lambda} + \gamma^{ij,\lambda}\underline{d}_{i,\lambda}, \quad \underline{v}_{i,\lambda} = \frac{\tilde{\underline{v}}_{i,\lambda}}{\|\tilde{\underline{v}}_{i,\lambda}\|_2}$$

mit $3n_i^\lambda + 1$ Multiplikationen sowie einer Wurzelberechnung.

4. Berechne den normierten Vektor $\underline{u}_{j,\lambda} \in \mathbb{R}^{n_j^\lambda}$ via

$$\delta^{ij,\lambda} := \frac{\underline{d}_{i,\lambda}^\top\underline{b}_{i,\lambda} + \gamma^{ij,\lambda}\underline{d}_{i,\lambda}^\top\underline{d}_{i,\lambda}}{\underline{b}_{i,\lambda}^\top\underline{b}_{i,\lambda} + \gamma^{ij,\lambda}\underline{b}_{i,\lambda}^\top\underline{d}_{i,\lambda}}, \quad \tilde{\underline{u}}_{j,\lambda} := \underline{a}_{j,\lambda} + \delta^{ij,\lambda}\underline{c}_{j,\lambda}, \quad \underline{u}_{j,\lambda} := \frac{\tilde{\underline{u}}_{j,\lambda}}{\|\tilde{\underline{u}}_{j,\lambda}\|_2}$$

mit $3n_j^\lambda + 3$ Multiplikationen (Divisionen) sowie einer Wurzelberechnung. Dabei werden die bereits in Schritt 2. berechneten Matrizen $G_2^{i,\lambda}$ verwendet.

Für die Addition zweier Block–Matrizen $A_{ij}^\lambda$ und $B_{ij}^\lambda$ vom Rang 1 ergibt sich der Aufwand

$$Op(A_{ij}^\lambda +_r B_{ij}^\lambda) = 6(n_i^\lambda + n_j^\lambda) + \mathcal{O}(1)$$

Multiplikationen, und für den Gesamtaufwand folgt

$$Op(A +_r B) = 6 \sum_{(I_i^\lambda, I_j^\lambda) \in P_\mathcal{H}^Z(I,T)} [n_i^\lambda + n_j^\lambda + \mathcal{O}(1)].$$

Diese Abschätzung soll nun für die in Beispiel 7.2 erklärte hierarchische Matrix näher untersucht werden.

**Beispiel 7.4** *Gegeben seien wie in Beispiel 7.2 zwei hierarchische Matrizen* $A, B \in \mathbb{R}^{n\times n}$ *mit* $n = 2^L$, *wobei jeder der Blöcke* $A_{ij}^\lambda$ *und* $B_{ij}^\lambda$ *für* $i \neq j$ *durch Rang 1 Matrizen dargestellt werden. Rekursiv gilt also*

$$A_{kk}^{\lambda-1} = \begin{pmatrix} A_{2k-1,2k-1}^\lambda & A_{2k-1,2k}^\lambda \\ A_{2k,2k-1}^\lambda & A_{2k,2k}^\lambda \end{pmatrix}, \quad B_{kk}^{\lambda-1} = \begin{pmatrix} B_{2k-1,2k-1}^\lambda & B_{2k-1,2k}^\lambda \\ B_{2k,2k-1}^\lambda & B_{2k,2k}^\lambda \end{pmatrix}$$

*für* $k = 1, \ldots, 2^{\lambda-1}, \lambda = 1, \ldots, L$.
*Die Rang 1 Addition* $A_{kk}^{\lambda-1} +_1 B_{kk}^{\lambda-1}$ *erfordert also die zwei Rang 1 Additionen*

$$A_{2k-1,2k-1}^\lambda +_1 B_{2k-1,2k-1}^\lambda, \quad A_{2k,2k}^\lambda +_1 B_{2k,2k}^\lambda$$

*sowie die Rang 1 Additionen von Rang 1 Matrizen*

$$A_{2k-1,2k}^\lambda +_1 B_{2k-1,2k}^\lambda, \quad A_{2k,2k-1}^\lambda +_1 B_{2k,2k-1}^\lambda.$$

*Für den Aufwand ergibt sich*

$$\begin{aligned} Op(A_{kk}^{\lambda-1} +_1 B_{kk}^{\lambda-1}) &= 2\,Op(A_{ii}^\lambda +_1 B_{ii}^\lambda) + 2\,Op(A_{ij}^\lambda +_1 B_{ij}^\lambda) \\ &= 2\,Op(A_{ii}^\lambda +_1 B_{ii}^\lambda) + 24\,2^{L-\lambda} + \mathcal{O}(1). \end{aligned}$$

*Insbesondere für $\lambda = 1$ ist also*

$$Op(A +_1 B) = 2\,Op(A_{ii}^1 +_1 B_{ii}^1) + 12\,2^L + \mathcal{O}(1)$$

*und rekursiv folgt*

$$Op(A +_1 B) = 2^\lambda\,Op(A_{ii}^\lambda +_1 B_{ii}^\lambda) + 12\,\lambda\,2^L + \mathcal{O}(L).$$

*Mit $\lambda = L$ ergibt sich also*

$$Op(A +_1 B) = 2^L\,Op(A_{ii}^L +_1 B_{ii}^L) + 12\,L\,2^L + \mathcal{O}(L) = \mathcal{O}(n\log_2 n).$$

Abschließend soll die Rang $r$ Addition $C = A + B$ zweier Rang $r$ Matrizen $A$ und $B$ mit $A, B \in \mathbb{R}^{m \times n}$ betrachtet werden,

$$A = \sum_{k=1}^r \underline{a}_k \underline{b}_k^\top, \quad B = \sum_{k=1}^r \underline{c}_k \underline{d}_k^\top, \quad C = \sum_{k=1}^r [\underline{a}_k \underline{b}_k^\top + \underline{c}_k \underline{d}_k^\top].$$

Wie im Fall $r = 1$ folgt

$$C^\top C \underline{x} \in \operatorname{span}\{\underline{b}_k, \underline{d}_k\}_{k=1}^r \quad \text{für alle } \underline{x} \in \mathbb{R}^n.$$

Der Ansatz

$$\underline{x} = \sum_{j=1}^r \left[\alpha_j \underline{b}_j + \beta_j \underline{d}_j\right]$$

für die Eigenvektoren von $C^\top C$ liefert

$$C^\top C \underline{x} =$$

$$= \sum_{k=1}^r \sum_{\ell=1}^r \sum_{j=1}^r \left[(\underline{a}_k^\top \underline{a}_\ell)[(\underline{b}_\ell^\top \underline{b}_j)\alpha_j + (\underline{b}_\ell^\top \underline{d}_j)\beta_j] + (\underline{a}_k^\top \underline{c}_\ell)[(\underline{d}_\ell^\top \underline{b}_j)\alpha_j + \underline{d}_\ell^\top \underline{d}_j)\beta_j]\right] \underline{b}_k$$

$$+ \sum_{k=1}^r \sum_{\ell=1}^r \sum_{j=1}^r \left[(\underline{c}_k^\top \underline{a}_\ell)[(\underline{b}_\ell^\top \underline{b}_j)\alpha_j + \underline{b}_\ell^\top \underline{d}_j)\beta_j] + (\underline{c}_k^\top \underline{c}_\ell)[(\underline{d}_\ell^\top \underline{b}_j)\alpha_j + \underline{d}_\ell^\top \underline{d}_j)\beta_j]\right] \underline{d}_k$$

und durch Koeffizientenvergleich folgt

$$\sum_{\ell=1}^r \sum_{j=1}^r \left[(\underline{a}_k^\top \underline{a}_\ell)[(\underline{b}_\ell^\top \underline{b}_j)\alpha_j + (\underline{b}_\ell^\top \underline{d}_j)\beta_j] + (\underline{a}_k^\top \underline{c}_\ell)[(\underline{d}_\ell^\top \underline{b}_j)\alpha_j + \underline{d}_\ell^\top \underline{d}_j)\beta_j]\right] = \lambda\,\alpha_k$$

beziehungsweise

$$\sum_{\ell=1}^r \sum_{j=1}^r \left[(\underline{c}_k^\top \underline{a}_\ell)[(\underline{b}_\ell^\top \underline{b}_j)\alpha_j + \underline{b}_\ell^\top \underline{d}_j)\beta_j] + (\underline{c}_k^\top \underline{c}_\ell)[(\underline{d}_\ell^\top \underline{b}_j)\alpha_j + \underline{d}_\ell^\top \underline{d}_j)\beta_j]\right] = \lambda\,\beta_k$$

jeweils für $k = 1, \ldots, r$. Beide Forderungen führen auf ein Eigenwertproblem der Dimension $2r$,

$$\begin{pmatrix} \underline{a}_k^\top \underline{a}_\ell & \underline{a}_k^\top \underline{c}_\ell \\ \underline{c}_k^\top \underline{a}_\ell & \underline{c}_k^\top \underline{c}_\ell \end{pmatrix}_{k,\ell=1}^r \begin{pmatrix} \underline{b}_k^\top \underline{b}_\ell & \underline{b}_k^\top \underline{d}_\ell \\ \underline{d}_k^\top \underline{b}_\ell & \underline{d}_k^\top \underline{d}_\ell \end{pmatrix}_{k,\ell=1}^r \begin{pmatrix} \alpha_k \\ \beta_k \end{pmatrix}_{k=1}^r = \lambda \begin{pmatrix} \alpha_k \\ \beta_k \end{pmatrix}_{k=1}^r. \tag{7.25}$$

Zu diskutieren bleibt die Aufwandsabschätzung zur Erzeugung der Rang $r$ Approximation von $A + B$:

1. Die Generierung der symmetrischen Gram–Matrizen, zum Beispiel mit den Einträgen

$$G_1[k,\ell] = \underline{a}_k^\top \underline{a}_\ell, \quad G_1[k, r+\ell] = \underline{a}_k \top \underline{c}_\ell, \quad G_1[r+k, r+\ell] = \underline{c}_k^\top \underline{c}_\ell$$

für $k, \ell = 1, \ldots, r, k \leq \ell$, erfordert insgesamt

$$\frac{1}{2} r(r+1)\,(n+m)$$

Multiplikationen.

2. Die Lösung des Eigenwertproblems (7.25) zum Beispiel mit einem Verfahren kubischen Aufwands erfordert $\mathcal{O}((2r)^3) = \mathcal{O}(8r^3)$ wesentliche Operationen.

3. Die Berechnung der $r$ Eigenvektoren von $C^\top C$ einschließlich ihrer Normierung erfordert $\mathcal{O}(rn)$ Multiplikationen.

4. Die Berechnung der Vektoren $\underline{u}_k = C\underline{v}_k$ und ihre Normierung verlangt $\mathcal{O}(rm)$ Multiplikationen.

Insgesamt ergibt sich für die Addition zweier Rang $r$ Matrizen $A, B \in I\!\!R^{m \times n}$ ein Aufwand von

$$Op(A +_r B) \;=\; \mathcal{O}(r^2[n+m] + r^3)$$

wesentlichen Operationen.


## 7.3.3  Matrix–Matrix–Multiplikation

Gegeben seien zwei hierarchische Matrizen $A, B \in I\!\!R^{n \times n}$ bezüglich der gleichen zulässigen hierarchischen Partitionierung $P_{\mathcal{H}}^{Z}(I, T)$. Diese erlauben die Block–Darstellung

$$A = \begin{pmatrix} A_{11} & A_{12} \\ A_{21} & A_{22} \end{pmatrix}, \quad B = \begin{pmatrix} B_{11} & B_{12} \\ B_{21} & B_{22} \end{pmatrix}$$

mit Matrizen $A_{ij}, B_{ij} \in I\!\!R^{n_i \times n_j}$. Dann ist

$$A \cdot B = \begin{pmatrix} A_{11} \cdot B_{11} + A_{12} \cdot B_{21} & A_{11} \cdot B_{12} + A_{12} \cdot B_{22} \\ A_{21} \cdot B_{11} + A_{12} \cdot B_{21} & A_{21} \cdot B_{12} + A_{22} \cdot B_{22} \end{pmatrix},$$

und das Matrix–Matrix–Produkt $A \cdot B$ kann durch acht Matrix–Matrix–Multiplikationen $A_{ij} \cdot B_{jk}$ und vier Matrix–Additionen jeweils kleinerer Dimension realisiert werden. Je nach Gestalt der Matrizen $A_{ij}$ und $B_{jk}$ können die Matrix–Matrix–Multiplikationen $A_{ij} \cdot B_{jk}$ realisiert werden.

1. Beide Matrizen $A_{ij} \in I\!\!R^{n_i \times n_j}$ und $B_{jk} \in I\!\!R^{n_j \times n_k}$ sind als Rang $r$ Matrizen gegeben,

$$A_{ij} = \sum_{s=1}^{r} \underline{a}_s^{ij} \underline{b}_s^{ij,\top}, \quad B_{jk} = \sum_{t=1}^{r} \underline{c}_t^{jk} \underline{d}_t^{jk,\top}.$$

Dann ergibt sich

$$A_{ij} \cdot B_{jk} = \sum_{s=1}^{r} \underline{a}_s^{ij} \underline{b}_s^{ij,\top} \sum_{t=1}^{r} \underline{c}_t^{jk} \underline{d}_t^{jk,\top} = \sum_{t=1}^{r} \left[ \sum_{s=1}^{r} \left( \underline{b}_s^{ij,\top} \underline{c}_t^{jk} \right) \underline{a}_s^{ij} \right] \underline{d}_t^{jk,\top} = \sum_{t=1}^{r} \underline{\tilde{a}}_t^{ij} \underline{d}_t^{jk,\top}.$$

Der Aufwand zur Berechnung der $r$ Vektoren

$$\underline{\tilde{a}}_t^{ij} = \sum_{s=1}^{r} \left( \underline{b}_s^{ij,\top} \underline{c}_t^{jk} \right) \underline{a}_s^{ij}$$

beträgt

$$r \left[ r n_j + r n_i \right] = r^2 [n_i + n_j]$$

Multiplikationen.

2. Genau eine der beiden Matrizen $A_{ij} \in I\!\!R^{n_i \times n_j}$ oder $B_{jk} \in I\!\!R^{n_j \times n_k}$ ist als Rang $r$ Matrix darstellbar, während die andere eine hierarchische Matrix ist. Zum Beispiel für

$$B_{jk} = \sum_{t=1}^{r} \underline{a}_t^{jk} \underline{b}_t^{jk,\top}$$

folgt dann

$$A_{ij} \cdot B_{jk} = \sum_{t=1}^{r} A_{ij} \underline{a}_t^{jk} \underline{b}_t^{jk,\top} = \sum_{t=1}^{r} \underline{\tilde{a}}_t^{ij} \underline{b}_t^{jk,\top}.$$

Die Berechnung der $r$ Vektoren

$$\underline{\tilde{a}}_t^{ij} = A_{ij} \underline{a}_t^{jk}$$

erfordert dabei $r\, Op(A_{ij} \underline{a}_t^{jk})$ Multiplikationen. Für

$$A_{ij} = \sum_{s=1}^{r} \underline{a}_s^{ij} \underline{b}_s^{ij,\top}$$

gilt analog

$$A_{ij} \cdot B_{jk} = \sum_{s=1}^{r} \underline{a}_s^{ij} \underline{b}_s^{ij,\top} B_{jk} = \sum_{s=1}^{r} \underline{a}_s^{ij} \left( B_{jk}^{\top} \underline{b}_s^{ij} \right)^{\top} = \sum_{s=1}^{r} \underline{a}_s^{ij} \underline{\tilde{b}}_s^{jk,\top}$$

mit den Vektoren

$$\underline{\tilde{b}}_s^{jk} = B_{jk}^{\top} \underline{b}_s^{ij} \quad s = 1, \dots, r$$

und einem Aufwand von $r\, Op(B_{jk}^{\top} \underline{b}_s^{ij})$ Multiplikationen.

Die verbleibenden Matrix–Vektor–Produkte $A_{ij} \underline{a}_t^{jk}$ bzw. $B_{jk}^{\top} \underline{b}_s^{ij}$ können im Fall hierarchischer Matrizen $A_{ij}$ bzw. $B_{jk}$ entsprechend realisiert werden.

3. Sind beide Block–Matrizen $A_{ij} \in I\!\!R^{n_i \times n_j}$ und $B_{jk} \in I\!\!R^{n_j \times n_k}$ als hierarchische Matrizen gegeben, so erfolgt die Matrix–Matrix–Multiplikation $A_{ij} \cdot B_{jk}$ rekursiv durch Betrachtungen der entsprechenden Teilblöcke.

Neben den Matrix–Matrix–Multiplikationen $A_{ij} \cdot B_{jk}$ sind die Ergebnis–Matrizen zu addieren. Die näherungsweise Rang $r$ Addition $+_r$ impliziert dann durch die Rekursion eine näherungsweise Rang $r$ Multiplikation $\cdot_r$,

$$A \cdot_r B := \begin{pmatrix} A_{11} \cdot_r B_{11} +_r A_{12} \cdot_r B_{21} & A_{11} \cdot_r B_{12} +_r A_{12} \cdot_r B_{22} \\ A_{21} \cdot_r B_{11} +_r A_{12} \cdot_r B_{21} & A_{21} \cdot_r B_{12} +_r A_{22} \cdot_r B_{22} \end{pmatrix}.$$

**Beispiel 7.5** *Gegeben seien wie in Beispiel 7.2 zwei hierarchische Matrizen $A, B \in I\!\!R^{n \times n}$ mit $n = 2^L$, wobei jeder der Blöcke $A_{ij}^\lambda$ und $B_{ij}^\lambda$ für $i \neq j$ durch Rang 1 Matrizen dargestellt werden, während $A_{ii}^\lambda$ und $B_{ii}^\lambda$ rekursiv gegeben sind:*

$$A_{kk}^{\lambda-1} = \begin{pmatrix} A_{2k-1,2k-1}^\lambda & A_{2k-1,2k}^\lambda \\ A_{2k,2k-1}^\lambda & A_{2k,2k}^\lambda \end{pmatrix}, \quad B_{kk}^{\lambda-1} = \begin{pmatrix} B_{2k-1,2k-1}^\lambda & B_{2k-1,2k}^\lambda \\ B_{2k,2k-1}^\lambda & B_{2k,2k}^\lambda \end{pmatrix}.$$

*Für das näherungsweise Matrix–Produkt $A_{kk}^{\lambda-1} \cdot_r B_{kk}^{\lambda-1}$ folgt*

$$A_{kk}^{\lambda-1} \cdot_r B_{kk}^{\lambda-1} = \begin{pmatrix} C_{2k-1,2k-1}^\lambda & C_{2k-1,2k}^\lambda \\ C_{2k,2k-1}^\lambda & C_{2k,2k}^\lambda \end{pmatrix}$$

*mit*

$$\begin{aligned} C_{2k-1,2k-1}^\lambda &= A_{2k-1,2k-1}^\lambda \cdot_r B_{2k-1,2k-1}^\lambda +_r A_{2k-1,2k}^\lambda \cdot B_{2k,2k-1}^\lambda, \\ C_{2k-1,2k}^\lambda &= A_{2k-1,2k-1}^\lambda \cdot B_{2k-1,2k}^\lambda +_r A_{2k-1,2k}^\lambda \cdot B_{2k,2k}^\lambda, \\ C_{2k,2k-1}^\lambda &= A_{2k,2k-1}^\lambda \cdot B_{2k-1,2k-1}^\lambda +_r A_{2k,2k}^\lambda \cdot B_{2k,2k-1}^\lambda, \\ C_{2k,2k}^\lambda &= A_{2k,2k-1}^\lambda \cdot B_{2k-1,2k}^\lambda +_r A_{2k,2k}^\lambda \cdot_r B_{2k,2k}^\lambda. \end{aligned}$$

*Zu realisieren sind somit zwei näherungsweise Matrix–Produkte $A_{ii}^\lambda \cdot_r B_{ii}^\lambda$, zwei exakte Matrix–Produkte $A_{ij}^\lambda \cdot B_{ji}^\lambda$ von Rang $r$ Matrizen $A_{ij}^\lambda$ und $B_{ji}^\lambda$ für $i \neq j$, vier exakte Matrix–Produkte $A_{ii}^\lambda \cdot B_{ij}^\lambda$ bzw. $A_{ji}^\lambda \cdot B_{ii}^\lambda$ von Rang $r$ Matrizen mit hierarchischen Matrizen sowie vier Rang $r$ Additionen. Es gilt also*

$$Op(A_{kk}^{\lambda-1} \cdot_r B_{kk}^{\lambda-1}) = 2\,Op(A_{ii}^\lambda \cdot_r B_{ii}^\lambda) + 2\,Op(A_{ij}^\lambda \cdot B_{ji}^\lambda) + 4\,Op(A_{ii}^\lambda \cdot B_{ij}^\lambda) + 4\,Op(+_r)$$

*Auflösen der Rekursion ergibt für den Gesamtaufwand*

$$Op(A \cdot_r B) = \mathcal{O}(r^2 n \log_2 n)$$

*Multiplikationen.*

## 7.3.4  Invertierung

Abschließend soll die näherungsweise Invertierung hierarchischer Matrizen betrachtet werden. Ausgangspunkt ist die Faktorisierung der Block–Darstellung

$$A = \begin{pmatrix} A_{11} & A_{12} \\ A_{21} & A_{22} \end{pmatrix} = \begin{pmatrix} I & 0 \\ A_{21}A_{11}^{-1} & I \end{pmatrix} \begin{pmatrix} A_{11} & 0 \\ 0 & S \end{pmatrix} \begin{pmatrix} I & A_{11}^{-1}A_{12} \\ 0 & I \end{pmatrix}$$

mit dem Schur–Komplement

$$S = A_{22} - A_{21}A_{11}^{-1}A_{12}.$$

Für die inverse Matrix $A^{-1}$ folgt dann

$$\begin{aligned}
A^{-1} &= \begin{pmatrix} I & -A_{11}^{-1}A_{12} \\ 0 & I \end{pmatrix} \begin{pmatrix} A_{11}^{-1} & 0 \\ 0 & S^{-1} \end{pmatrix} \begin{pmatrix} I & 0 \\ -A_{21}A_{11}^{-1} & I \end{pmatrix} \\
&= \begin{pmatrix} A_{11}^{-1} + A_{11}^{-1}A_{12}S^{-1}A_{21}A_{11}^{-1} & -A_{11}^{-1}A_{12}S^{-1} \\ -S^{-1}A_{21}A_{11}^{-1} & S^{-1} \end{pmatrix}.
\end{aligned} \tag{7.26}$$

Die Berechnung der inversen Matrix $A^{-1}$ erfordert also im wesentlichen

1. die Invertierung der Block–Matrix $A_{11}$,

2. die Berechnung des Schur–Komplements $S = A_{22} - A_{21}A_{11}^{-1}A_{12}$,

3. die Invertierung des Schur–Komplements.

Die näherungsweise Multiplikation und Addition der hierarchisch definierten Block–Matrizen ermöglicht somit die rekursive Definition aller auftretenden inversen Block–Matrizen und somit die näherungsweise Invertierung der hierarchischen Matrix $A$. Der Gesamtaufwand beträgt dabei

$$Op(A^{-1}) = \mathcal{O}(r^2 n \ln^2 n)$$

Multiplikationen.

**Beispiel 7.6** *Die Anwendung der Invertierungsformel (7.26) soll für eine symmetrische Matrix $A = A^{\mathsf{T}}$ mit $A_{12} = \underline{a}\,\underline{b}^{\mathsf{T}}$ betrachtet werden, zu invertieren ist also*

$$A = \begin{pmatrix} A_{11} & \underline{a}\,\underline{b}^{\mathsf{T}} \\ \underline{b}\,\underline{a}^{\mathsf{T}} & A_{22} \end{pmatrix}.$$

*Nach (7.26) ist*

$$A^{-1} = \begin{pmatrix} A_{11}^{-1} + A_{11}^{-1}\underline{a}\,\underline{b}^{\mathsf{T}}S^{-1}\underline{b}\,\underline{a}^{\mathsf{T}}A_{11}^{-1} & -A_{11}^{-1}\underline{a}\,\underline{b}^{\mathsf{T}}S^{-1} \\ -S^{-1}\underline{b}\,\underline{a}^{\mathsf{T}}A_{11}^{-1} & S^{-1} \end{pmatrix}$$

*mit dem Schur–Komplement*

$$S = A_{22} - \underline{b}\,\underline{a}^\top A_{11}^{-1}\underline{a}\,\underline{b}^\top = A_{22} - \alpha\,\underline{b}\,\underline{b}^\top, \quad \alpha = \underline{a}^\top A_{11}^{-1}\underline{a}.$$

*Die Anwendung der Sherman–Morrison–Formel (3.17) ergibt für die Inverse des Schur–Komplements*

$$S^{-1} = A_{22}^{-1} + \gamma\,A_{22}^{-1}\underline{b}\,\underline{b}^\top A_{22}^{-1}, \quad \gamma = \frac{\alpha}{1 - \alpha\beta}, \quad \beta = \underline{b}^\top A_{22}^{-1}\underline{b}.$$

*Mit*

$$S^{-1}\underline{b} = \left[A_{22}^{-1} + \gamma\,A_{22}^{-1}\underline{b}\,\underline{b}^\top A_{22}^{-1}\right]\underline{b} = (1 + \beta\gamma)\,A_{22}^{-1}\underline{b}$$

*und*

$$\underline{b}^\top S^{-1}\underline{b} = (1 + \beta\gamma)\underline{b}^\top A_{22}^{-1}\underline{b} = (1 + \beta\gamma)\beta$$

*folgt*

$$A^{-1} = \begin{pmatrix} A_{11}^{-1} + (1 + \beta\gamma)\beta A_{11}^{-1}\underline{a}\,\underline{a}^\top A_{11}^{-1} & -(1 + \beta\gamma)A_{11}^{-1}\underline{a}\,\underline{b}^\top A_{22}^{-1} \\ -(1 + \beta\gamma)A_{22}^{-1}\underline{b}\,\underline{a}^\top A_{11}^{-1} & A_{22}^{-1} + \gamma A_{22}^{-1}\underline{b}\,\underline{b}^\top A_{22}^{-1} \end{pmatrix}$$

$$= \begin{pmatrix} A_{11}^{-1} + (1 + \beta\gamma)\beta\,\widetilde{\underline{a}}\,\widetilde{\underline{a}} & -(1 + \beta\gamma)\widetilde{\underline{a}}\,\widetilde{\underline{b}}^\top \\ -(1 + \beta\gamma)\widetilde{\underline{b}}\,\widetilde{\underline{a}}^\top & A_{22}^{-1} + \gamma\widetilde{\underline{b}}\,\widetilde{\underline{b}}^\top \end{pmatrix}$$

*mit*

$$\widetilde{\underline{a}} = A_{11}^{-1}\underline{a}, \quad \widetilde{\underline{b}} = A_{22}^{-1}\underline{b}.$$

*Die Nebendiagonalblöcke der inversen Matrix $A^{-1}$ sind offenbar wieder Rang 1 Matrizen, während die Hauptdiagonalblöcke mit Rang 1 Matrizen zu addieren sind. Können die Hauptdiagonalblöcke $A_{11}$ und $A_{22}$ rekursiv wie die ursprüngliche Matrix $A$ dargestellt werden, so ist für die Darstellung der inversen Matrix eine (näherungsweise) Rang 1 Addition durchzuführen.*
*Allgemein gilt, zum Beispiel für den ersten Hauptdiagonalblock,*

$$A_{11}^{-1} + (1 + \beta\gamma)\beta\widetilde{\underline{a}}\,\widetilde{\underline{a}}^\top = A_{11}^{-1} + (1 + \beta\gamma)\beta A_{11}^{-1}\underline{a}\,\underline{a}^\top A_{11}^{-1}.$$

*Für die weiteren Betrachtungen werde vorausgesetzt, daß die inverse Matrix $A_{11}^{-1}$ als hierarchische Matrix mit Rang 1 Matrizen in den Nebendiagonalblöcken gegeben sei. Enthält der Vektor $\underline{a}$ genau ein Nichtnullelement, so beschreibt $A_{11}^{-1}\underline{a}$ das Vielfache einer Spalte der inversen Matrix $A_{11}^{-1}$. Damit kann die Addition der hierarchischen Matrix $A_{11}^{-1}$ mit einem beliebigen Vielfachen der Rang 1 Matrix $A_{11}^{-1}\underline{a}\,\underline{a}^\top A_{11}^{-1}$ **exakt** realisiert werden und das Ergebnis ist wiederum eine hierarchische Matrix mit Rang 1 Matrizen in den Nebendiagonalblöcken.*

# 7.4 Geometrische Partitionierungen

Die Definition hierarchischer Matrizen beruht im wesentlichen auf einer geeigneten hierarchischen Partitionierung der zugeordneten Indexmenge. Im folgenden werden für eine zunächst beliebig gegebene Funktion $f$ Matrizen $A$ mit Einträgen

$$A[\ell, k] = f(x_k, y_\ell) \quad \text{für } k, \ell = 1, \ldots, n$$

betrachtet, wobei $\{x_k\}_{k=1}^n$, $\{y_\ell\}_{\ell=1}^n \subset \mathbb{R}^d$ zwei $d$–dimensionale Punktmengen bezeichnen. Eine hierarchische Partitionierung der Matrix $A$ beziehungsweise der Indexmenge $I = \{1, \ldots, n\}$ entspricht somit einer hierarchischen Partitionierung der Punktmengen $\{x_k\}_{k=1}^n$ beziehungsweise $\{y_\ell\}_{\ell=1}^n$.

## 7.4.1 Box–Clustering

Ohne Einschränkung der Allgemeinheit gelte

$$\{x_k\}_{k=1}^n \subset (0,1)^d =: \Omega_1^0$$

mit der die Punktmenge $\{x_k\}_{k=1}^n$ umgebenden Box $\Omega_1^0$. Diese wird für $\lambda = 1, \ldots, L$ mit einem vorgegebenen Level $L$ rekursiv unterteilt, siehe Abbildung 7.4 für den Fall $d = 2$,

$$\overline{\Omega}_j^{\lambda-1} = \bigcup_{i=2^d(j-1)+1}^{2^d j} \overline{\Omega}_i^{\lambda}, \quad \text{für } j = 1, \ldots, 2^{d(\lambda-1)}.$$

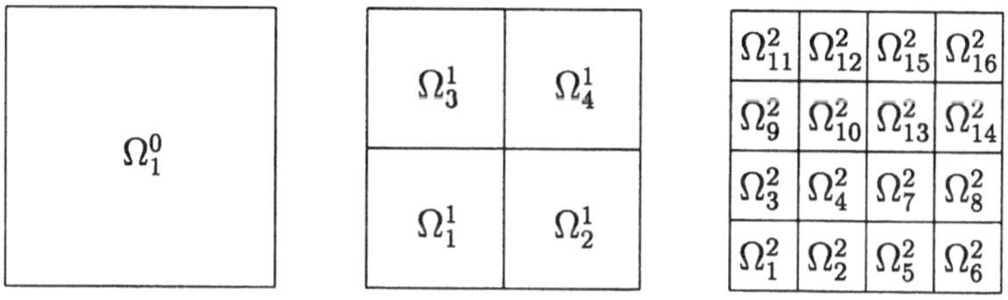

Abbildung 7.4: Hierarchie der Boxen $\Omega_j^\lambda$ für $\lambda = 0, 1, 2$.

Aus der Clusterung der Boxen $\Omega_j^\lambda$ folgt nun eine Clusterung der Punktmenge $\{x_k\}_{k=1}^n$. Dabei werden zunächst alle Punkte $x_k$ in den kleinsten Boxen zusammengefaßt,

$$\omega_j^L = \left\{ x_k : x_k \in \Omega_j^L \right\}.$$

Zu beachten ist, daß jeder Punkt $x_k$ genau einer kleinsten Box $\Omega_j^L$ zugeordnet wird. Entsprechend ergibt sich mit

$$\omega_j^{\lambda-1} = \bigcup_{i=2^d(j-1)+1}^{2^d j} \omega_i^\lambda \quad \text{für } j = 1, \ldots, 2^{d(\lambda-1)}$$

eine hierarchische Clusterung der Punktmenge $\{x_k\}_{k=1}^n$, siehe Abbildung 7.5. Die zugehörigen Indexmengen sind durch

$$I_j^\lambda = \left\{ k : x_k \in \omega_j^\lambda \right\}$$

gegeben.

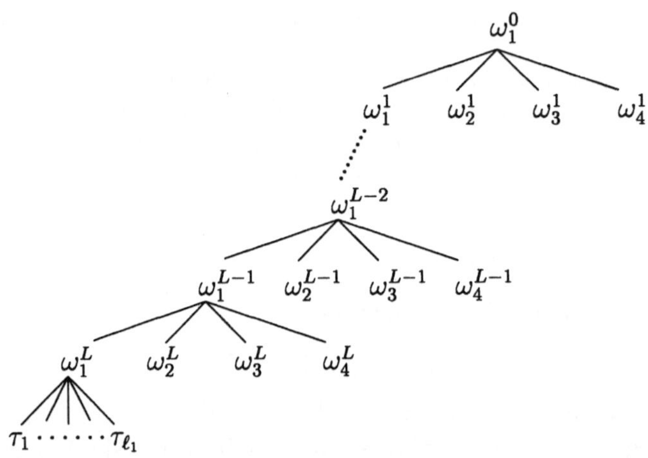


Abbildung 7.5: Baum der Cluster $\omega_j^\lambda$.

Jedem Punkt $x_k$ kann durch

$$h_k = \min_{x_\ell \neq x_k} |x_k - x_\ell|$$

eine lokale Maschenweite $h_k$ zugeordnet werden. Dann bezeichnen

$$h_{\min} := \min_{k=1,\dots,n} h_k, \quad h_{\max} := \max_{k=1,\dots,n} h_k$$

die minimale beziehungsweise maximale Maschenweite der Punktmenge $\{x_k\}_{k=1}^n$. Die Punktmenge $\{x_k\}_{k=1}^n$ heißt global gleichmäßig, falls

$$\frac{h_{\max}}{h_{\min}} \leq c_G$$

mit einer Konstanten $c_G \geq 1$ unabhängig von $n$ erfüllt ist. Im folgenden betrachten wir eine global gleichmäßige Punktmenge mit der globalen Maschenweite $h := h_{\max}$. Für die Kantenlängen $d_j^\lambda$ der Boxen $\Omega_j^\lambda$ ergibt sich andererseits

$$d_j^\lambda = 2^{-\lambda} \quad \text{für } \lambda = 0,\dots,L;\ j = 1,\dots,2^{d\lambda}.$$

Soll den kleinsten Boxen $\Omega_j^L$ nur eine beschränkte Anzahl von Punkten $x_k$ zugeordnet werden, so folgt

$$d_j^L = 2^{-L} \leq c h$$

bzw.

$$L \geq \tilde{c} \ln n.$$

Die Anzahl der notwendigen Unterteilungen ist somit abhängig von der Dimension $n$ der betrachteten Punktwolke.

Für $d = 2$ wird jedes Cluster $\Omega_i^\lambda$ in vier Söhne, für $d = 3$ in acht Söhne unterteilt. Im Gegensatz dazu wird im folgenden Abschnitt eine Unterteilung in grundsätzlich zwei Söhne eingeführt.

## 7.4.2  Bisektionsverfahren

Der Schwerpunkt einer gegebenen Punktmenge $\{x_k\}_{k=1}^n \subset \mathbb{R}^d$ ist gegeben durch

$$\hat{x} = \frac{1}{n} \sum_{k=1}^n x_k.$$

Die zugehörige Hauptrichtung $w \in \mathbb{R}^d$ ist definiert als Lösung des Maximierungsproblems

$$\sum_{k=1}^n |(x_k - \hat{x}, w)|^2 = \max_{v \in \mathbb{R}^d, \|v\|_2 = 1} \sum_{k=1}^n |(x_k - \hat{x}, v)|^2.$$

Für die Aufteilung der Indexmenge $I = \{1, \ldots, n\}$ folgt dann

$$I_1 := \{k \in I : (x_k - \hat{x}, w) > 0\}, \quad I_2 := I \backslash I_1.$$

Die Hauptrichtung $w \in \mathbb{R}^d$ ergibt sich wegen

$$\begin{aligned}
\sum_{k=1}^n |(x_k - \hat{x}, v)|^2 &= \sum_{k=1}^n \left( \sum_{i=1}^d [x_{k,i} - \hat{x}_i] v_i \right)^2 \\
&= \sum_{k=1}^n \sum_{i=1}^d \sum_{j=1}^d [x_{k,i} - \hat{x}_i][x_{k,j} - \hat{x}_j] v_i v_j \\
&= \sum_{i=1}^d \sum_{j=1}^d v_i v_j \sum_{k=1}^n [x_{k,i} - \hat{x}_i][x_{k,j} - \hat{x}_j] \\
&= \sum_{i=1}^d \sum_{j=1}^d K[j,i] v_i v_j = (Kv, v)
\end{aligned}$$

mit der durch

$$K[j,i] = \sum_{k=1}^n [x_{k,i} - \hat{x}_i][x_{k,j} - \hat{x}_j] \quad \text{für } i,j = 1, \ldots, d$$

definierten Kovarianzmatrix $K \in \mathbb{R}^{d \times d}$ als Lösung von

$$(Kw, w) = \max_{v \in \mathbb{R}^d, \|v\|_2 = 1} (Kv, v) = \max_{v \in \mathbb{R}^d, \|v\|_2 = 1} \frac{(Kv, v)}{(v, v)} = \lambda_{\max}(K).$$

Der zu bestimmende Vektor $w \in \mathbb{R}^d$ ist also normierter Eigenvektor zum größten Eigenwert $\lambda_{\max}(K)$ der Kovarianzmatrix $K$.

Der **Algorithmus** zur Partitionierung der Punktmenge $\{x_k\}_{k=1}^n$ mittels des Bisektionsverfahren lautet also:

1. Bestimmung des Schwerpunktes $\hat{x}$ der Punktmenge $\{x_k\}_{k=1}^n$.

2. Aufstellen der Kovarianzmatrix $K$.

3. Berechnung des maximalen Eigenwertes $\lambda_{\max}(K)$ und des zugehörigen normierten Eigenvektors $w$ der Kovarianzmatrix $K$.

4. Aufteilen der Indexmenge $I$ in zwei Teilmengen $I_1$ und $I_2$.

5. Rekursives Anwenden des Bisektionsverfahrens auf die Teilmengen $I_1$ und $I_2$, bis eine vorgegebene Dimension des Clusters erreicht ist.

Daraus resultiert ein Cluster–Baum von Indexmengen $I_j^\lambda$ mit

$$I_1^0 = I, \quad I_i^{\lambda-1} = I_{2i-1}^\lambda \cup I_{2i}^\lambda \quad \text{für } i = 1, \ldots, 2^{\lambda-1}, \lambda = 1, \ldots, L.$$

# 7.5  Niedrigrang–Approximation von Funktionen

Im vorherigen Abschnitt 7.4 wurde vorausgesetzt, daß die Einträge der Matrix $A$ durch die Auswertung einer Funktion $f$ bezüglich zweier endlichdimensionaler Punktmengen $\{x_k\}_{k=1}^n$ beziehungsweise $\{y_\ell\}_{\ell=1}^n$ beschrieben werden kann. Für eine einfachere Darstellung wird im folgenden die Punktmenge $\{y_\ell\}_{\ell=1}^n$ mit der Punktmenge $\{x_k\}_{k=1}^n$ identifiziert. Andernfalls sind die Partitionierungen der zugehörigen Indexmengen getrennt voneinander durchzuführen. Sei

$$A[\ell, k] = f(x_k, x_\ell) \quad \text{für } k, \ell = 1, \ldots, n.$$

Eine hierarchische Clusterung $\{I_j^\lambda\}$ der gegebenen Punktmenge $\{x_k\}_{k=1}^n$ induziert dann eine hierarchische Partitionierung der Matrix $A$ mit Blöcken

$$A_{ij}^\lambda[\ell, k] = f(x_k, x_\ell) \quad \text{für } (k, \ell) \in I_i^\lambda \times I_j^\lambda$$

für ein gewisses Level $\lambda$. Zu bestimmen bleibt eine Niedrigrang–Approximation $\tilde{A}_{ij}^\lambda$ der gegebenen Block–Matrix $A_{ij}^\lambda$. Das in Abschnitt 7.2 beschriebene Verfahren zur Niedrigrang–Approximation einer gegebenen Matrix beruht auf deren Singulärwertzerlegung und erfordert somit die Kenntnis aller Matrixeinträge. Damit kann zwar eine optimale Beschreibung der vollbesetzten Matrix erreicht werden, durch die Berechnung aller Matrixeinträge bleibt der Aufwand jedoch quadratisch in der Zahl der Freiheitsgrade. In diesem Abschnitt sollen deshalb

Approximationsmethoden betrachtet werden, die auch eine effiziente Aufstellung der Niedrigrang–Approximation ermöglichen. Ausgangspunkt hierfür ist eine entsprechende Approximation der die Matrixeinträge erzeugenden Funktion $f(x, y)$. Sei

$$f_\varrho(x, y) = \sum_{m=0}^{\varrho} f_m^{\lambda,i}(x) g_m^{\lambda,j}(y) \quad \text{für } (x, y) \in \omega_i^\lambda \times \omega_j^\lambda \tag{7.27}$$

für $\varrho \in I\!N$ eine Approximation der Funktion $f(x, y)$, welche einer Fehlerabschätzung

$$|f(x, y) - f_\varrho(x, y)| \le c(\eta, \varrho) \quad \text{für alle } (x, y) \in \omega_i^\lambda \times \omega_j^\lambda \tag{7.28}$$

mit einem geeignet gewählten Parameter $\eta \in I\!R$ genügt. Dabei wird

$$\lim_{\varrho \to \infty} c(\eta, \varrho) = 0$$

vorausgesetzt. Dann folgt für die approximierende Matrix

$$\tilde{A}_{ij}^\lambda[\ell, k] = f_\varrho(x_k, x_\ell) = \sum_{m=0}^{\varrho} f_m^{\lambda,i}(x_k) g_m^{\lambda,j}(x_\ell)$$

die Niedrigrang–Darstellung

$$\tilde{A}_{ij}^\lambda = \sum_{m=0}^{\varrho} \underline{g}_m^{\lambda,j} \underline{f}_m^{\lambda,i,\top}$$

mit

$$f_{m,k}^{\lambda,i} = f_m^{\lambda,i}(x_k), \quad g_{m,\ell}^{\lambda,j} = g_m^{\lambda,j}(x_\ell)$$

und es gilt

$$\operatorname{rang} \tilde{A}_{ij}^\lambda \le \varrho + 1, \quad Sp(\tilde{A}_{ij}^\lambda) = (\varrho + 1)[n_i^\lambda + n_j^\lambda].$$

Aus (7.28) ergibt sich für Vektoren $\underline{u} \in I\!R^{n_i^\lambda}$ und $\underline{v} \in I\!R^{n_j^\lambda}$ die Fehlerabschätzung

$$\left| ((A_{ij}^\lambda - \tilde{A}_{ij}^\lambda)\underline{u}, \underline{v}) \right| = \left| \sum_{k=1}^{n_i^\lambda} \sum_{\ell=1}^{n_j^\lambda} \left( A_{ij}^\lambda[\ell, k] - \tilde{A}_{ij}^\lambda[\ell, k] \right) u_k v_\ell \right|$$

$$\le \sum_{k=1}^{n_i^\lambda} \sum_{\ell=1}^{n_j^\lambda} |f(x_k, x_\ell) - f_\varrho(x_k, x_\ell)| \, |u_k| \, |v_\ell|$$

$$\le c(\eta, \varrho) \sum_{k=1}^{n_i^\lambda} |u_k| \sum_{\ell=1}^{n_j^\lambda} |v_\ell|$$

$$= c(\eta, \varrho) \, \|\underline{u}\|_1 \|\underline{v}\|_1.$$

Für geeignet gewählte Parameter $\varrho$ und $\eta$ übertragen sich somit die Eigenschaften der Matrix $A$ auf die approximierende Matrix $\tilde{A}$. Zu klären bleibt die Konstruktion der Approximation (7.27) und die Gültigkeit der Fehlerabschätzung (7.28). Im folgenden werden einige mögliche Herleitungen diskutiert, für eine weitergehende Behandlung und entsprechende Literaturhinweise sei hier auf [51, Kapitel 14] verwiesen.

## 7.5.1　Darstellung mit Taylor–Reihen

Eine erste Möglichkeit zur Herleitung der allgemeinen Darstellung (7.27) ist die Taylor–Entwicklung der Funktion $f(x,y)$ bezüglich $y$. Sei $y_j^\lambda \in \omega_j^\lambda$ beliebig aber fest gegeben. Dann ist

$$f(x,y) = f\left(x, y_j^\lambda + t(y - y_j^\lambda)\right) =: F(t)$$

eine skalare Funktion mit der Taylorreihe

$$F(1) = F(0) + \sum_{n=1}^{p} \frac{1}{n!} \frac{d^n}{dt^n} F(t)_{|t=0} + \frac{1}{p!} \int_0^1 (1-s)^p \frac{d^{p+1}}{ds^{p+1}} F(s)\,ds\,.$$

Dabei ist

$$\frac{d}{dt} F(t) = \sum_{k=1}^{d} \frac{\partial}{\partial z_k} f(x,z)_{|z=y_j^\lambda + t(y-y_j^\lambda)}(y_k - y_{j,k}^\lambda)$$

und allgemein

$$\frac{d^n}{dt^n} F(t) = \sum_{|\alpha|=n} \frac{n!}{\alpha!} (y - y_j^\lambda)^\alpha D_z^\alpha f(x,z)_{|z=y_j^\lambda + t(y-y_j^\lambda)}$$

mit Multiindizes $\alpha = (\alpha_1, \ldots, \alpha_d) \in I\!N_0^d$, $|\alpha| = \sum_{i=1}^{d} \alpha_i$. Damit folgt für $p \in I\!N$ mit

$$f_\varrho(x,y) = f(x,y_j^\lambda) + \sum_{n=1}^{p} \sum_{|\alpha|=n} \frac{1}{|\alpha|}(y - y_j^\lambda)^\alpha D_z^\alpha f(x,z)_{|z=y_j^\lambda} \tag{7.29}$$

die gewünschte Darstellung (7.27), und für den Fehler der Approximation ergibt sich

$$|f(x,y) - f_\varrho(x,y)| = \left| \frac{1}{p!} \int_0^1 (1-s)^p \frac{d^{p+1}}{ds^{p+1}} F(s)\,ds \right|$$

$$= \left| \frac{1}{p!} \int_0^1 (1-s)^p \sum_{|\alpha|=p+1} \frac{(p+1)!}{\alpha!} (y - y_j^\lambda)^\alpha D_z^\alpha f(x,z)_{|z=y_j^\lambda + s(y-y_j^\lambda)}\,ds \right|$$

$$\le \sum_{|\alpha|=p+1} \frac{1}{\alpha!} \sup_{y\in\omega_j^\lambda} |y - y_j^\lambda|^{p+1} \sup_{y\in\omega_j^\lambda, |\alpha|=p+1} \left| D_z^\alpha f(x,z)_{|z=y} \right|$$

$$\le \sum_{|\alpha|=p+1} \frac{1}{\alpha!} [\operatorname{diam} \omega_j^\lambda]^{p+1} \sup_{y\in\omega_j^\lambda, |\alpha|=p+1} \left| D_z^\alpha f(x,z)_{|z=y} \right|\,.$$

Als Beispiel wird nun für $d=2$ die Funktion

$$f(x,y) = \log|x - y| \quad \text{für } (x,y) \in \omega_i^\lambda \times \omega_j^\lambda$$

betrachtet. Für jedes $n \in [1, p]$ existieren in der Reihendarstellung (7.29) genau $n + 1$ Multiindizes $\alpha \in I\!N_0^2$ mit $|\alpha| = n$. Dann ergibt sich für die Anzahl $\varrho$ der Terme in der Reihenentwicklung (7.29)

$$\varrho = 1 + \sum_{n=1}^{p} (n+1) = \frac{1}{2}(p+1)(p+2).$$

Für die Herleitung einer Fehlerabschätzung der Approximation (7.29) sind die partiellen Ableitungen von $f(x,y) = \log|x - y|$ bis zur Ordnung $p + 1$ zu berechnen. Zunächst ist

$$\frac{\partial}{\partial y_k} f(x,y) = \frac{\partial}{\partial y_k} \log|x - y| = \frac{y_k - x_k}{|x - y|^2} \quad \text{für } k = 1, 2$$

sowie

$$\frac{\partial^2}{\partial y_k^2} f(x,y) = \frac{1}{|x - y|^2} - 2\frac{(y_k - x_k)^2}{|x - y|^4} \quad \text{für } k = 1, 2,$$

$$\frac{\partial^2}{\partial y_1 \partial y_2} f(x,y) = -2\frac{(y_1 - x_1)(y_2 - x_2)}{|x - y|^4}.$$

Allgemein gilt für $|\alpha| = q \in I\!N$ die Darstellung

$$D_y^\alpha f(x,y) = \sum_{|\beta| \leq q} a_\beta^q \frac{(x - y)^\beta}{|x - y|^{|\beta| + q}} \tag{7.30}$$

mit gewissen Koeffizienten $a_\beta^q$. Daraus folgt

$$\left| D_y^\alpha f(x,y) \right| \leq \sum_{|\beta| \leq q} \frac{|a_\beta^q|}{|x - y|^q} = \frac{c_q}{|x - y|^q}.$$

Ein Vergleich mit den ersten und zweiten Ableitungen der Funktion $f(x,y)$ liefert $c_1 = 1$ und $c_2 = 3$. Eine allgemeine Abschätzung der Konstanten $c_q$ für $q \geq 2$ folgt nun durch vollständige Induktion. Aus (7.30) ergibt sich für $i = 1, 2$ und $j \neq i$

$$\frac{\partial}{\partial y_i} D_y^\alpha f(x,y) = \sum_{|\beta| \leq q} a_\beta^q \frac{\partial}{\partial y_i} \frac{(y - x)^\beta}{|x - y|^{|\beta| + q}}$$

$$= \sum_{|\beta| \leq q} a_\beta^q \left[ \beta_i \frac{(y_i - x_i)^{\beta_i - 1}(y_j - x_j)^{\beta_j}}{|x - y|^{|\beta| + q}} - (|\beta| + q)\frac{(y_i - x_i)^{\beta_i + 1}(y_j - x_j)^{\beta_j}}{|x - y|^{|\beta| + q + 2}} \right].$$

Mit

$$|y_i - x_i| \leq |x - y|, \quad \beta_i \leq |\beta| \leq q, \quad \beta_i + \beta_j \leq |\beta| \quad \text{für } i \neq j$$

folgt daraus die Abschätzung

$$\left|\frac{\partial}{\partial y_i} D_y^\alpha f(x,y)\right| \leq \frac{3q}{|x-y|^{q+1}} \sum_{|\beta|\leq q} |a_\beta^q| = \frac{3qc_q}{|x-y|^{q+1}} = \frac{c_{q+1}}{|x-y|^{q+1}}$$

und somit

$$c_{q+1} = 3qc_q = 3^q \, q!\,.$$

Für $|\alpha| = p \in I\!N$ ist somit

$$\left|D_y^\alpha f(x,y)\right| \leq \frac{3^{p-1}(p-1)!}{|x-y|^p} \quad \text{für } (x,y) \in \omega_i^\lambda \times \omega_j^\lambda.$$

Damit ergibt sich

$$
\begin{aligned}
|f(x,y) - f_\varrho(x,y)| &\leq \sum_{|\alpha|=p+1} \frac{1}{\alpha!} [\operatorname{diam}\omega_j^\lambda]^{p+1} \sup_{y\in\omega_j^\lambda, |\alpha|=p+1} \left|D_z^\alpha f(x,z)_{|z=y}\right| \\
&\leq [\operatorname{diam}\omega_j^\lambda]^{p+1} \sum_{|\alpha|=p+1} \frac{1}{\alpha!} \sup_{y\in\omega_j^\lambda} \frac{3^p p!}{|x-y|^{p+1}} \\
&\leq 3^p p! \left(\frac{\operatorname{diam}\omega_j^\lambda}{\operatorname{dist}(\omega_i^\lambda, \omega_j^\lambda)}\right)^{p+1} \sum_{|\alpha|=p+1} \frac{1}{\alpha!}\,.
\end{aligned}
$$

Für $d = 2$ ist

$$
\begin{aligned}
\sum_{|\alpha|=p+1} \frac{1}{\alpha!} &= \sum_{\alpha_1+\alpha_2=p+1} \frac{1}{\alpha_1!\alpha_2!} \\
&= \sum_{\alpha_1=0}^{p+1} \frac{1}{\alpha_1!(p+1-\alpha_1)!} \\
&= \frac{1}{(p+1)!} \sum_{\alpha_1=0}^{p+1} \frac{(p+1)!}{\alpha_1!(p+1-\alpha_1)!} \\
&= \frac{1}{(p+1)!} \sum_{\alpha_1=0}^{p+1} \binom{p+1}{\alpha_1} \\
&= \frac{1}{(p+1)!}(1+1)^{p+1} = \frac{2^{p+1}}{(p+1)!}\,.
\end{aligned}
$$

Mit der **Zulässigkeitsbedingung**

$$\operatorname{dist}(\omega_i^\lambda, \omega_j^\lambda) \geq \eta \operatorname{diam}\omega_j^\lambda, \quad \eta > 1,$$

folgt schließlich die Fehlerabschätzung

$$|f(x,y) - f_\varrho(x,y)| \leq 3^p p! \left(\frac{1}{\eta}\right)^{p+1} \frac{2^{p+1}}{(p+1)!} = \frac{1}{3}\frac{1}{p+1} \left(\frac{6}{\eta}\right)^{p+1}$$

für $(x,y) \in \omega_i^\lambda \times \omega_j^\lambda$ mit der Forderung $\eta > 6$.

## 7.5.2 Explizite Reihendarstellung

Die im vorherigen Abschnitt beschriebene Taylorentwicklung erfordert die explizite Berechnung aller auftretenden Ableitungen der Funktion $f(x,y)$. In vielen Anwendungen erlauben die betrachtenden Funktionen jedoch eine explizite Reihendarstellung. Dies soll hier am Beispiel $f(x,y) = \log|x-y|$ betrachtet werden. Für $(x,y) \in \omega_i^\lambda \times \omega_j^\lambda$ sei $y_j^\lambda$ das Zentrum der Punktmenge $\omega_j^\lambda$. Dann ist

$$f(x,y) \;=\; \log|x-y| \;=\; \log|(x-y_j^\lambda)-(y-y_j^\lambda)| \;=\; \mathrm{Re}\,(\log(z-z_0))$$

mit den komplexen Argumenten

$$z \;=\; |x-y_j^\lambda|e^{i\varphi(x-y_j^\lambda)}, \quad z_0 \;=\; |y-y_j^\lambda|e^{i\varphi(y-y_j^\lambda)}.$$

Aus der Zulässigkeitsbedingung

$$\mathrm{dist}\,(\omega_i^\lambda,\omega_j^\lambda) \;\geq\; \eta\,\mathrm{diam}\,\omega_j^\lambda, \quad \eta > 1,$$

folgt

$$\frac{|z_0|}{|z|} \;=\; \frac{|y-y_j^\lambda|}{|x-y_j^\lambda|} \;\leq\; \frac{\mathrm{diam}\,\omega_j^\lambda}{\mathrm{dist}\,(\omega_i^\lambda,\omega_j^\lambda)} \;\leq\; \frac{1}{\eta} < 1$$

und somit die Gültigkeit der Reihenentwicklung

$$\log(z-z_0) \;=\; \log z - \sum_{n=1}^{\infty}\frac{1}{n}\left(\frac{z_0}{z}\right)^n.$$

Für $p \in I\!N$ wird durch

$$f_\varrho(x,y) \;=\; \mathrm{Re}\left(\log z - \sum_{n=1}^{p}\frac{1}{n}\left[\frac{z_0}{z}\right]^n\right)$$

eine Approximation der Funktion $f(x,y)$ erklärt, für die die folgende Fehlerabschätzung gilt:

$$\begin{aligned}
|f(x,y)-f_\varrho(x,y)| \;&=\; \left|\mathrm{Re}\left(\sum_{n=p+1}^{\infty}\frac{1}{n}\left[\frac{z_0}{z}\right]^n\right)\right| \\[2mm]
&\leq\; \sum_{n=p+1}^{\infty}\frac{1}{n}\left(\frac{1}{\eta}\right)^n \;\leq\; \frac{1}{p+1}\frac{1}{\eta-1}\left(\frac{1}{\eta}\right)^p.
\end{aligned}$$

Wegen

$$\left(\frac{z_0}{z}\right)^n \;=\; z_0^n z^{-n} \;=\; \frac{|y-y_j^\lambda|^n}{|x-y_j^\lambda|^n}e^{in\varphi(y-y_j^\lambda)}e^{-in\varphi(x-y_j^\lambda)}$$

und

$$\mathrm{Re}\left(\left[\frac{z_0}{z}\right]^n\right) \;=\; \frac{|y - y_j^\lambda|^n}{|x - y_j^\lambda|^n}\left[\cos n\varphi(y - y_j^\lambda)\cos n\varphi(x - y_j^\lambda)\right.$$

$$\left. + \sin n\varphi(y - y_j^\lambda)\sin n\varphi(x - y_j^\lambda)\right]$$

ergibt sich

$$f_\varrho(x,y) \;=\; \log|x - y_j^\lambda| - \sum_{n=1}^{p}\frac{1}{n}|y - y_j^\lambda|^n \cos n\varphi(y - y_j^\lambda)\frac{\cos n\varphi(x - y_j^\lambda)}{|x - y_j^\lambda|^n}$$

$$- \sum_{n=1}^{p}\frac{1}{n}|y - y_j^\lambda|^n \sin n\varphi(y - y_j^\lambda)\frac{\sin n\varphi(x - y_j^\lambda)}{|x - y_j^\lambda|^n}$$

und somit die Darstellung (7.27) mit

$$\varrho = 2p + 1.$$

### 7.5.3  Adaptive Cross–Approximation

Die bisher beschriebenen Approximationen $f_\varrho(x,y)$ einer gegebenen Funktion $f(x,y)$ erfordern entweder die Kenntnis einer geeigneten Reihenentwicklung oder die Berechnung von Ableitungen der Fundamentallösung. Ziel ist deshalb die Herleitung von Approximationen, welche nur auf der Auswertung der gegebenen Funktion $f(x,y)$ in Interpolationspunkten basieren. Eine Möglichkeit besteht dabei in der Interpolation mit Tschebyscheff–Polynomen, siehe hierzu auch Kapitel 2. Der hier betrachtete Algorithmus zur Approximation der Funktion $f(x,y)$ wurde erstmals von Tyrtyshnikov in [57] beschrieben. Die hier gegebene Darstellung orientiert sich auch an [5, 6], siehe auch [51].

Seien $\omega_i^\lambda$ und $\omega_j^\lambda$ ein Paar zueinander zulässiger Cluster. Zur Approximation der Funktion $f(x,y)$ für $(x,y) \in \omega_i^\lambda \times \omega_j^\lambda$ werden zwei Funktionenfolgen $s_k(x,y)$ und $r_k(x,y)$ konstruiert. Dabei ist $r_k(x,y)$ das jeweilige Residuum der zugehörigen Approximation $s_k(x,y)$. Zur Initialisierung werden zunächst

$$s_0(x,y) := 0, \quad r_0(x,y) := f(x,y)$$

gesetzt. Für $k = 1,2,\ldots,\varrho$ sei $(x_k,y_k) \in \omega_i^\lambda \times \omega_j^\lambda$ ein Punktpaar, so daß das Residuum nicht verschwindet, d.h. $\alpha_k := r_{k-1}(x_k,y_k) \neq 0$. Dann ist

$$s_k(x,y) \;:=\; s_{k-1}(x,y) + \frac{1}{\alpha_k}r_{k-1}(x,y_k)r_{k-1}(x_k,y), \tag{7.31}$$

$$r_k(x,y) \;:=\; r_{k-1}(x,y) - \frac{1}{\alpha_k}r_{k-1}(x,y_k)r_{k-1}(x_k,y). \tag{7.32}$$

Für $\varrho \in I\!N_0$ definiert schließlich

$$f_\varrho(x,y) = s_\varrho(x,y) = \sum_{k=1}^{\varrho} \frac{r_{k-1}(x,y_k)r_{k-1}(x_k,y)}{r_{k-1}(x_k,y_k)} \quad \text{für } (x,y) \in \omega_i^\lambda \times \omega_j^\lambda \quad (7.33)$$

eine Approximation der gegebenen Funktion $f(x,y)$ bezüglich dem zulässigen Clusterpaar $(\omega_i^\lambda, \omega_j^\lambda)$. Für die durch (7.31) und (7.32) gegebene Rekursion gelten die folgenden Eigenschaften.

**Lemma 7.1** *Für alle* $0 \le k \le \varrho$ *und* $(x,y) \in \omega_i^\lambda \times \omega_j^\lambda$ *gilt*

$$f(x,y) = s_k(x,y) + r_k(x,y) \tag{7.34}$$

*sowie*

$$r_k(x,y_j) = 0 \quad \text{für alle } 1 \le j \le k \tag{7.35}$$

*beziehungsweise*

$$r_k(x_i,y) = 0 \quad \text{für alle } 1 \le i \le k. \tag{7.36}$$

**Beweis:** Die Addition der Entwicklungsvorschriften (7.31) und (7.32) ergibt

$$r_k(x,y) + s_k(x,y) = r_{k-1}(x,y) + s_{k-1}(x,y)$$

für alle $k = 1, \ldots, \varrho$, und somit erhält man durch rekursive Anwendung

$$r_k(x,y) + s_k(x,y) = r_0(x,y) + s_0(x,y) = f(x,y).$$

Die zweite Behauptung ergibt sich durch vollständige Induktion nach $k = 1, \ldots, \varrho$. Für $k = 1$ ist

$$r_1(x,y_1) = r_0(x,y_1) - \frac{1}{r_0(x_1,y_1)} r_0(x,y_1)r_0(x_1,y_1) = 0.$$

Somit sei $r_k(x,y_j) = 0$ für $k = 1, 2, \ldots, \varrho$ und $j = 1, \ldots, k$ erfüllt. Dann ist

$$r_{k+1}(x,y_j) = r_k(x,y_j) - \frac{1}{\alpha_{k+1}} r_k(x,y_{k+1})r_k(x_{k+1},y_j) = 0,$$

d.h. es gilt $r_{k+1}(x,y_j) = 0$ für alle $j = 1, \ldots, k$. Schließlich ist nach (7.32)

$$r_{k+1}(x,y_{k+1}) = r_k(x,y_{k+1}) - \frac{1}{r_k(x_{k+1},y_{k+1})} r_k(x,y_{k+1})r_k(x_{k+1},y_{k+1}) = 0.$$

Die letzte Behauptung folgt analog. ∎

Einsetzen von $x = x_i$ für $i = 1, \ldots, k$ in (7.35) liefert

$$r_k(x_i,y_j) = 0 \quad \text{für alle } i, j = 1, \ldots, k,$$

und wegen (7.34) folgt

$$s_k(x_i, y_j) \;=\; f(x_i, y_j) \quad \text{für alle } i,j = 1, \ldots, k; k = 1, \ldots, \varrho.$$

Die Approximationen $s_k(x, y)$ **interpolieren** also die gegebene Funktion $f(x, y)$ in den Stützstellen $(x_i, y_j)$ für $i, j = 1, \ldots, k$.

Die Abschätzung des Residuums $r_k(x, y)$ für $(x, y) \in \omega_i^\lambda \times \omega_j^\lambda$ erfolgt durch Vergleich mit dem Fehler der Interpolation mit Lagrange–Polynomen, siehe hierzu [6, 51]. Die Wahl der Interpolationsknoten $(x_k, y_k)$ erfolgt dann gemäß der Bedingung

$$|r_{k-1}(x_k, y_k)| \;\geq\; |r_{k-1}(x, y_k)| \quad \text{für alle } x \in \omega_i^\lambda.$$

Der hier beschriebene Algorithmus der adaptiven Cross–Approximation einer skalaren Funktion kann auch direkt auf die Herleitung einer Niedrigrang–Approximation einer Matrix übertragen werden [5, 8].

## 7.6  Anwendungen in der FEM

In diesem Kapitel werden Anwendungen von hierarchischen Matrizen für einfache Modellprobleme mit finiten Elementen in einer Raumdimension betrachtet. Diese Überlegungen lassen sich entsprechend auf zwei– und dreidimensionale Randwertprobleme übertragen.

### 7.6.1  $L_2$–Projektion

Die Massematrix der $L_2$–Projektion mit stückweise linearen Basisfunktionen bezüglich einer gleichmäßigen Diskretisierung des Intervalles $[0, 1]$ ist gegeben durch (2.5),

$$M_h = \frac{h}{6} \begin{pmatrix} 2 & 1 & & & & \\ 1 & 4 & 1 & & & \\ & 1 & \ddots & \ddots & & \\ & & \ddots & \ddots & 1 & \\ & & & 1 & 4 & 1 \\ & & & & 1 & 2 \end{pmatrix} \in I\!R^{(n+1)\times(n+1)}.$$

Aufgrund der lokalen Basisfunktionen sind die Massematrizen $M_h$ für alle $n \in I\!N$ Tridiagonalmatrizen, welche mittels der Cholesky–Zerlegung eine Faktorisierung in eine untere und obere Dreiecksmatrix mit Tridiagonalgestalt erlauben.

Am Beispiel der Massematrizen $M_h$ sollen hier jedoch die Darstellung als hierarchische Matrix und die Invertierung der Massematrix als hierarchische Matrix betrachtet werden. Insbesondere entspricht die Massematrix genau der in Abschnitt 7.3.4 beschriebenen Situation, daß die Nebendiagonalblöcke genau ein

Nichtnullelement enthalten. Damit kann die inverse Massematrix exakt als hierarchische Matrix mit Rang 1 Matrizen in den Nebendiagonalblöcken beschrieben werden.

Für das Beispiel $n = 7$ soll diese Berechnung explizit durchgeführt werden, dann ist

$$M_h = \frac{1}{48} \begin{pmatrix} 2 & 1 & & & & & \\ 1 & 4 & 1 & & & & \\ & 1 & 4 & 1 & & & \\ & & 1 & 4 & 1 & & \\ & & & 1 & 4 & 1 & \\ & & & & 1 & 4 & 1 \\ & & & & & 1 & 2 \end{pmatrix} = \frac{1}{48} \begin{pmatrix} M_{11}^1 & M_{12}^1 \\ M_{21}^1 & M_{22}^1 \end{pmatrix}$$

eine hierarchische Matrix, die der in Beispiel 7.2 betrachteten Block–Partitionierung mit Rang 1 Matrizen in den Nebendiagonalblöcken entspricht. Für die Berechnung der inversen Massematrix $M_h^{-1}$ soll der in Abschnitt 7.3.4 beschriebene Algorithmus rekursiv angewendet werden.

Allgemein ist die Inverse einer durch die Block–Darstellung

$$A = \begin{pmatrix} A_{11} & A_{12} \\ A_{21} & A_{22} \end{pmatrix}$$

gegebenen Matrix bestimmt durch, vergleiche Abschnitt 7.3.4,

$$A^{-1} = \begin{pmatrix} A_{11}^{-1} + A_{11}^{-1} A_{12} S^{-1} A_{21} A_{11}^{-1} & -A_{11}^{-1} A_{12} S^{-1} \\ -S^{-1} A_{21} A_{11}^{-1} & S^{-1} \end{pmatrix} \tag{7.37}$$

mit dem Schur–Komplement

$$S = A_{22} - A_{21} A_{11}^{-1} A_{12}.$$

Für die Invertierung von

$$M_h = M_h^0 = \begin{pmatrix} M_{11}^1 & M_{12}^1 \\ M_{21}^1 & M_{22}^1 \end{pmatrix}$$

ist also zunächst die Inverse der Block–Matrix

$$M_{11}^1 = \begin{pmatrix} 2 & 1 & & \\ 1 & 4 & 1 & \\ & 1 & 4 & 1 \\ & & 1 & 4 \end{pmatrix} = \begin{pmatrix} M_{11}^2 & M_{12}^2 \\ M_{21}^2 & M_{22}^2 \end{pmatrix}$$

mit den Teil-Blöcken

$$M_{11}^2 = \begin{pmatrix} 2 & 1 \\ 1 & 4 \end{pmatrix}, \qquad M_{22}^2 = \begin{pmatrix} 4 & 1 \\ 1 & 4 \end{pmatrix},$$

$$M_{12}^2 = \begin{pmatrix} 0 \\ 1 \end{pmatrix} \begin{pmatrix} 1 & 0 \end{pmatrix}, \qquad M_{21}^2 = \begin{pmatrix} 1 \\ 0 \end{pmatrix} \begin{pmatrix} 0 & 1 \end{pmatrix}$$

zu berechnen. Für die Invertierung von $M_{11}^1$ wird wieder Formel (7.37) angewendet. Für die Inverse von $M_{11}^2$ ergibt sich

$$M_{11}^{2,-1} = \frac{1}{7} \begin{pmatrix} 4 & -1 \\ -1 & 2 \end{pmatrix}$$

und für das Schur–Komplement $S_{22}^2$ der Matrix $M_{11}^1$ folgt

$$\begin{aligned}
S_{22}^2 &= M_{22}^2 - M_{21}^2 M_{11}^{2,-1} M_{12}^2 \\
&= \begin{pmatrix} 4 & 1 \\ 1 & 4 \end{pmatrix} - \frac{1}{7} \begin{pmatrix} 1 \\ 0 \end{pmatrix} \begin{pmatrix} 0 & 1 \end{pmatrix} \begin{pmatrix} 4 & -1 \\ -1 & 2 \end{pmatrix} \begin{pmatrix} 1 \\ 0 \end{pmatrix} \begin{pmatrix} 1 & 0 \end{pmatrix} \\
&= \frac{1}{7} \begin{pmatrix} 26 & 7 \\ 7 & 28 \end{pmatrix}
\end{aligned}$$

mit der Inversen

$$S_{22}^{2,-1} = \frac{1}{97} \begin{pmatrix} 28 & -7 \\ -7 & 26 \end{pmatrix}.$$

Die Inverse von $M_{11}^1$ ist gemäß (7.37) gegeben durch

$$M_{11}^{1,-1} = \begin{pmatrix} M_{11}^{2,-1} + M_{11}^{2,-1} M_{12}^2 S_{22}^{2,-1} M_{21}^2 M_{11}^{2,-1} & -M_{11}^{2,-1} M_{12}^2 S_{22}^{2,-1} \\ -S_{22}^{2,-1} M_{21}^2 M_{11}^{2,-1} & S_{22}^{2,-1} \end{pmatrix}.$$

Dabei sind

$$\begin{aligned}
M_{11}^{2,-1} M_{12}^2 S_{22}^{2,-1} &= \frac{1}{7 \cdot 97} \begin{pmatrix} 4 & -1 \\ -1 & 2 \end{pmatrix} \begin{pmatrix} 0 \\ 1 \end{pmatrix} \begin{pmatrix} 1 & 0 \end{pmatrix} \begin{pmatrix} 28 & -7 \\ -7 & 26 \end{pmatrix} \\
&= \frac{1}{97} \begin{pmatrix} -1 \\ 2 \end{pmatrix} \begin{pmatrix} 4 & -1 \end{pmatrix}
\end{aligned}$$

und

$$B = M_{11}^{2,-1} + M_{11}^{2,-1} M_{12}^2 S_{22}^{2,-1} M_{21}^2 M_{11}^{2,-1}$$

$$= \frac{1}{7} \begin{pmatrix} 4 & -1 \\ -1 & 2 \end{pmatrix} + \frac{1}{7 \cdot 97} \begin{pmatrix} -1 \\ 2 \end{pmatrix} \begin{pmatrix} 4 & -1 \end{pmatrix} \begin{pmatrix} 1 \\ 0 \end{pmatrix} \begin{pmatrix} 0 & 1 \end{pmatrix} \begin{pmatrix} 4 & -1 \\ -1 & 2 \end{pmatrix}$$

$$= \frac{1}{7} \begin{pmatrix} 4 & -1 \\ -1 & 2 \end{pmatrix} + \frac{4}{7 \cdot 97} \begin{pmatrix} -1 \\ 2 \end{pmatrix} \begin{pmatrix} -1 & 2 \end{pmatrix}$$

$$= \frac{1}{7 \cdot 97} \begin{pmatrix} 392 & -105 \\ -105 & 210 \end{pmatrix} = \frac{1}{97} \begin{pmatrix} 56 & -15 \\ -15 & 30 \end{pmatrix}.$$

Insgesamt ist also

$$M_{11}^{1,-1} = \frac{1}{97} \begin{pmatrix} \begin{matrix} 56 & -15 \\ -15 & 30 \end{matrix} & \begin{pmatrix} 1 \\ -2 \end{pmatrix} \begin{pmatrix} 4 & -1 \end{pmatrix} \\ \begin{pmatrix} 4 \\ -1 \end{pmatrix} \begin{pmatrix} 1 & -2 \end{pmatrix} & \begin{matrix} 28 & -7 \\ -7 & 26 \end{matrix} \end{pmatrix}.$$

Die Anwendung von (7.37) zur Berechnung der Inversen von $M_h$ verlangt nun die Auswertung des Schur–Komplements

$$S_{22}^1 = M_{22}^1 - M_{21}^1 M_{11}^{1,-1} M_{12}^1$$

$$= \begin{pmatrix} 4 & 1 & & \\ 1 & 4 & 1 & \\ & 1 & 4 & 1 \\ & & 1 & 2 \end{pmatrix} - \begin{pmatrix} 1 \\ 0 \\ 0 \\ 0 \end{pmatrix} \begin{pmatrix} 0 & 0 & 0 & 1 \end{pmatrix} M_{11}^{1,-1} \begin{pmatrix} 0 \\ 0 \\ 0 \\ 1 \end{pmatrix} \begin{pmatrix} 1 & 0 & 0 & 0 \end{pmatrix}$$

$$= \begin{pmatrix} 4 & 1 & & \\ 1 & 4 & 1 & \\ & 1 & 4 & 1 \\ & & 1 & 2 \end{pmatrix} - \frac{26}{97} \begin{pmatrix} 1 \\ 0 \\ 0 \\ 0 \end{pmatrix} \begin{pmatrix} 1 & 0 & 0 & 0 \end{pmatrix} = \begin{pmatrix} \widetilde{M}_{33}^2 & M_{34}^2 \\ M_{43}^2 & M_{44}^2 \end{pmatrix}$$

mit den Block–Matrizen

$$\widetilde{M}_{33}^2 = \frac{1}{97} \begin{pmatrix} 362 & 97 \\ 97 & 388 \end{pmatrix}, \qquad M_{44}^2 = \begin{pmatrix} 4 & 1 \\ 1 & 2 \end{pmatrix},$$

$$M_{34}^2 = \begin{pmatrix} 0 \\ 1 \end{pmatrix} \begin{pmatrix} 1 & 0 \end{pmatrix}, \qquad M_{43}^2 = \begin{pmatrix} 1 \\ 0 \end{pmatrix} \begin{pmatrix} 0 & 1 \end{pmatrix}.$$

Für die Berechnung der Inversen von $S_{22}^1$ via (7.37) ist zunächst

$$\widetilde{M}_{33}^{2,-1} = \frac{1}{1351} \begin{pmatrix} 388 & -97 \\ -97 & 362 \end{pmatrix}.$$

Für das Schur–Komplement $S_{44}^2$ von $S_{22}^1$ folgt dann

$$
\begin{aligned}
S_{44}^2 &= M_{44}^2 - M_{43}^2 \widetilde{M}_{33}^{2,-1} M_{34}^2 \\
&= \begin{pmatrix} 4 & 1 \\ 1 & 2 \end{pmatrix} - \frac{1}{1351} \begin{pmatrix} 1 \\ 0 \end{pmatrix} \begin{pmatrix} 0 & 1 \end{pmatrix} \begin{pmatrix} 388 & -97 \\ -97 & 362 \end{pmatrix} \begin{pmatrix} 0 \\ 1 \end{pmatrix} \begin{pmatrix} 1 & 0 \end{pmatrix} \\
&= \begin{pmatrix} 4 & 1 \\ 1 & 2 \end{pmatrix} - \frac{362}{1351} \begin{pmatrix} 1 \\ 0 \end{pmatrix} \begin{pmatrix} 1 & 0 \end{pmatrix} \\
&= \frac{1}{1351} \begin{pmatrix} 5042 & 1351 \\ 1351 & 2702 \end{pmatrix},
\end{aligned}
$$

und für die Inverse ergibt sich

$$
S_{44}^{2,-1} = \frac{1}{8733} \begin{pmatrix} 2702 & -1351 \\ -1351 & 5042 \end{pmatrix}.
$$

Die Inverse von $S_{22}^1$ ist dann gemäß (7.37) gegeben durch

$$
S_{22}^{1,-1} = \begin{pmatrix} \widetilde{M}_{33}^{2,-1} + \widetilde{M}_{33}^{2,-1} M_{34}^2 S_{44}^{2,-1} M_{43}^2 \widetilde{M}_{33}^{2,-1} & -\widetilde{M}_{33}^{2,-1} M_{34}^2 S_{44}^{2,-1} \\ -S_{44}^{2,-1} M_{43}^2 \widetilde{M}_{33}^{2,-1} & S_{44}^{2,-1} \end{pmatrix}.
$$

Mit

$$
\begin{aligned}
\widetilde{M}_{33}^{2,-1} M_{34}^2 S_{44}^{2,-1} &= \\
&= \frac{1}{1351 \cdot 8733} \begin{pmatrix} 388 & -97 \\ -97 & 362 \end{pmatrix} \begin{pmatrix} 0 \\ 1 \end{pmatrix} \begin{pmatrix} 1 & 0 \end{pmatrix} \begin{pmatrix} 2702 & -1351 \\ -1351 & 5042 \end{pmatrix} \\
&= \frac{1}{8733} \begin{pmatrix} -97 \\ 362 \end{pmatrix} \begin{pmatrix} 2 & -1 \end{pmatrix}
\end{aligned}
$$

und

$$
\begin{aligned}
B &= \widetilde{M}_{33}^{2,-1} + \widetilde{M}_{33}^{2,-1} M_{34}^2 S_{44}^{2,-1} M_{43}^2 \widetilde{M}_{33}^{2,-1} \\
&= \frac{1}{1351} \begin{pmatrix} 388 & -97 \\ -97 & 362 \end{pmatrix} \\
&\quad + \frac{1}{1351 \cdot 8733} \begin{pmatrix} -97 \\ 362 \end{pmatrix} \begin{pmatrix} 2 & -1 \end{pmatrix} \begin{pmatrix} 1 \\ 0 \end{pmatrix} \begin{pmatrix} 0 & 1 \end{pmatrix} \begin{pmatrix} 388 & -97 \\ -97 & 362 \end{pmatrix} \\
&= \frac{1}{1351} \begin{pmatrix} 388 & -97 \\ -97 & 362 \end{pmatrix} + \frac{2}{1351 \cdot 8733} \begin{pmatrix} -97 \\ 362 \end{pmatrix} \begin{pmatrix} -97 & 362 \end{pmatrix} \\
&= \frac{1}{8733} \begin{pmatrix} 2522 & -679 \\ -679 & 2534 \end{pmatrix}
\end{aligned}
$$

ergibt sich insgesamt

$$
S_{22}^{1,-1} = \frac{1}{8733} \begin{pmatrix} \begin{matrix} 2522 & -679 \\ -679 & 2534 \end{matrix} & \begin{pmatrix} 97 \\ -362 \end{pmatrix} \begin{pmatrix} 2 & -1 \end{pmatrix} \\ \begin{pmatrix} 2 \\ -1 \end{pmatrix} \begin{pmatrix} 97 & -362 \end{pmatrix} & \begin{matrix} 2702 & -1351 \\ -1351 & 5042 \end{matrix} \end{pmatrix} .
$$

Mit (7.37) ergibt sich jetzt die inverse Massematrix aus

$$
M_h^{-1} = 48 \begin{pmatrix} M_{11}^{1,-1} + M_{11}^{1,-1} M_{12}^1 S_{22}^{1,-1} M_{21}^1 M_{11}^{1,-1} & -M_{11}^{1,-1} M_{12}^1 S_{22}^{1,-1} \\ -S_{22}^{1,-1} M_{21}^1 M_{11}^{1,-1} & S_{22}^{1,-1} \end{pmatrix} .
$$

Mit

$$
\begin{aligned}
M_{11}^{1,-1} A_{12}^1 S_{22}^{1,-1} &= M_{11}^{1,-1} \begin{pmatrix} 0 \\ 0 \\ 0 \\ 1 \end{pmatrix} \begin{pmatrix} 1 & 0 & 0 & 0 \end{pmatrix} S_{22}^{1,-1} \\
&= \frac{1}{8733} \begin{pmatrix} -1 \\ 2 \\ -7 \\ 26 \end{pmatrix} \begin{pmatrix} 26 & -7 & 2 & -1 \end{pmatrix}
\end{aligned}
$$

und

$$
\begin{aligned}
B &= M_{11}^{1,-1} + M_{11}^{1,-1} M_{12}^1 S_{22}^{1,-1} M_{21}^1 M_{11}^{1,-1} \\
&= M_{11}^{1,-1} + \frac{1}{8733} \begin{pmatrix} -1 \\ 2 \\ -7 \\ 26 \end{pmatrix} \begin{pmatrix} 26 & -7 & 2 & -1 \end{pmatrix} \begin{pmatrix} 1 \\ 0 \\ 0 \\ 0 \end{pmatrix} \begin{pmatrix} 0 & 0 & 0 & 1 \end{pmatrix} M_{11}^{1,-1} \\
&= M_{11}^{1,-1} + \frac{26}{97 \cdot 8733} \begin{pmatrix} -1 \\ 2 \\ -7 \\ 26 \end{pmatrix} \begin{pmatrix} -1 & 2 & -7 & 26 \end{pmatrix} \\
&= \frac{1}{8733} \begin{pmatrix} \begin{matrix} 5042 & -1351 \\ -1351 & 2702 \end{matrix} & \begin{pmatrix} -1 \\ 2 \end{pmatrix} \begin{pmatrix} -362 & 97 \end{pmatrix} \\ \begin{pmatrix} -362 \\ 97 \end{pmatrix} \begin{pmatrix} -1 & 2 \end{pmatrix} & \begin{matrix} 2534 & -679 \\ -679 & 2522 \end{matrix} \end{pmatrix}
\end{aligned}
$$

ist insgesamt

$$
M_h^{-1} = \frac{48}{8733} \begin{pmatrix} \begin{matrix} 5042 & -1351 \\ -1351 & 2702 \end{matrix} \ \begin{pmatrix} -1 \\ 2 \end{pmatrix} \begin{pmatrix} -362 & 97 \end{pmatrix} & \begin{pmatrix} 1 \\ -2 \\ 7 \\ -26 \end{pmatrix} \begin{pmatrix} 26 & -7 & 2 & -1 \end{pmatrix} \\ \begin{pmatrix} -362 \\ 97 \end{pmatrix} \begin{pmatrix} -1 & 2 \end{pmatrix} \ \begin{matrix} 2534 & -679 \\ -679 & 2522 \end{matrix} & \\ \begin{pmatrix} 26 \\ -7 \\ 2 \\ -1 \end{pmatrix} \begin{pmatrix} 1 & -2 & 7 & -26 \end{pmatrix} & \begin{matrix} 2522 & -679 \\ -679 & 2534 \end{matrix} \ \begin{pmatrix} 97 \\ -362 \end{pmatrix} \begin{pmatrix} 2 & -1 \end{pmatrix} \\ & \begin{pmatrix} 2 \\ -1 \end{pmatrix} \begin{pmatrix} 97 & -362 \end{pmatrix} \ \begin{matrix} 2702 & -1351 \\ -1351 & 5042 \end{matrix} \end{pmatrix} .
$$

Damit kann die inverse Massematrix wie behauptet **exakt** als hierarchische Matrix dargestellt werden. Dies ist unabhängig vom Diskretisierungsparameter $n$ und dies bleibt auch richtig für nicht gleichmäßige Partitionierungen des Intervalls $\Omega = (0,1)$. Ausmultiplikation ergibt die explizite Darstellung

$$
M_h^{-1} = \frac{16}{2911}
\begin{pmatrix}
5042 & -1351 & 362 & -97 & 26 & -7 & 2 & -1 \\
-1351 & 2702 & -724 & 194 & -52 & 14 & -4 & 2 \\
362 & -724 & 2534 & -679 & 182 & -49 & 14 & -7 \\
-97 & 194 & -679 & 2522 & -676 & 182 & -52 & 26 \\
26 & -52 & 182 & -676 & 2522 & -679 & 194 & -97 \\
-7 & 14 & -49 & 182 & -679 & 2534 & -724 & 362 \\
2 & -4 & 14 & -52 & 194 & -724 & 2702 & -1351 \\
-1 & 2 & -7 & 26 & -97 & 362 & -1351 & 5042
\end{pmatrix}.
$$

Mit dieser Darstellung können zwei allgemein gültige Aussagen für die inverse Massematrix $M_h^{-1}$ verifiziert werden:

1. exponentielles Abklingen der Matrixeinträge,

2. wechselndes Vorzeichen der Matrixeinträge.

Im folgenden soll ein alternativer Zugang zur Beschreibung der Massematrix und ihrer Inversen als hierarchische Matrix betrachtet werden. Die Gestalt der Massematrix $M_h$ entspricht der Wahl der stückweise linearen Basisfunktionen gemäß der zugeordneten Knoten $x_k = kh$ für $k = 0, \ldots, n+1$, siehe Abbildung 7.6.

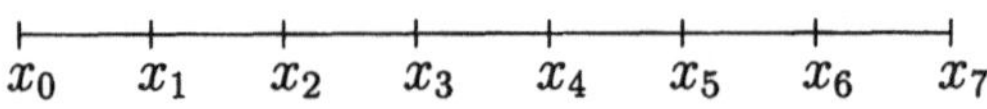


Abbildung 7.6: Standard–Numerierung der Knoten bzw. Freiheitsgrade.

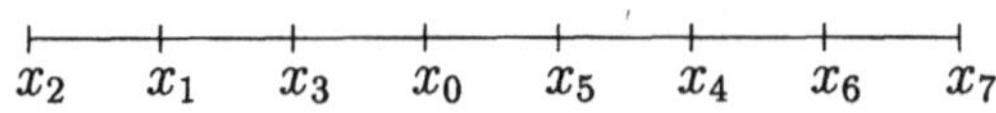


Abbildung 7.7: Permutierte Numerierung der Knoten bzw. Freiheitsgrade.

Wird die in Abbildung 7.7 angegebene Strategie zur Umnumerierung der Knoten verfolgt, so ergibt sich für die zugehörige Massematrix

$$M_h = \frac{1}{48} \begin{pmatrix} 4 & & 1 & & 1 & & \\ & 4 & 1 & 1 & & & \\ & 1 & 2 & & & & \\ & 1 & 1 & 4 & & & \\ & & & & 4 & 1 & 1 \\ 1 & & & & 1 & 4 & \\ & & & & 1 & & 4 & 1 \\ & & & & & & 1 & 2 \end{pmatrix} = \frac{1}{48} \begin{pmatrix} 4 & & 1 & 1 \\ & & M_{11}^1 & \\ 1 & & & \\ & & & \\ 1 & & & M_{22}^1 \end{pmatrix}$$

mit

$$M_{11}^1 = \begin{pmatrix} 4 & 1 & 1 \\ 1 & 2 & \\ 1 & & 4 \end{pmatrix}, \quad M_{22}^1 = \begin{pmatrix} 4 & 1 & 1 & \\ 1 & 4 & & \\ 1 & & 4 & 1 \\ & & 1 & 2 \end{pmatrix}.$$

Analog zu Abschnitt 7.3.4 kann die Inverse der Block–Matrix

$$A = \begin{pmatrix} A_{11} & A_{12} \\ A_{21} & A_{22} \end{pmatrix}$$

durch

$$A^{-1} = \begin{pmatrix} S^{-1} & -S^{-1}A_{12}A_{22}^{-1} \\ -A_{22}^{-1}A_{21}S^{-1} & A_{22}^{-1} + A_{22}^{-1}A_{21}S^{-1}A_{12}A_{22}^{-1} \end{pmatrix}$$

mit dem Schur–Komplement

$$S = A_{11} - A_{12}A_{22}^{-1}A_{21}$$

angegeben werden. Insbesondere für Matrizen der Gestalt

$$A = \begin{pmatrix} \alpha & \underline{a}_1^\top & \underline{a}_2^\top \\ \underline{a}_1 & A_1 & \\ \underline{a}_2 & & A_2 \end{pmatrix}$$

folgt für das skalare Schur–Komplement

$$S = \alpha - \underline{a}_1^\top A_1^{-1}\underline{a}_1 - \underline{a}_2^\top A_2^{-1}\underline{a}_2$$

und somit

$$A^{-1} = \frac{1}{S} \begin{pmatrix} 1 & -\underline{a}_1^\top A_1^{-1} & -\underline{a}_2^\top A_2^{-1} \\ -A_1^{-1}\underline{a}_1 & S\begin{pmatrix} A_1 & \\ & A_2 \end{pmatrix} + \begin{pmatrix} A_1^{-1}\underline{a}_1 \\ A_2^{-1}\underline{a}_2 \end{pmatrix} \begin{pmatrix} \underline{a}_1^\top A_1^{-1} & \underline{a}_2^\top A_2^{-1} \end{pmatrix} \\ -A_2^{-1}\underline{a}_2 & & \end{pmatrix}.$$

Durch rekursive Anwendung kann somit die Inverse der Massematrix $M_h$ berechnet werden. Auf eine explizite Ausführung soll an dieser Stelle jedoch verzichtet werden. Diese Strategie wurde zum Beispiel in [33, 34] bei der Invertierung der Massematrix zur Lösung zweidimensionaler Eigenwertprobleme verfolgt.

## 7.6.2　Randwertprobleme zweiter Ordnung

Die FEM–Diskretisierung des Zweipunkt–Randwertproblems (2.7) mit stückweise linearen Basisfunktionen führt auf ein lineares Gleichungssystem mit der Steifigkeitsmatrix

$$A_h = \frac{1}{h} \begin{pmatrix} 2 & -1 & & & & & \\ -1 & 2 & 1 & & & & \\ & -1 & \ddots & \ddots & & & \\ & & \ddots & \ddots & -1 & & \\ & & & -1 & 2 & -1 \\ & & & & -1 & 2 \end{pmatrix} \in I\!R^{(n-1)\times(n-1)}.$$

Da die Struktur der Steifigkeitsmatrix $A_h$ als Tridiagonalmatrix mit der Struktur der Massematrix $M_h$ übereinstimmt, erlaubt auch die Inverse der Steifigkeitsmatrix $A_h$ eine exakte Darstellung als hierarchische Matrix mit Rang 1 Matrizen in den Nebendiagonalblöcken, vergleiche hierzu auch Abschnitt 7.3.4.

Für $n = 9$ soll diese nun explizit berechnet werden, es ist

$$A_h = A_h^0 = 9 \begin{pmatrix} 2 & -1 & & & & & & \\ -1 & 2 & -1 & & & & & \\ & -1 & 2 & -1 & & & & \\ & & -1 & 2 & -1 & & & \\ & & & -1 & 2 & -1 & & \\ & & & & -1 & 2 & -1 & \\ & & & & & -1 & 2 & -1 \\ & & & & & & -1 & 2 \end{pmatrix} = 9 \begin{pmatrix} A_{11}^1 & A_{12}^1 \\ A_{21}^1 & A_{22}^1 \end{pmatrix}.$$

Für die Invertierung von $A_h$ ist gemäß (7.37) zunächst die Inverse der Block–Matrix

$$A_{11}^1 = \begin{pmatrix} 2 & -1 & & \\ -1 & 2 & -1 & \\ & -1 & 2 & -1 \\ & & -1 & 2 \end{pmatrix} = \begin{pmatrix} A_{11}^2 & A_{12}^2 \\ A_{21}^2 & A_{22}^2 \end{pmatrix}$$

mit

$$A_{11}^2 = A_{22}^2 = \begin{pmatrix} 2 & -1 \\ -1 & 2 \end{pmatrix}, \quad A_{12}^2 = \begin{pmatrix} 0 \\ -1 \end{pmatrix} \begin{pmatrix} 1 & 0 \end{pmatrix}, \quad A_{21}^2 = \begin{pmatrix} 1 \\ 0 \end{pmatrix} \begin{pmatrix} 0 & -1 \end{pmatrix}$$

zu bestimmen. Für die Inverse von $A_{11}^2$ ergibt sich

$$A_{11}^{2,-1} = \frac{1}{3} \begin{pmatrix} 2 & 1 \\ 1 & 2 \end{pmatrix}$$

und für das Schur–Komplement $S_{22}^2$ der Matrix $A_{11}^1$ folgt

$$
\begin{aligned}
S_{22}^2 &= A_{22}^2 - A_{21}^2 A_{11}^{2,-1} A_{12}^2 \\
&= \begin{pmatrix} 2 & -1 \\ -1 & 2 \end{pmatrix} - \frac{1}{3} \begin{pmatrix} 1 \\ 0 \end{pmatrix} \begin{pmatrix} 0 & -1 \end{pmatrix} \begin{pmatrix} 2 & 1 \\ 1 & 2 \end{pmatrix} \begin{pmatrix} 0 \\ -1 \end{pmatrix} \begin{pmatrix} 1 & 0 \end{pmatrix} \\
&= \begin{pmatrix} 2 & -1 \\ -1 & 2 \end{pmatrix} - \frac{2}{3} \begin{pmatrix} 1 \\ 0 \end{pmatrix} \begin{pmatrix} 1 & 0 \end{pmatrix} \\
&= \frac{1}{3} \begin{pmatrix} 4 & -3 \\ -3 & 6 \end{pmatrix}
\end{aligned}
$$

mit der Inversen

$$
S_{22}^{2,-1} = \frac{1}{5} \begin{pmatrix} 6 & 3 \\ 3 & 4 \end{pmatrix}.
$$

Die Inverse von $A_{11}^1$ ist gemäß (7.37) gegeben durch

$$
A_{11}^{1,-1} = \begin{pmatrix} A_{11}^{2,-1} + A_{11}^{2,-1} A_{12}^2 S_{22}^{2,-1} A_{21}^2 A_{11}^{2,-1} & -A_{11}^{2,-1} A_{12}^2 S_{22}^{2,-1} \\ -S_{22}^{2,-1} A_{21}^2 A_{11}^{2,-1} & S_{22}^{2,-1} \end{pmatrix}.
$$

Dabei sind

$$
A_{11}^{2,-1} A_{12}^2 S_{22}^{2,-1} = \frac{1}{3} \begin{pmatrix} 2 & 1 \\ 1 & 2 \end{pmatrix} \begin{pmatrix} 0 \\ -1 \end{pmatrix} \begin{pmatrix} 1 & 0 \end{pmatrix} \frac{1}{5} \begin{pmatrix} 6 & 3 \\ 3 & 4 \end{pmatrix} = -\frac{1}{5} \begin{pmatrix} 1 \\ 2 \end{pmatrix} \begin{pmatrix} 2 & 1 \end{pmatrix}
$$

und

$$
\begin{aligned}
B &= A_{11}^{2,-1} + A_{11}^{2,-1} A_{12}^2 S_{22}^{2,-1} A_{21}^2 A_{11}^{2,-1} \\
&= \frac{1}{3} \begin{pmatrix} 2 & 1 \\ 1 & 2 \end{pmatrix} - \frac{1}{5} \begin{pmatrix} 1 \\ 2 \end{pmatrix} \begin{pmatrix} 2 & 1 \end{pmatrix} \begin{pmatrix} 1 \\ 0 \end{pmatrix} \begin{pmatrix} 0 & -1 \end{pmatrix} \frac{1}{3} \begin{pmatrix} 2 & 1 \\ 1 & 2 \end{pmatrix} \\
&= \frac{1}{3} \begin{pmatrix} 2 & 1 \\ 1 & 2 \end{pmatrix} + \frac{2}{15} \begin{pmatrix} 1 \\ 2 \end{pmatrix} \begin{pmatrix} 1 & 2 \end{pmatrix} \\
&= \frac{1}{5} \begin{pmatrix} 4 & 3 \\ 3 & 6 \end{pmatrix}.
\end{aligned}
$$

Insgesamt ist also

$$
A_{11}^{1,-1} = \frac{1}{5} \begin{pmatrix} \begin{pmatrix} 4 & 3 \\ 3 & 6 \end{pmatrix} & \begin{pmatrix} 1 \\ 2 \end{pmatrix} \begin{pmatrix} 2 & 1 \end{pmatrix} \\ \begin{pmatrix} 2 \\ 1 \end{pmatrix} \begin{pmatrix} 1 & 2 \end{pmatrix} & \begin{pmatrix} 6 & 3 \\ 3 & 4 \end{pmatrix} \end{pmatrix}.
$$

Die Anwendung von (7.37) zur Berechnung der Inversen von $A_h$ verlangt jetzt die Auswertung des Schur–Komplements

$$
\begin{aligned}
S_{22}^1 \;&=\; A_{22}^1 - A_{21}^1 A_{11}^{1,-1} A_{12}^1 \\[2mm]
&=\; A_{22}^1 - \begin{pmatrix} 1 \\ 0 \\ 0 \\ 0 \end{pmatrix} \begin{pmatrix} 0 & 0 & 0 & -1 \end{pmatrix} A_{11}^{1,-1} \begin{pmatrix} 0 \\ 0 \\ 0 \\ -1 \end{pmatrix} \begin{pmatrix} 1 & 0 & 0 & 0 \end{pmatrix} \\[2mm]
&=\; \begin{pmatrix} 2 & -1 & & \\ -1 & 2 & -1 & \\ & -1 & 2 & -1 \\ & & -1 & 2 \end{pmatrix} - \frac{4}{5} \begin{pmatrix} 1 \\ 0 \\ 0 \\ 0 \end{pmatrix} \begin{pmatrix} 1 & 0 & 0 & 0 \end{pmatrix} = \begin{pmatrix} \tilde{A}_{33}^2 & A_{34}^2 \\ A_{43}^2 & A_{44}^2 \end{pmatrix}
\end{aligned}
$$

mit den Block–Matrizen

$$
\tilde{A}_{33}^2 \;=\; \frac{1}{5} \begin{pmatrix} 6 & -5 \\ -5 & 10 \end{pmatrix}, \qquad A_{44}^2 \;=\; \begin{pmatrix} 2 & -1 \\ -1 & 2 \end{pmatrix},
$$
$$
A_{34}^2 \;=\; \begin{pmatrix} 0 \\ -1 \end{pmatrix} \begin{pmatrix} 1 & 0 \end{pmatrix}, \qquad A_{43}^2 \;=\; \begin{pmatrix} 1 \\ 0 \end{pmatrix} \begin{pmatrix} 0 & -1 \end{pmatrix}.
$$

Mit

$$
\tilde{A}_{33}^{2,-1} \;=\; \frac{1}{7} \begin{pmatrix} 10 & 5 \\ 5 & 6 \end{pmatrix}
$$

folgt für das Schur–Komplement $S_{44}^2$ von $S_{22}^1$

$$
\begin{aligned}
S_{44}^2 \;&=\; A_{44}^2 - A_{43}^2 \tilde{A}_{33}^{2,-1} A_{34}^2 \\[2mm]
&=\; \begin{pmatrix} 2 & -1 \\ -1 & 2 \end{pmatrix} - \begin{pmatrix} 1 \\ 0 \end{pmatrix} \begin{pmatrix} 0 & -1 \end{pmatrix} \frac{1}{7} \begin{pmatrix} 10 & 5 \\ 5 & 6 \end{pmatrix} \begin{pmatrix} 0 \\ -1 \end{pmatrix} \begin{pmatrix} 1 & 0 \end{pmatrix} \\[2mm]
&=\; \begin{pmatrix} 2 & -1 \\ -1 & 2 \end{pmatrix} - \frac{6}{7} \begin{pmatrix} 1 \\ 0 \end{pmatrix} \begin{pmatrix} 1 & 0 \end{pmatrix} \\[2mm]
&=\; \frac{1}{7} \begin{pmatrix} 8 & -7 \\ -7 & 14 \end{pmatrix},
\end{aligned}
$$

und für die Inverse ergibt sich

$$
S_{44}^{2,-1} \;=\; \frac{1}{9} \begin{pmatrix} 14 & 7 \\ 7 & 8 \end{pmatrix}.
$$

Die Inverse von $S_{22}^1$ ist dann gemäß (7.37) gegeben durch

$$
S_{22}^{1,-1} \;=\; \begin{pmatrix} \tilde{A}_{33}^{2,-1} + \tilde{A}_{33}^{2,-1} A_{34}^2 S_{44}^{2,-1} A_{43}^2 \tilde{A}_{33}^{2,-1} & -\tilde{A}_{33}^{2,-1} A_{34}^2 S_{44}^{2,-1} \\ -S_{44}^{2,-1} A_{43}^2 \tilde{A}_{33}^{2,-1} & S_{44}^{2,-1} \end{pmatrix}.
$$

Mit

$$\tilde{A}_{33}^{2,-1}A_{34}^2 S_{44}^{2,-1} = \frac{1}{7}\begin{pmatrix} 10 & 5 \\ 5 & 6 \end{pmatrix}\begin{pmatrix} 0 \\ -1 \end{pmatrix}\begin{pmatrix} 1 & 0 \end{pmatrix}\frac{1}{9}\begin{pmatrix} 14 & 7 \\ 7 & 8 \end{pmatrix}$$

$$= -\frac{1}{9}\begin{pmatrix} 5 \\ 6 \end{pmatrix}\begin{pmatrix} 2 & 1 \end{pmatrix}$$

und

$$B = \tilde{A}_{33}^{2,-1} + \tilde{A}_{33}^{2,-1}A_{34}^2 S_{44}^{2,-1}A_{43}^2 \tilde{A}_{33}^{2,-1}$$

$$= \frac{1}{7}\begin{pmatrix} 10 & 5 \\ 5 & 6 \end{pmatrix} - \frac{1}{9}\begin{pmatrix} 5 \\ 6 \end{pmatrix}\begin{pmatrix} 2 & 1 \end{pmatrix}\begin{pmatrix} 1 \\ 0 \end{pmatrix}\begin{pmatrix} 0 & -1 \end{pmatrix}\frac{1}{7}\begin{pmatrix} 10 & 5 \\ 5 & 6 \end{pmatrix}$$

$$= \frac{1}{7}\begin{pmatrix} 10 & 5 \\ 5 & 6 \end{pmatrix} + \frac{2}{9}\frac{1}{7}\begin{pmatrix} 5 \\ 6 \end{pmatrix}\begin{pmatrix} 5 & 6 \end{pmatrix}$$

$$= \frac{1}{9}\begin{pmatrix} 20 & 15 \\ 15 & 18 \end{pmatrix}$$

ergibt sich insgesamt die Inverse von $S_{22}^1$

$$S_{22}^{1,-1} = \frac{1}{9}\begin{pmatrix} \begin{pmatrix} 20 & 15 \\ 15 & 18 \end{pmatrix} & \begin{pmatrix} 5 \\ 6 \end{pmatrix}\begin{pmatrix} 2 & 1 \end{pmatrix} \\ \begin{pmatrix} 2 \\ 1 \end{pmatrix}\begin{pmatrix} 5 & 6 \end{pmatrix} & \begin{pmatrix} 14 & 7 \\ 7 & 8 \end{pmatrix} \end{pmatrix}.$$

Mit (7.37) ergibt sich jetzt die inverse Steifigkeitsmatrix aus

$$A_h^{-1} = \frac{1}{9}\begin{pmatrix} A_{11}^{1,-1} + A_{11}^{1,-1}A_{12}^1 S_{22}^{1,-1}A_{21}^1 A_{11}^{1,-1} & -A_{11}^{1,-1}A_{12}^1 S_{22}^{1,-1} \\ -S_{22}^{1,-1}A_{21}^1 A_{11}^{1,-1} & S_{22}^{1,-1} \end{pmatrix}.$$

Mit

$$A_{11}^{1,-1}A_{12}^1 S_{22}^{1,-1} = A_{11}^{1,-1}\begin{pmatrix} 0 \\ 0 \\ 0 \\ -1 \end{pmatrix}\begin{pmatrix} 1 & 0 & 0 & 0 \end{pmatrix}S_{22}^{1,-1}$$

$$= -\frac{1}{9}\begin{pmatrix} 1 \\ 2 \\ 3 \\ 4 \end{pmatrix}\begin{pmatrix} 4 & 3 & 2 & 1 \end{pmatrix}$$

und

$$B = A_{11}^{1,-1} + A_{11}^{1,-1} A_{12}^1 S_{22}^{1,-1} A_{21}^1 A_{11}^{1,-1}$$

$$= A_{11}^{1,-1} - \frac{1}{9} \begin{pmatrix} 1 \\ 2 \\ 3 \\ 4 \end{pmatrix} \begin{pmatrix} 4 & 3 & 2 & 1 \end{pmatrix} \begin{pmatrix} 1 \\ 0 \\ 0 \\ 0 \end{pmatrix} \begin{pmatrix} 0 & 0 & 0 & -1 \end{pmatrix} A_{11}^{1,-1}$$

$$= A_{11}^{1,-1} + \frac{4}{45} \begin{pmatrix} 1 \\ 2 \\ 3 \\ 4 \end{pmatrix} \begin{pmatrix} 1 & 2 & 3 & 4 \end{pmatrix}$$

$$= \frac{1}{5} \begin{pmatrix} \begin{pmatrix} 4 & 3 \\ 3 & 6 \end{pmatrix} & \begin{pmatrix} 1 \\ 2 \end{pmatrix}\begin{pmatrix} 2 & 1 \end{pmatrix} \\ \begin{pmatrix} 2 \\ 1 \end{pmatrix}\begin{pmatrix} 1 & 2 \end{pmatrix} & \begin{pmatrix} 6 & 3 \\ 3 & 4 \end{pmatrix} \end{pmatrix}$$

$$\quad + \frac{4}{45} \begin{pmatrix} \begin{pmatrix} 1 & 2 \\ 2 & 4 \end{pmatrix} & \begin{pmatrix} 1 \\ 2 \end{pmatrix}\begin{pmatrix} 3 & 4 \end{pmatrix} \\ \begin{pmatrix} 3 \\ 4 \end{pmatrix}\begin{pmatrix} 1 & 2 \end{pmatrix} & \begin{pmatrix} 9 & 12 \\ 12 & 16 \end{pmatrix} \end{pmatrix}$$

$$= \frac{1}{9} \begin{pmatrix} \begin{pmatrix} 8 & 7 \\ 7 & 14 \end{pmatrix} & \begin{pmatrix} 1 \\ 2 \end{pmatrix}\begin{pmatrix} 6 & 5 \end{pmatrix} \\ \begin{pmatrix} 6 \\ 5 \end{pmatrix}\begin{pmatrix} 1 & 2 \end{pmatrix} & \begin{pmatrix} 18 & 15 \\ 15 & 20 \end{pmatrix} \end{pmatrix}$$

ist

$$A_h^{-1} = \frac{1}{9} \begin{pmatrix} \begin{pmatrix} \begin{pmatrix} 8 & 7 \\ 7 & 14 \end{pmatrix} & \begin{pmatrix} 1 \\ 2 \end{pmatrix}\begin{pmatrix} 6 & 5 \end{pmatrix} \\ \begin{pmatrix} 6 \\ 5 \end{pmatrix}\begin{pmatrix} 1 & 2 \end{pmatrix} & \begin{pmatrix} 18 & 15 \\ 15 & 20 \end{pmatrix} \end{pmatrix} & \begin{pmatrix} \begin{pmatrix} 1 \\ 2 \\ 3 \\ 4 \end{pmatrix}\begin{pmatrix} 4 & 3 & 2 & 1 \end{pmatrix} \end{pmatrix} \\ \begin{pmatrix} 4 \\ 3 \\ 2 \\ 1 \end{pmatrix}\begin{pmatrix} 1 & 2 & 3 & 4 \end{pmatrix} & \begin{pmatrix} \begin{pmatrix} 20 & 15 \\ 15 & 18 \end{pmatrix} & \begin{pmatrix} 5 \\ 6 \end{pmatrix}\begin{pmatrix} 2 & 1 \end{pmatrix} \\ \begin{pmatrix} 2 \\ 1 \end{pmatrix}\begin{pmatrix} 5 & 6 \end{pmatrix} & \begin{pmatrix} 14 & 7 \\ 7 & 8 \end{pmatrix} \end{pmatrix} \end{pmatrix}.$$

Wie behauptet kann die inverse Steifigkeitsmatrix **exakt** als hierarchische Matrix dargestellt werden. Wie bei der Darstellung der inversen Massematrix ist dies unabhängig vom Diskretisierungsparameter $n$ und der gewählten Partitionierung des Intervalles $\Omega = (0,1)$. Durch Ausmultiplizieren ergibt sich die explizite Darstellung

$$
A_h^{-1} = \frac{1}{9}
\begin{pmatrix}
8 & 7 & 6 & 5 & 4 & 3 & 2 & 1 \\
7 & 14 & 12 & 10 & 8 & 6 & 4 & 2 \\
6 & 12 & 18 & 15 & 12 & 9 & 6 & 3 \\
5 & 10 & 15 & 20 & 16 & 12 & 8 & 4 \\
4 & 8 & 12 & 16 & 20 & 15 & 10 & 5 \\
3 & 6 & 9 & 12 & 15 & 18 & 12 & 6 \\
2 & 4 & 6 & 8 & 10 & 12 & 14 & 7 \\
1 & 2 & 3 & 4 & 5 & 6 & 7 & 8
\end{pmatrix}.
$$

Daraus können wieder zwei allgemein gültige Eigenschaften der inversen Steifigkeitsmatrix abgelesen werden:

1. Abklingverhalten der Matrix–Einträge,

2. Positivität der Matrix–Einträge.

Alternativ kann zur hierarchischen Darstellung der inversen Steifigkeitsmatrix $A_h$ auch die in Abbildung (7.7) angegebene Permutation der Freiheitsgrade verwendet werden. Die permutierte Steifigkeitsmatrix kann dann wie im Fall der permutierten Massematrix behandelt werden.

Im folgenden soll die Existenz einer hierarchischen Darstellung der inversen Steifigkeitsmatrix aus einem anderen Blickwinkel heraus untersucht werden. Dies ermöglicht dann sofort den Übergang zu Randwertproblemen in mehreren Raumdimensionen und allgemeineren partiellen Differentialoperatoren. Dieser Zugang beruht auf der Darstellung der Lösung $u$ des Randwertproblems (2.7) mittels der Greenschen Funktion, deren Diskretisierung ihrerseits die Darstellung als hierarchische Matrix erlaubt.

Ausgangspunkt hierfür sind die Formeln der partiellen Integration,

$$
\int_a^b u'(x)v'(x)dx = [u'(x)v(x)]_a^b + \int_a^b [-u''(x)]v(x)dx,
$$

$$
\int_a^b v'(x)u'(x)dx = [v'(x)u(x)]_a^b + \int_a^b [-v''(x)]u(x)dx,
$$

die durch Gleichsetzen die zweite Greensche Formel

$$
[u'(x)v(x)]_a^b + \int_a^b [-u''(x)]v(x)dx = [v'(x)u(x)]_a^b + \int_a^b [-v''(x)]u(x)dx
$$

ergeben. Sei $u$ Lösung des Randwertproblems (2.7). Für $x \in (0,1)$ und ein beliebiges $\varepsilon > 0$ lautet die zweite Greensche Formel bezüglich dem Intervall $(0, x-\varepsilon)$

$$
[u'(y)v(y)]_0^{x-\varepsilon} + \int_0^{x-\varepsilon} f(y)v(y)dy = [v'(y)u(y)]_0^{x-\varepsilon} + \int_0^{x-\varepsilon} [-v''(y)]u(y)dy.
$$

Für

$$v_1(y) \; = \; \alpha_1(x) + \beta_1(x)y, \quad v_1(0) = 0$$

folgt $\alpha_1(x) = 0$ sowie $v_1''(y) = 0$ und somit

$$u'(x - \varepsilon)\beta_1(x)(x - \varepsilon) + \int_0^{x-\varepsilon} f(y)v_1(y)dy \; = \; \beta_1(x)u(x - \varepsilon).$$

Für

$$v_2(y) \; = \; \alpha_2(x) + \beta_2(x)y, \quad v_2(1) = 0$$

ergibt sich entsprechend aus der zweiten Greenschen Formel bezüglich $(x + \varepsilon, 1)$

$$-u'(x + \varepsilon)v_2(x + \varepsilon) + \int_{x+\varepsilon}^1 f(y)v_2(y)dy \; = \; -\beta_2(x)u(x + \varepsilon).$$

Durch Addition der beiden Gleichungen und den Grenzübergang $\varepsilon \to 0$ folgt die Darstellungsformel

$$[\beta_1(x) - \beta_2(x)]u(x) \; = \; \int_0^x f(y)v_1(y)dy + \int_x^1 f(y)v_2(y)dy$$
$$+u'(x)[\beta_1(x)x - \alpha_2(x) - \beta_2(x)x].$$

Zu lösen verbleibt

$$\beta_1(x) - \beta_2(x) = 1, \quad [\beta_1(x) - \beta_2(x)]x - \alpha_2(x) = 0, \quad \alpha_2(x) + \beta_2(x) = 0.$$

Daraus folgt

$$\alpha_2(x) = x, \quad \beta_2(x) = -x, \quad \beta_1(x) = 1 - x,$$

und somit gilt für die Lösung $u$ des Randwertproblems (2.7) die Darstellungsformel

$$u(x) \; = \; \int_0^1 G(x,y)f(y)dy \quad \text{für } x \in (0,1) \tag{7.38}$$

mit der **Greenschen Funktion**

$$G(x,y) \; = \; \begin{cases} v_1(y) = (1 - x)y & \text{für } 0 < y < x, \\ v_2(y) = x(1 - y) & \text{für } x < y < 1. \end{cases} \tag{7.39}$$

Die durch (7.38) eindeutig bestimmte Funktion

$$u(x) = (Nf)(x) = \int_0^1 G(x,y)f(y)dy \tag{7.40}$$

ist gleichzeitig die eindeutige Lösung der Variationsformulierung

$$\int\limits_0^1 u'(x)v'(x)dx \;=\; \int\limits_0^1 f(x)v(x)dx$$

für alle geeignet gewählten Testfunktionen $v$ mit $v(0) = v(1) = 0$. Diese Identifikation gilt jedoch **nur** für die kontinuierlich gegebene Lösung (7.40) des Randwertproblems (2.7), und **nicht** für zugehörige Näherungslösungen. Sei

$$u_h(x) \;=\; \sum_{k=1}^n u_k\varphi_k(x) \quad \text{für } x \in (0,1)$$

die eindeutig bestimmte Näherungslösung der Galerkin–Variationsformulierung

$$\int\limits_0^1 u_h'(x)\varphi_j'(x)dx \;=\; \int\limits_0^1 f(x)\varphi_j(x)dx \quad \text{für } j = 1,\dots,n.$$

Die obigen Betrachtungen gelten für beliebige quadratintegrierbare Funktionen $f$ mit

$$\int\limits_0^1 [f(x)]^2 dx \;<\; \infty.$$

Sei $\mathrm{span}\{\psi_k\}_{k=1}^n$ ein Ansatzraum quadratintegrierbarer Basisfunktionen $\psi_k$. Für

$$f(x) \;=\; \sum_{k=1}^n f_k\psi_k(x) \quad \text{für } x \in (0,1)$$

ergeben sich die Zerlegungskoeffizienten $\underline{u} \in I\!R^n$ der Näherungslösung $u_h$ als Lösung des linearen Gleichungssystems

$$A_h\underline{u} \;=\; \bar{M}_h^{\top}\underline{f}.$$

Neben der Steifigkeitsmatrix $A_h$ bezeichnet $\bar{M}_h$ die durch

$$\bar{M}_h[j,k] \;=\; \int\limits_0^1 \varphi_k(x)\psi_j(x)dx$$

für $k,j = 1,\dots$ erklärte Massematrix. Es wird vorausgesetzt, daß die Näherungslösungen $u_h \to u$ für $h \to 0$ beziehungsweise $n \to \infty$ konvergieren.
Ausgehend von der Darstellungsformel (7.40) kann durch die Lösung des Variationsproblems

$$\int\limits_0^1 \tilde{u}_h(x)\psi_j(x)dx \;=\; \int\limits_0^1\!\int\limits_0^1 G(x,y)f(y)dy\psi_j(x)dx$$

für $j = 1, \ldots, n$ eine zweite Näherungslösung

$$\tilde{u}_h(x) = \sum_{k=1}^{n} \tilde{u}_k \varphi_k(x)$$

erklärt werden. Der Koeffizientenvektor $\underline{\tilde{u}} \in I\!\!R^n$ ergibt sich als Lösung des linearen Gleichungssystems

$$\bar{M}_h \underline{\tilde{u}} = G_h \underline{f}$$

mit der durch

$$G_h[k,j] = \int\limits_0^1 \int\limits_0^1 G(x,y)\psi_k(y)dy\,\psi_j(x)dx$$

für $k, j = 1, \ldots, n$ erklärten Matrix $G_h$.
Die durch

$$\underline{u} = A_h^{-1} \bar{M}_h^{\mathsf{T}} \underline{f}$$

beziehungsweise die durch

$$\underline{\tilde{u}} = \bar{M}_h^{-1} G_h \underline{f}$$

definierten Funktionen $u_h$ und $\tilde{u}_h$ sind in der Regel verschiedene Näherungsfunktionen der Lösung $u$ des Randwertproblems (2.7). Aus der Voraussetzung der Konvergenz $u_h \to u$ beziehungsweise $\tilde{u}_h \to u$ folgt

$$u_h = \tilde{u}_h + o(h),$$

das heißt bis auf einen Fehler niedrigerer Ordnung können beide Näherungslösungen miteinander identifiziert werden. Daraus folgt

$$\underline{u} = \underline{\tilde{u}} + o(h)$$

beziehungsweise

$$A_h^{-1} \bar{M}_h^{\mathsf{T}} \underline{f} = \bar{M}_h^{-1} G_h \underline{f} + o(h)$$

für beliebiges $\underline{f} \in I\!\!R^n$. Mit $\underline{f} = \bar{M}_h^{-\mathsf{T}} \underline{\bar{f}}$ folgt daraus

$$A_h^{-1} = \bar{M}_h^{-1} G_h \bar{M}_h^{-\mathsf{T}} + o(h).$$

Bis auf einen Fehlerterm stimmt also die inverse Steifigkeitsmatrix $A_h^{-1}$ mit dem Matrixprodukt $\bar{M}_h^{-1} G_h \bar{M}_h^{-\mathsf{T}}$ überein.
Da die in (7.39) angegebene Greensche Funktion $G(x,y)$ bereits durch eine multiplikative Aufspaltung gegeben ist, folgt sofort die Darstellbarkeit von $G_h$ als hierarchische Matrix. Zu untersuchen bleibt die Struktur der inversen Massematrix $\bar{M}_h^{-1}$. Bei Verwendung von **biorthogonalen Basisfunktionen** mit

$$\int\limits_0^1 \varphi_k(x)\psi_j(x)dx = \delta_{kj}$$

für $k, j = 1, \ldots, n$ folgt $M_h = I_n$ und somit

$$A_h^{-1} = G_h + o(h),$$

das heißt die Approximierbarkeit der inversen Steifigkeitsmatrix $A_h^{-1}$ durch eine hierarchische Matrix $G_h$.

**Bemerkung 7.3** *Die obige Herleitung kann auf allgemeinere partielle Differentialoperatoren zweiter Ordnung in mehreren Raumdimensionen, auch mit springenden Koeffizienten, übertragen werden. Dies wurde erstmals in [7] angegeben. Entscheidend für die Analysis ist neben der Invertierbarkeit der inversen Massematrix $\bar{M}_h$ die Fehlerabschätzung*

$$\|u_h - \tilde{u}_h\| \leq \|u_h - u\| + \|u - \tilde{u}_h\|,$$

*die sich aus dem Approximationsfehler $\|u - u_h\|$ der FEM Variationsformulierung und dem Approximationsfehler $\|u - \tilde{u}_h\|$ des Newtonpotentials $u = Nf$ zusammensetzt. Für einen gegebenen Ansatzraum $\{\varphi_k\}_{k=1}^n$ von Basisfunktionen $\varphi_k$ ist deshalb ein Ansatzraum $\{\psi_k\}_{k=1}^n$ von biorthogonalen Basisfunktionen $\psi_k$ zu konstruieren, der neben einer Approximationseigenschaft auch eine geeignete Stabilitätsbedingung und somit die Invertierbarkeit der Massematrix $\bar{M}_h$ gewährleistet. Hier zeigt sich insbesondere der Zusammenhang mit gemischten Diskretisierungsverfahren und hybriden Gebietszerlegungsmethoden [50], insbesondere mit Mortar–Methoden [59].*
*Auf eine detaillierte Stabilitäts– und Fehleranalysis zur Approximation der inversen FEM Steifigkeitsmatrix $A_h$ durch hierarchische Matrizen soll an dieser Stelle jedoch verzichtet werde, siehe zum Beispiel [7].*

# Literaturverzeichnis


[1] Axelsson, O.: Iterative Solution Methods. Cambridge University Press, Cambridge, 1994.

[2] Bai, Z. et. al.: Templates for the Solution of Algebraic Eigenvalue Problems: A Practical Guide. SIAM, Philadelphia, 2000.

[3] Barnett, S.: Matrices, Methods and Applications. Clarendon Press, Oxford, 1990.

[4] Barrett, R. et. al.: Templates for the Solution of Linear Systems. Building Blocks for Iterative Methods. SIAM, Philadelphia, 1993.

[5] Bebendorf, M.: Effiziente numerische Lösung von Randintegralgleichungen unter Verwendung von Niedrigrang–Matrizen. Dissertation, Universität des Saarlandes, Saarbrücken, 2000.

[6] Bebendorf, M.: Approximation of boundary element matrices. Numer. Math. 86 (2000) 565–589.

[7] Bebendorf, M., Hackbusch, W.: Existence of $\mathcal{H}$–matrix approximants to the inverse FE matrix of elliptic operators with $L^\infty$ coefficients. Numer. Math. 95 (2003) 1–28.

[8] Bebendorf, M., Rjasanow, S.: Adaptive low–rank approximation of collocation matrices. Computing 70 (2003) 1–24.

[9] Börm, S., Grasedyck, L., Hackbusch, W.: Hierarchical Matrices. Lecture Note 21, Max–Planck–Institut für Mathematik in den Naturwissenschaften, Leipzig, 2003.

[10] Braess, D.: Finite Elemente. Springer, Berlin, 1991.

[11] Bramble, J. H., Pasciak, J. E.: A preconditioning technique for indefinite systems resulting from mixed approximations of elliptic problems. Math. Comp. 50 (1988) 1–17.

[12] Davis, P. J.: Circulant Matrices. John Wiley & Sons, New York, 1979.

[13] Faddejew, D. K., Faddejewa, W. N.: Numerische Methoden der linearen Algebra. Oldenbourg-Verlag, München, 1976.

[14] Fletcher, R.: Conjugate gradient methods for indefinite systems. Lecture Notes in Mathematics 506 (1976) 73–89.

[15] Fox, L., Huskey, H. D., Wilkinson, J. H.: Notes on the solution of algebraic linear simultaneous equations. Quart. J. Mech. Appl. Math. 1 (1948) 149–173.

[16] Fox, L., Parker, I. B.: Chebyshev Polynomials in Numerical Analysis. Oxford University Press, 1968.

[17] Gantmacher, F. R.: Matrizenrechnung. Deutscher Verlag der Wissenschaften, Berlin, 1970.

[18] Golub, G. H., O'Leary, D. P.: Some history of the conjugate gradient and Lanczos algorithms. SIAM Review 31 (1989) 50–102.

[19] Golub, G. H., van Loan, C. F.: Matrix Computations. The John Hopkins University Press, Baltimore, London, 1993.

[20] Grasedyck, L.: Theorie und Anwendungen Hierarchischer Matrizen. Dissertation, Universität Kiel, 2001.

[21] Greengard, L., Rokhlin, V.: A fast algorithm for particle simulations. J. Comput. Phys. 73 (1987) 325–348.

[22] Haase, G., Langer, U., Meyer, A.: Domain decomposition preconditioners with inexact subdomain solvers. J. Num. Lin. Alg. Appl. 1 (1991) 27–41.

[23] Hackbusch, W.: Iterative Lösung großer schwachbesetzter Gleichungssysteme. B. G. Teubner, Stuttgart, 1993.

[24] Hackbusch, W.: Theorie und Numerik elliptischer Differentialgleichungen. B. G. Teubner, Stuttgart, 1996.

[25] Hackbusch, W.: A sparse matrix arithmetic based on $\mathcal{H}$–matrices. Part I: Introduction to $\mathcal{H}$–matrices. Computing 62 (1999) 89–108.

[26] Hackbusch, W., Nowak, Z. P.: On the fast matrix multiplication in the boundary element method by panel clustering. Numer. Math. 54 (1989) 463–491.

[27] Hanke-Bourgeois, M.: Grundlagen der Numerischen Mathematik und des Wissenschaftlichen Rechnens. B. G. Teubner, Stuttgart, Leipzig, Wiesbaden, 2002.

[28] Heinig, G., Rost, K.: Algebraic Methods for Toeplitz–like Matrices and Operators. Birkhäuser, Basel, 1984.

[29] Hestenes, M. Stiefel, E.: Methods of conjugate gradients for solving linear systems. J. Res. Nat. Bur. Stand. 49 (1952) 409–436.

[30] Householder, A. H.: The Theory of Matrices in Numerical Analysis. Dover, New York, 1964.

[31] Jung, M., Langer, U.: Methode der finiten Elemente für Ingenieure. B. G. Teubner, Stuttgart, Leipzig, Wiesbaden, 2001.

[32] Lanczos, C.: Iterative solution of large scale linear systems. J. Soc. Indust. Appl. Math. 6 (1958) 91–109.

[33] Lintner, M.: Lösung der 2D Wellengleichung mittels hierarchischer Matrizen. Dissertation, TU München, 2002.

[34] Lintner, M.: The eigenvalue problem for the 2D Laplacian in $\mathcal{H}$–matrix arithmetic and application to the heat and wave equation. Computing 72 (2004) 293–323.

[35] van Loan, C.: Computational Frameworks for the Fast Fourier Transform. SIAM, Philadelphia, 1992.

[36] Meister, A.: Numerik linearer Gleichungssysteme. Eine Einführung in moderne Verfahren. Vieweg, Braunschweig, 1999.

[37] Meurant, G.: Computer Solution of Large Linear Systems. Studies in Mathematics and its Applications, 28. North–Holland, Amsterdam, 1999.

[38] Ortega, J. M., Rheinboldt, W. C.: Iterative Solution of Nonlinear Equations in Several Variables. Academic Press, New York, 1970.

[39] Ostrowski, M.: On the linear iteration procedures for symmetric matrices. Rend. Math. Appl. 14 (1954) 140–163.

[40] Oswald, P.: Multilevel Finite Element Approximation. B. G. Teubner, Stuttgart, 1994.

[41] Quarteroni, A., Sacco, R., Saleri, F.: Numerical Mathematics. Springer, New York, 2000.

[42] Rivlin, T. J.: The Chebyshev Polynomials. John Wiley, New York, 1974.

[43] Roos, H.-G., Schwetlick, H.: Numerische Mathematik. B. G. Teubner, Stuttgart, Leipzig, 1999.

[44] Saad, Y.: Iterative Methods for Sparse Linear Systems. PWS Publishing, 1995.

[45] Saad, Y., Schultz, M. H.: A generalized minimal residual algorithm for solving nonsymmetric linear systems. SIAM J. Sci. Stat. Comput. 7 (1986) 856–869.

[46] Samarskij, A. A., Nikolaev, E. S.: Numerical Methods for Grid Equations. Birkhäuser, Basel, 1989.

[47] Sauter, S. A., Schwab, C.: Randelemente. Analyse und Implementierung schneller Algorithmen. B. G. Teubner, Stuttgart, Leipzig, Wiesbaden, 2004.

[48] Schatz, A. H., Thomée, V., Wendland, W. L.: Mathematical Theory of Finite and Boundary Element Methods. Birkhäuser, Basel, 1990.

[49] Sonneveld, P: CGS: A fast Lanczos–type solver for non–symmetric linear systems. SIAM J. Sci. Stat. Comput. 10 (1989) 36–52.

[50] Steinbach, O.: Stability estimates for hybrid coupled domain decomposition methods. Lecture Notes in Mathematics 1809, Springer, Heidelberg, 2003.

[51] Steinbach, O.: Numerische Näherungsverfahren für elliptische Randwertprobleme. Finite Elemente und Randelemente. B. G. Teubner, Stuttgart, Leipzig, Wiesbaden, 2003.

[52] Steinbach, O. (ed.): Hauptseminar Hierarchische Matrizen. Berichte aus dem Institut für Angewandte Analysis und Numerische Simulation, Universität Stuttgart, Seminarbericht 2004/013, 2004.

[53] Steinbach, O: Vorlesung Hierarchische Matrizen. Berichte aus dem Institut für Angewandte Analysis und Numerische Simulation, Universität Stuttgart, Vorlesungsskript 2004/016, 2004.

[54] Stoer, J.: Numerische Mathematik 1. Springer, Berlin, 1972.

[55] Stoer, J., Bulirsch, R.: Numerische Mathematik 2. Springer, Berlin, 1973.

[56] Schwarztrauber, P. N.: FFTPack. National Center for Atmospheric Research.

[57] Tyrtyshnikov, E. E.: Mosaic skeleton approximations. Calcolo 33 (1996) 47–57.

[58] van der Vorst, H. A.: Bi–CGStab: A fast and smoothly converging variant of Bi–CG for the solution of nonsymmetric linear systems. SIAM J. Sci. Stat. Comput. 13 (1992) 631–644.

[59] Wohlmuth, B. I.: Discretization Methods and Iterative Solvers Based on Domain Decomposition. Lecture Notes in Computational Science and Engineering 17, Springer–Verlag, Berlin, 2001.

[60] Young, D. M.: Iterative Solution of Large Linear Systems. Academic Press, New York, 1971.

[61] Zulehner, W.: Analysis of iterative methods for saddle point problems: a unified approach. Math. Comp. 71 (2001) 479–505.

[62] Zulehner, W.: Uzawa–type methods for block–structured indefinite linear systems. SFB–Report 2005–05, SFB F013, Johannes Kepler University Linz, Austria, 2005.

# Index